新生物学丛书

脐带间充质干细胞：
理论与技术解析

潘兴华　何志旭　田　川　主　编

科学出版社

北　京

内 容 简 介

本书以图文并茂的方式系统性解析了干细胞的基本生物学特性，重点阐述了人类脐带间充质干细胞的基础理论、脐带间充质干细胞的获取与质量、疾病治疗应用等，旨在为读者提供从基础研究到临床实践的系统性知识。本书分为人体细胞的基础理论、干细胞的基本生物学特性及治疗疾病的特点、脐带间充质干细胞的基本理论与技术、脐带间充质干细胞的制备与质量评价、脐带间充质干细胞修复组织损伤的原理、脐带间充质干细胞治疗的适应证和技术方法、脐带间充质干细胞治疗疾病的疗效、脐带间充质干细胞治疗的安全性及风险防范、脐带间充质干细胞研究与应用技术发展 9 章，精心设计和绘制了 194 幅示意图。开篇以人体细胞生物学特点为切入点，阐述细胞命运调控、与疾病的关联及组织器官稳态机制，继而聚焦干细胞基本特性，对比胚胎干细胞、诱导多能干细胞与成体干细胞的差异，重点突出脐带间充质干细胞在来源、保存及运输方面的优势。书中以人类脐带间充质干细胞的基础理论与转化应用为核心，以作者的研究成果为基础，深入浅出地阐述了人类脐带间充质干细胞的生物学功能、可塑性及组织损伤修复机制，详解其分泌因子与外泌体的治疗作用；从制备流程、质量控制到异质性分析，构建技术操作规范；结合衰老干预、代谢疾病、免疫性疾病等多领域临床应用案例，剖析治疗机制与量效关系，同时还阐述了安全性风险防范措施与产业发展趋势。

本书兼顾学术性与科普性，旨在为科研人员、干细胞新药研发人员、干细胞治疗临床工作者，以及大专院校学生提供从基础理论到转化应用的全面参考；同时为社会公众科学、客观地了解脐带间充质干细胞治疗技术，从而理智选择相关治疗提供帮助。

图书在版编目（CIP）数据

脐带间充质干细胞：理论与技术解析 / 潘兴华，何志旭，田川主编. -- 北京：科学出版社，2025. 6. -- ISBN 978-7-03-080475-4

Ⅰ. Q24

中国国家版本馆 CIP 数据核字第 2024RT5744 号

责任编辑：罗 静 薛 丽 尚 册 / 责任校对：周思梦
责任印制：赵 博 / 封面设计：刘新新

科学出版社 出版
北京东黄城根北街 16 号
邮政编码：100717
http://www.sciencep.com

北京中科印刷有限公司印刷
科学出版社发行 各地新华书店经销

*

2025 年 6 月第 一 版　开本：787×1092 1/16
2025 年 8 月第二次印刷　印张：16 1/2
字数：398 000
定价：180.00 元
（如有印装质量问题，我社负责调换）

作者简介

潘兴华，医学博士，教授，主任医师，博士生导师，云南省产业技术领军人才，享受国务院政府特殊津贴专家，云南省干细胞临床研究专家委员会委员。兼任干细胞与免疫细胞生物医药技术国家地方联合工程中心主任，云南省细胞治疗技术转化医学重点实验室主任，云南省新生儿遗传代谢性疾病筛查中心主任，云南省成体干细胞治疗技术创新团队带头人，军队高技术人才团队带头人，中央军委科技委员会转化医学专业委员会副主委，现任《中华细胞与干细胞杂志(电子版)》和 New Cell 副主编、《西南国防医药》等 8 本杂志编委。主要从事新型干细胞与免疫细胞制品研发及临床转化、干细胞逆转衰老、组织微环境学、再生医学治疗、人类疾病动物模型与干细胞治疗等研究。主持完成了国家科技支撑计划、国家自然科学基金面上项目、云南省重大科技专项生物医药专项等科技项目 24 项，获资助 6000 余万元。先后建立了 4 种干细胞和 6 种免疫细胞制备与质量控制技术体系，建立了 1 个临床级干细胞库，创建了组织器官衰老、放射伤、代谢综合征、多器官功能障碍、系统性炎症等 38 种人类疾病动物模型并用于干细胞治疗研究，研发了 18 种疾病的干细胞治疗技术，阐明了干细胞修复组织损伤的细胞与分子机制。揭示了猕猴衰老过程中 30 种组织细胞的基因甲基化组、转录组、代谢组、蛋白质组分子谱的变化规律，发现了新型高活性间充质干细胞逆转组织器官衰老的作用并阐明了多组学分子重编程及调控机制。利用单细胞转录组、空间转录组、空间蛋白质组、空间代谢组等分析技术，解析了干细胞改善组织器官衰老的微环境学机制，提出了干细胞驱动衰老细胞进入细胞周期的表观遗传学理论。发表干细胞相关研究论文 398 篇，其中 SCI 论文 84 篇。出版专著 11 部，其中主编 4 部，副主编 4 部，率先制定了干细胞治疗战创伤的方案。获专利 26 项，其中发明专利 5 项。获省部级一等奖 3 项、二等奖 4 项、三等奖 13 项，其他科技奖 4 项。培养博士后 13 名，博士 4 名，硕士 50 名。建成干细胞临床研究备案机构 1 个、多学科融合的细胞生物治疗中心 1 个，建成了集细胞制品研发、干细胞应用基础理论研究、临床前疗效与安全性评价、临床转化研究和人才培养为一体的细胞生物技术研究与应用示范基地。

何志旭，医学博士，二级教授，主任医师，博士生导师，美国血液学会（ASH）、国际细胞治疗学会委员，国家百千万人才工程第一、二层次入选者，何梁何利基金科学与技术奖获得者（2021 年），贵州省最高科学技术奖获得者（2022 年），第五届中国儿科医师奖获得者，中华医学科技奖一等奖获得者（2024 年），教育部科学技术委员会生命医学学部及交叉科学与未来技术专门委员会委员，贵州医科大学细胞工程生物医药技术国家地方联合工程实验室主任、教育部组织损伤修复与再生医学省部共建协同创新中心主任，国家卫生健康委儿童白血病专家委员会专家。获省部级科技进步奖一等奖 3 项、自然科学奖及科技进步奖二等奖 4 项；主编、副主编学术专著 4 部，教材 5 部；近 5 年发表学术论文 200 篇，其中 SCI 收录论文 100 篇。

田川，贵州遵义务川人，同济大学医学院博士研究生。主要从事间充质干细胞治疗衰老、退变、组织器官损伤修复的作用与机制研究，通过建立猕猴、树鼩卵巢衰老动物模型和颗粒细胞衰老模型，证实了间充质干细胞治疗可促进衰老卵巢的结构与功能再生，揭示了间充质干细胞治疗卵巢衰老的细胞学规律，阐明了间充质干细胞治疗卵巢衰老的细胞与 m6A RNA 调控机制。主持全军实验动物专项青年基金项目、云南省基础研究计划面上项目和云南省科技厅-昆明医科大学应用基础研究联合专项各 1 项，同时参与国家重点研发计划重点专项、云南省生物医药重大科技专项和云南省科技厅-昆明医科大学联合专项重点项目等科研课题。获全国大学生数学建模竞赛本科组二等奖 1 项、第 16 届全军实验动物学术会议优秀论文奖 1 项、第 17 届全军实验动物学术会议三等奖 1 项，获批专利 1 项。以第一作者及共同第一作者在 *Stem Cell Research & Therapy*、*Stem Cell Reviews and Reports*、*Regenerative Therapy* 等国内外专业期刊发表干细胞与衰老相关研究论文 10 余篇。参与完成的"间充质干细胞临床应用与产业化的关键技术集成创新与转化"项目的研究成果总体达到国际先进水平，其中猕猴、树鼩的多疾病模型创建、UCMSC 库建立及治疗研究达到了国际领先水平。

前　　言

脐带间充质干细胞（umbilical cord mesenchymal stem cell，UCMSC）治疗技术是近年来最受推崇的新型细胞生物治疗技术，国内外已对 UCMSC 治疗技术开展了较为深入的基础理论和治疗技术研究，揭示了 UCMSC 的主要生物学特性，建立了大规模制备、质量控制和长期储存的技术体系，明确了 UCMSC 治疗多种疾病的有效性和安全性，并建立了相应的临床技术方案，阐明了治疗机制，解决了临床应用前的主要关键技术问题。目前，UCMSC 制品已经具备了在临床推广应用的技术条件。UCMSC 治疗技术正在从实验室走向临床应用，截至 2024 年，全球有 1400 多项间充质干细胞临床研究项目正在进行，其中，国内有 71 项间充质干细胞临床研究项目获得备案，有 30 多项间充质干细胞制品获得临床试验许可。UCMSC 有望成为组织损伤、系统炎症、自身免疫、代谢异常等疾病治疗的有效手段，特别是在组织器官衰老退变的治疗和摆脱亚健康方面有巨大的应用潜力。

UCMSC 来源于新生儿脐带组织，具有强大的可塑性和免疫调节、组织损伤修复功能，受到研究者和社会各界的广泛关注。以 UCMSC 制品研发和资源库建设为核心的上游产业已经在国内外蓬勃发展，以标准化制剂和临床前关键技术、理论研究为重点的中游产业已经取得重要进展，以临床应用为目的的下游转化研究也在加速推进，预计将成为组织细胞变性、坏死等疾病的有效治疗策略。UCMSC 是目前最具成药特性的成体干细胞之一，其材料来源丰富，体外分裂增殖能力极强，操作方便、成本低廉，可以工厂化、规模化、标准化生产及长期储存、大批量应用。一条脐带理论上可制备出满足成千上万患者治疗需求的标准化产品。UCMSC 的免疫原性较低，在临床上实施同种异体移植甚至异种移植治疗时，都不会引起急性免疫排斥反应，不需要进行基因配型即可直接使用，因此其用于疾病治疗的安全性较高。外源性 UCMSC 进入体内后具有向损伤、炎症组织靶向迁移、定植和定向分化等的特性，通过静脉输入、血管介入或定位移植等途径进入体内的 UCMSC，可通过分泌细胞因子和外泌体而发挥促进组织损伤修复、调节免疫与炎症、改善组织微环境的平衡和稳定等治疗作用，还可能在组织微环境诱导下分化为所在组织的成熟细胞而直接参与损伤修复。

鉴于 UCMSC 治疗是一种全新的医疗技术，许多临床医疗工作者和社会人士对其科学性、有效性、安全性及可行性等缺乏深入了解，再加上一些媒体过度宣传，甚至误导消费者，盲目偏信、不合理接受 UCMSC 治疗的现象极为常见。本书的目的是以基本科学和技术问题为重点，系统、简单明了地展示 UCMSC 治疗技术的关键知识点，试图为医学工作者和社会公众了解 UCMSC 治疗技术提供客观、科学的知识，为理智选择 UCMSC 治疗提供帮助，同时也可为 UCMSC 领域的学者、从业人员，以及相关专业的大专院校学生提供核心知识读本。

由于编者水平有限，对 UCMSC 治疗技术的了解不够全面，书中疏漏之处在所难免，敬请各位同行和读者批评指正，以便再版时修订、完善。

潘兴华　何志旭　田　川
2024 年 9 月于昆明

目　　录

第一章

人体细胞的基础理论

◆ 第一节　人体细胞的生物学特点

一、人体细胞的内涵

人体细胞是位于人体各组织器官中具有相对独立的结构与功能的基本单元,也是人体内执行生命活动和发挥生物学功能的最基本单位。人体主要由有形成分和体液组成,人体的有形成分组成层次从小到大可分为:分子、细胞核、细胞器、细胞、组织、器官、系统、人体。人类的各种组织和器官都是由细胞按一定的三维空间结构排列组合而成的(图1-1),细胞之间分布有体液、基质、血管、神经等,血管和神经本身也由细胞成分组成,体液中包含各种离子、内分泌激素、细胞调节因子和营养物质等。人体细胞属于真核细胞,包括各种组织细胞、生殖细胞和成体干细胞(组织干细胞)等,根据组织类型,细胞可分为上皮细胞、神经细胞、肝细胞、肾细胞等。不同组织中不同类型的细胞形态各异,有长梭形、菱形、多边形、圆形、椭圆形等。细胞的基本结构包括细胞膜、细胞质、细胞核三个部分。除成熟的红细胞和生殖细胞外,每个细胞内都包含人体的所有遗传信息,主要的物质转运、合成与分解代谢、分泌等功能基本上由细胞承担或在细胞内完成,因此,细胞是人体生物功能发挥的最基本单元。人体内的细胞数量在40万亿~70万亿个,细胞种类有270余种,除生殖细胞以外,其他细胞都含有23对染色体。不同年龄、身高、体重的人体内的细胞数量有一定的差异,多数细胞处于更新换代的动态变化过程中,新细胞主要来源于组织细胞的分裂增殖与组织内干细胞的动员、增殖和分化。

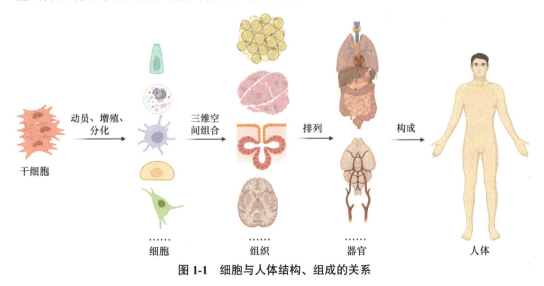

图1-1　细胞与人体结构、组成的关系

二、人体细胞的结构与功能

人体由体细胞和生殖细胞组成，成人体内各种组织中的组成细胞大小不一、形态多样、结构复杂、功能各异，细胞的平均直径在 10～20μm。人体内最大的细胞是成熟的卵细胞，直径在 200μm 左右。除成熟的红细胞外，其他细胞都有至少一个细胞核，除生殖细胞外，细胞核内均含有 23 对染色体，数量是生殖细胞的 2 倍，其是调节细胞生命活动与控制分裂、分化、遗传、变异的中心。人体内所有的细胞都是由一个受精卵细胞发育而来的，最初的受精卵细胞通过分裂增殖，由 1 个变为 2 个，2 个变为 4 个，4 个变为 8 个，由此倍数生长成集合体。人体细胞的结构分为细胞膜、细胞质和细胞核三部分。细胞膜是在细胞生命活动中有复杂功能的结构，主要由蛋白质、脂类和糖类构成，主要作用是保护细胞和维持细胞内部的稳定性，控制细胞内外的物质交换和信息传递。细胞膜也能接收外界信号刺激并使细胞做出反应，从而调节细胞的生命活动。细胞质位于细胞膜和细胞核之间，是细胞新陈代谢的中心，主要由水、蛋白质、核糖核酸、酶类、电解质等组成。细胞质中包含处于悬浮状态的各种细胞器，主要有溶酶体、中心体、核糖体、内质网、线粒体、高尔基复合体等。细胞器的功能是构成细胞支架，维持细胞的形态，参与细胞内物质运输、细胞运动和细胞分裂等。细胞核位于细胞的中心位置，由核膜包围，其内有核仁和染色质，染色质中含有蛋白质和核酸，核酸精细排列组合构成 DNA 链，其特定序列编码遗传信息，以此为模板经转录和翻译合成蛋白质，进而发挥生物学功能。核仁位于细胞核中央位置，为单个和多个球形小体，是合成核糖体的场所。人体内有多种多样的细胞，由细胞有序排列组合形成不同的组织和器官，它们分工协作，共同维持正常的生命活动。

人体细胞功能各异，但都有以下基本功能（图 1-2）：①人体内的所有组织器官都是由细胞按一定的三维结构有序排列组合而成的，可以形象地把人体比作高楼大厦，细胞就是其中的砖块；②所有遗传信息均包含于细胞中，细胞核中的染色体是遗传基因的载体，人体的遗传信息主要储存在细胞核染色体中的 DNA 分子里，这些 DNA 分子由特定的碱基序列有序排列组合而成；③人体内主要的新陈代谢都是在细胞内完成的，包括合成代谢和分解代谢；④细胞具有物质传递功能，细胞外的离子、氨基酸、碳水化合物、脂类、水等均可通过细胞膜转运进入细胞；⑤细胞具有信息传递功能，在接收细胞外信号后，按照特定的信号系统将信号传递到细胞内，通过调节基因表达、合成与分解代谢等发挥生物功能；⑥细胞具有运动功能，几乎所有的细胞都具有运动的属性；⑦细胞通过分裂增殖实现人体生长发育、组织细胞更新换代，通过细胞更新维持组织器官的结构与功能等；⑧大多数细胞具有分泌功能，如合成和分泌细胞因子、外泌体、激素、递质和细胞外基质等。

三、人体细胞生长、分裂、分化的内涵和意义

细胞生长是细胞的数量不变，而细胞不断从周围环境中吸取营养物质，使体积增大、质量增加和功能发生改变。细胞生长的意义是使细胞逐渐变成熟，生长到一定程度即进行分裂增殖。

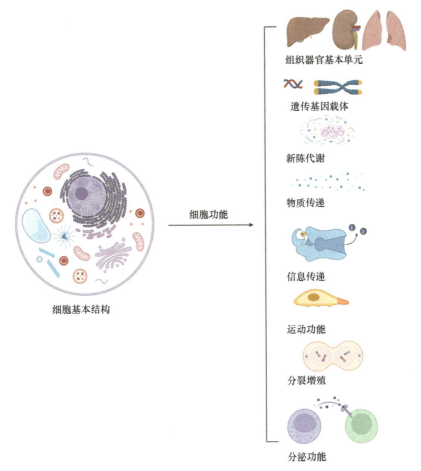

细胞基本结构　→　细胞功能

组织器官基本单元

遗传基因载体

新陈代谢

物质传递

信息传递

运动功能

分裂增殖

分泌功能

图1-2　人体细胞的结构与功能

细胞分裂是指由一个细胞分裂成两个细胞的过程，胚胎细胞分裂的意义是产生多个细胞，进而形成组织，组织再进一步形成器官。分裂之前的细胞称为母细胞，分裂之后的新细胞称为子细胞。细胞分裂一般包括细胞核分裂和细胞质分裂两个步骤，分裂方式分为有丝分裂、减数分裂和无丝分裂，成体组织细胞分裂的意义是更新、补充组织细胞，维持组织器官结构与功能的完整性。

细胞分化是指在个体发育过程中，组织细胞从一种同质的细胞类型转变成形态结构和功能与原来不相同的异质细胞类型的过程。细胞分化的规律是由全能细胞向多能细胞分化，多能细胞再向单能细胞分化（图1-3）。到达分化终末阶段的细胞称为特化细胞，特化细胞最终形成具有特定结构与功能的组织和器官。分化的本质是基因组在时间和空间上的选择性表达，通过不同基因表达的开启与关闭，最终以基因为模板产生功能性蛋白。在正常的情况下，经过细胞分裂产生的后代细胞，在组织微环境的诱导下，遗传信息选择性表达，使细胞的形态、结构、功能等随着细胞的生长而出现差异，从而向着不同方向稳定变化。一般来说，细胞分化具有高度的稳定性，是不可逆的，一旦开始向某一方向分化，很难逆转为原来的细胞类型，但在一些特定的条件下，例如，体细胞核移植、导入某些外源基因等，分化后的细胞的基因表达模式也可以发生可逆性变化，又回到原来的状态，这种过程称为去分化或重编程。在特定的条件下，细胞还可能发生转分化，即某种已经分化成熟的细胞转变为其他类型的细胞，例如，皮肤成纤维细胞转分化为神经细胞，肌肉细胞转分化为肝细胞和免疫细胞等。分化的意义是通过细胞分化产生不同功能的细胞群，使人体中的细胞趋于专门化，有利于提高各种生理功能。对于个体而言，细胞分化越多，说明个体的成熟度越高，如果全部细胞分化成熟，则个体衰老死亡进程随之加快。

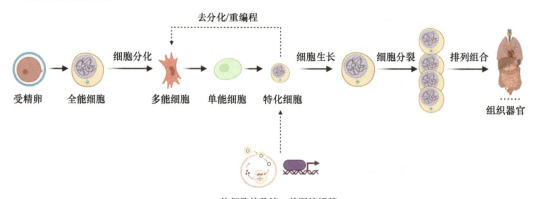

图 1-3　细胞的生长、分裂、分化及形成组织器官

发育是指在生命过程中，人体组织、器官或整体在形态结构和功能上的有序生长变化，其中，细胞生长和分裂是量变，而细胞分化是质变，因此，细胞生长、分裂、分化是人体发育的细胞学基础。这一过程涉及营养、代谢等系列变化和基因修饰与表达模式的改变。

四、人体各种组织细胞的相似性和差异性

人体细胞的相似性（图 1-4）：①结构上都包括细胞膜、细胞质和细胞核等基本结构与成分，但红细胞除外；②人体内所有细胞都有共同的祖先，即都是由最初的受精卵细胞分裂、增殖、分化、生长而来；③细胞内 DNA 的序列结构、组成成分一致，含有相同的遗传信息；④以一分为二的方式分裂增殖；⑤都有新陈代谢、物质转运和信息传递能力。

人体细胞的差异性（图 1-4）：①分布于各种组织中的细胞形态、结构和功能不同，有梭形、多边形、圆形等不同形态的细胞，有组成神经、肌肉、血管等的不同结构与功能的细胞；②基因表达与调控模式不同，不同细胞的结构与功能差异主要是遗传基因表达的开启与关闭模式不同所致；③DNA 的表观遗传修饰模式和程度不同，这是不同组织细胞的遗传基因结构与组成完全相同，但形态、结构和功能不同的根本原因；④细胞内的亚细胞结构和各种分子组成、含量有一定差异；⑤细胞膜上具有物质转运、信息传递等功能的蛋白质分子的种类、含量、分布不一样；⑥不同类型细胞的分裂增殖方式、更新能力和寿命不同，如肝细胞的分裂增殖能力较强，而心肌细胞、神经细胞较弱，但心肌细胞寿命较长；⑦体外生长条件和生物学特性千差万别；⑧代谢与迁移、运动能力各不相同；⑨对体内外环境，特别是对病理性刺激（如核辐射、毒性物质等）的

敏感性不同。细胞内外环境的变化可显著影响细胞内的基因修饰与表达模式，导致细胞的形态、结构与功能发生改变。

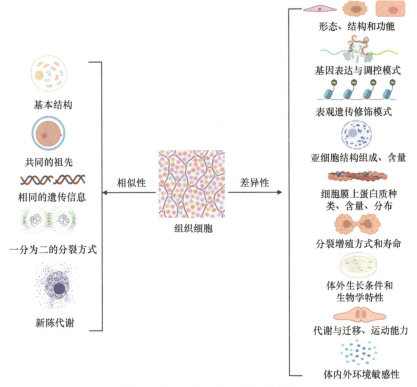

图 1-4　组织细胞的相似性与差异性

五、人体细胞表型与功能的分子遗传调控机制

　　人体细胞内的遗传信息传递遵循"分子遗传学中的中心法则"，即人体细胞核内含有由腺嘌呤、鸟嘌呤、胞嘧啶、胸腺嘧啶 4 种脱氧核苷酸有序排列组合而成的 DNA 序列，其中含有人体所有的遗传信息，包括具有特定功能的基因、调控序列和内含子等。以 DNA 序列为模板，在转录因子、酶类和调控序列等的作用下转录为 RNA，再经剪切、编辑形成信使 RNA（mRNA），以信使 RNA 为模板，经过转运和在有关酶类、辅助因子及能量的作用下翻译为具有生物活性的蛋白质（图 1-5）。遗传信息的总体流向是以 DNA 为模板转录为 RNA，再以编辑成熟的 RNA 为模板翻译为蛋白质。在这一过程中，以单链 DNA 为模板，可以复制出互补的 DNA 序列，以 RNA 为模板也可以反转录为 DNA，但蛋白质不能逆转为 RNA 或 DNA。特定个体内的所有组织细胞的 DNA 序列结构和所包含的遗传信息完全一致，但并不是所有遗传信息都能够同时得到有效转录和翻译。基因的转录和翻译受表观遗传修饰和 RNA 剪辑等调控，表观遗传修饰导致某些基因开放与关闭，进而使转录谱和蛋白谱发生改变，最终引起不同组织细胞的结构与功能差异。细胞的生长、分裂增殖和分化同样受到表观遗传修饰和染色体重塑的调控，干细胞在调控因素的作用下，生长分化为具有不同功能的组织细胞，进而维持组织器官在结构与功能上的稳定性。处于不同发育阶段和不同组织微环境中的细胞，其接收的细胞

外的信息不同，导致基因关闭与开放模式和转录谱明显不同，因而各种组织细胞呈现出不同的形态、结构与功能。DNA 序列的有序排列组合决定着细胞的形态、结构与功能，如果细胞的 DNA 结构发生改变，如断裂、移位、碱基替换等，就会使细胞发生病理性改变，导致功能衰退（衰老）或异常增殖（肿瘤）等。

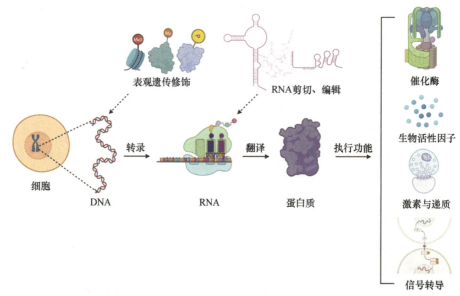

图 1-5　人体细胞的分子遗传调控机制

六、人体组织细胞的寿命

对人体组织器官的结构与功能，组织细胞的数量与活性，衰老相关的基因修饰组、转录组、蛋白质组、代谢组分子谱变化规律等分析发现，机体内的各种组织细胞的衰老进程和更新换代的速度各不相同（图 1-6），肠黏膜细胞的平均寿命为 3 天，味蕾细胞的平均寿命为 3 天，白细胞的寿命为 7～14 天，皮肤细胞的寿命为 7～30 天，精子细胞的平均寿命为 50 天，红细胞的平均寿命为 120 天，肝细胞的平均寿命为 150 天，巨噬细胞的寿命从几个月到数年不等，脂肪细胞和骨细胞的平均寿命为 10 年，记忆性 T 淋巴细胞（T 细胞）、B 淋巴细胞（B 细胞）可存活数年至几十年，卵细胞可以存活 50 年，而脑、脊髓和眼等组织中的神经细胞的寿命则长达几十年，几乎与人体寿命相同。在人体中，每分钟有上亿个细胞死亡，人体细胞平均每 2.4 年更新 1 次。在体外培养条件下，人体皮肤成纤维细胞平均可传代培养 50 代，每传代培养一次相当于在人体内生长 2.4 年，据此推算，在理想状态下人类的平均寿命应为 120 岁。由于受环境、饮食、心理及疾病等因素的影响，人体组织细胞的衰老和死亡进程可能会发生一定改变，因此，大多数人的寿命很难达到预期，但随着基因编辑、体内重编程、干细胞治疗、器官移植及疾病防治新技术的发展，人类的平均寿命正在逐步延长。全球已经进入人口老龄化时代，应对人口老龄化已经上升为国家战略，维护老年人组织器官的结构与功能、防治老年相关疾病和提高老年人生活质量已成为医学研究的重点方向。

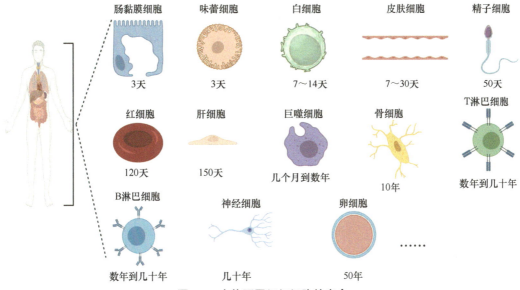

肠黏膜细胞　味蕾细胞　白细胞　皮肤细胞　精子细胞
3天　3天　7~14天　7~30天　50天

红细胞　肝细胞　巨噬细胞　骨细胞　T淋巴细胞
120天　150天　几个月到数年　10年　数年到几十年

B淋巴细胞　神经细胞　卵细胞
数年到几十年　几十年　50年

图1-6　人体不同组织细胞的寿命

七、人体细胞的转分化与逆向分化

转分化是指从一种细胞类型转变为另一种细胞类型，即在一定条件下，控制发育方向的转录因子表达发生改变，从而使干细胞或分化成熟细胞的特定分化状态发生改变。细胞分裂增殖与分化是生物个体发育的基础，一直以来，该过程被认为是稳定不可逆的，处于分化终端的细胞不能再分化，其形态、结构和生物学功能特征具有一定的稳定性并执行特定的生理功能，然后逐步走向衰老和死亡。例如，神经细胞生长出的突起或神经纤维有传导神经冲动和储存信息的功能；肌肉细胞呈梭形，有收缩功能。不同的细胞行使不同的功能，它们的功能协调一致，使人体稳定高效地发挥各种正常的生理功能。

体细胞重编程是颠覆传统细胞分化认知的重大技术突破，实现了从成熟细胞向早期胚胎细胞的逆向分化。体细胞重编程实际上也属于转分化的范畴，但转分化研究要比重编程技术研究早得多。近年来，核移植技术、小分子化合物诱导细胞重编程技术及细胞因子组合诱导成体细胞转分化技术的发展，丰富和发展了细胞从高分化潜能状态向低分化潜能状态分化的理论。研究表明，在一定的细胞内外环境因素的推动下，高度分化后的细胞不仅可以逆转为具有多能状态的干细胞，而且可以转变为不同类型的功能细胞。早期的转分化实验主要集中在各个胚层内的不同细胞类型之间的相互转化，如中胚层的成纤维细胞转变为肌肉细胞。2010年，研究者将小鼠中胚层的成纤维细胞诱导为外胚层的神经细胞，第一次实现了跨胚层的细胞转分化。随着研究的深入，越来越多的证据表明，处于分化终端的细胞，其基因表达谱的改变可导致细胞分化潜能逆转和分化方向改变。这些技术不仅彻底改变了人们对细胞分化的认知，而且开辟了细胞医学研究的新领域。深入理解细胞转分化的分子调控机制，有助于揭示人体生长发育和细胞再生的规律，为创建组织损伤修复和逆转衰老的新技术奠定了理论基础。

总之，细胞分化是从高分化潜能状态向低分化潜能状态和成熟细胞转变，而转分化则是从一种成熟细胞类型向另一种成熟细胞类型转变或成熟细胞向高分化潜能细胞转变。不论是细胞分化还是转分化，其根本原因在于基因修饰与转录表达模式的改变（图 1-7）。随着体外诱导技术的成熟和理论研究的深入，转分化技术将会为组织器官修复与重建开辟广阔的前景，为组织损伤性疾病治疗提供更多的新型细胞材料。

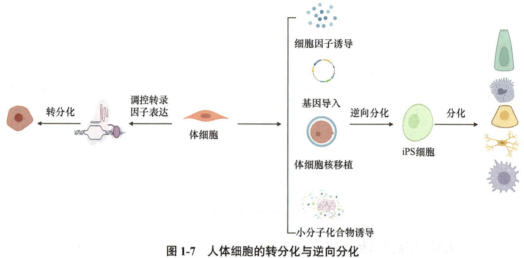

图 1-7　人体细胞的转分化与逆向分化

iPS 细胞：诱导多能干细胞

◆ 第二节　人体细胞的命运

一、人体细胞的起源及组织器官的发育生长

人体内的所有细胞均起源于形态结构与分化功能相同的胚胎干细胞，从某种意义上来讲，生命也起源于干细胞。从胚胎干细胞发育分化而来的人体内的大部分细胞均属于典型的真核细胞，主要由细胞膜、细胞质和完整的细胞核组成，核内有核仁、核液和染色体，有完善的遗传信息的转录与翻译系统，细胞质中有各种细胞器，是生命体具备包括酶催化和 DNA 复制等完整功能的基本结构和功能单位。

人体内的所有组织细胞均来源于一个受精卵细胞，在母体中精子与卵子相遇并结合时，一个获能的精子细胞进入一个次级卵母细胞的透明带，标志着受精过程开始，当卵原核和精原核的染色体融合在一起时，则标志着受精卵着床过程的完成。在受精卵的卵裂和胚泡形成过程中，受精卵细胞发生代谢改变，通过摄取营养、分化、准备着床或有丝分裂，逐步形成 2 个、4 个、8 个、16 个、32 个细胞的细胞团，在细胞数量达到 32 个以上的早期胚胎阶段，因为其形态很像桑椹，所以称为桑椹胚，在这一时期的所有桑椹胚细胞的生物学特性基本一致。当桑椹胚发育到一定程度时，由于母体环境的作用，桑椹胚细胞发生一系列基因修饰与表达模式变化，使胚胎内部产生空腔，形成囊胚。在囊胚期，原本完全一样的细胞开始分化，囊胚由原始的单胚层细胞逐渐发展为内细胞团和外胚层，内细胞团在外胚层的包裹下开始向个体发育。由于原肠胚中的各胚层细胞受母体环境因素影响的不同，它们分别向相应的胚层方向发育，最终分别形成外胚层、中胚层和内胚层组织并逐渐形成胚胎，此时，胚胎正式开始向各个系统发育。一般说来，外胚层发育形成表皮和神经组织，中胚层发育形成骨骼、肌肉、血液、淋巴和其他结缔组织，内胚层发育形成肠腔上皮和消化腺上皮。胚层细胞的发育方向也不是恒定不变的，其基因表达模式受细胞所处微环境的影响而发生修饰谱改变，进而导致某些基因开放或关闭表达，并影响细胞的生长、分裂增殖和分化，因此，在胚层发育微环境中，基因修饰与表达模式决定了胚层发育的方向。各胚层细胞不断生长、分裂增殖和分化而形成完整的组织与器官，然后经过逐渐发育生长形成胎儿。因此，人体内的所有组织细胞均起源于受精卵细胞的生长和分化。在胎儿出生后，各胚层组织细胞继续不断生长和分裂增殖，逐渐生长和发育成具有系统功能的组织器官及成体。在人体发育过程中，组织细胞主要来源于各胚层细胞的分裂增殖和组织干细胞的增殖、分化。各胚层细胞来源于胚胎干细胞的生长分化，因此，胚胎干细胞是各胚层细胞的起源细胞，而成体组织器官中的细胞则来源于自身细胞的分裂增殖和组织干细胞的分化。在人体生长发育和衰老过程中始终伴随有干细胞的生长、分裂增殖和分化，其维护组织器官的结构与功能的完整性，组织细胞的更新换代来源于干细胞，而干细胞的资源耗竭则是人体走向衰老的关键因素（图 1-8）。

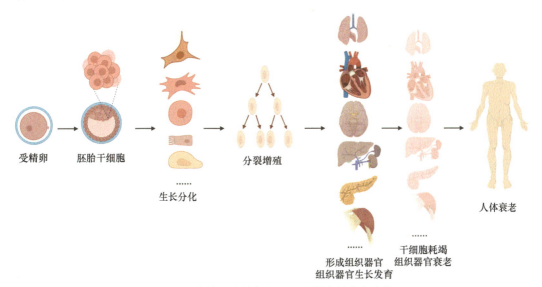

图 1-8　人体细胞的起源及组织器官的发育生长

二、人体组织细胞的微环境

人体内的任何一个组织细胞都不是孤立存在的，细胞与细胞之间、细胞与细胞外微环境中的组成成分均会产生相互作用并发挥相应的生物功能。细胞微环境主要由不同类型的细胞成分、细胞外基质、细胞外调节分子和体液成分等按一定的三维结构排列组合而成，这些成分共同参与构成细胞赖以生存的微环境（图 1-9）。在人体生长发育和衰老过程中，组织细胞的微环境结构和组成总是处在一种动态平衡之中，维护组织细胞的微环境的稳定性是保持成体细胞正常生长、分裂、分化、代谢和功能活动的重要条件。细胞微环境中的各种成分不仅对细胞起支持、保护、连接和营养作用，而且与细胞的增殖、分化、黏附、迁移、代谢等基本生命活动密切相关。从理论上讲，在体内特定的组织微环境中或体外培养条件下，细胞外的任何因素变化都有可能引起遗传基因时空表达模式的改变，所以，细胞微环境的改变是细胞分裂增殖、分化与转分化的关键调控因素。组织细胞的微环境异常改变导致的细胞功能异常是疾病发生发展的关键因素，保持组织细胞微环境的稳态是维护组织器官的结构与功能正常的前提和基础，因此，调节和维护组织细胞微环境的稳态是人类疾病治疗的重要内容。组织细胞微环境的组成及特征如下。

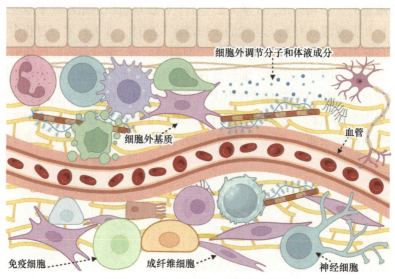

图 1-9　人体组织细胞的微环境结构

1）细胞外基质：位于细胞周围，是细胞微环境的核心组分，是细胞赖以生存的微环境条件之一。细胞外基质由细胞合成并分泌到细胞外环境中，是一个由许多大分子，主要是一些蛋白质和多糖或蛋白聚糖构成的精密有序的三维网状结构。细胞通过细胞外基质行使多种功能，使细胞与细胞、细胞与基膜之间紧密联系，构成了各种组织与器官。

2）细胞外调节分子和体液成分：细胞因子、内分泌激素和信号分子等是细胞微环境中重要的细胞外调节分子。细胞外的信号分子是指生物体内的某些化学分子（如生长因子、激素、神经递质等）与细胞膜上的相应受体结合，向细胞内传递信号，从而调节细胞功能。细胞因子是一类特殊的信号分子，它们通过与相应的受体结合而发挥对细胞生长、分裂增殖和生物学功能的调节作用。体液成分也是组织细胞的重要组成部分，其中包含各种电解质、微量元素、其他营养物质等，对维持组织细胞的稳定性具有不可或缺的作用。

3）细胞成分：每一种组织均由特定类型的功能细胞和辅助细胞等按有序的三维空间结构排列组合而成，组织中每一个细胞的周围除细胞外基质、细胞外调节分子和体液成分外，还与周围细胞一起形成特定的组织结构，细胞之间通过分泌因子、细胞膜上的受体与配体等紧密联系和相互调控，因此，组织细胞之间相互成为细胞微环境的组成成分，而且存在着相互作用和调节关系，共同维护组织微环境的平衡和稳定。

4）生物物理学特性：组织微环境的生物物理学特性是指服从物理定律和规律的光、电、力、热、硬度等物理学特征。组织微环境中的任何成分改变均会引起生物物理学特性的变化，特别是生物大分子交联、代谢产物堆积、细胞衰老等，均会引起特定细胞的微环境的质地和硬度改变，进而对细胞的生长、分化、存活和细胞间的信息传递产生重要影响。因此，维护组织微环境生物物理学特性的稳定是维持组织细胞活性的重要条件。

三、人体细胞的生物学功能

人体细胞是人体结构与功能的最基本组成单元。人体细胞的主要生物学功能（图1-10）是：①储存遗传信息，细胞核内的染色体中的由不同碱基组成的遗传基因上蕴藏着人体所有的遗传信息，遗传信息的密码由 4 种脱氧核苷酸有序排列组合而成，遗传指令以此为基础经转录和翻译而表达出各种功能蛋白分子；②组成人体组织结构，细胞是构成人体组织结构的基础，支撑人体组织器官的形态、结构与功能；③物质转运，人体内的大部分细胞均具有复杂的物质转运功能，主要的物质转运方式有主动转运、出胞和入胞、易化扩散等；④运动功能，细胞的运动方式有位置移动、变形运动、细胞内运动等，其机制是通过动力蛋白水解 ATP 从而释放出能量驱动细胞运动或通过

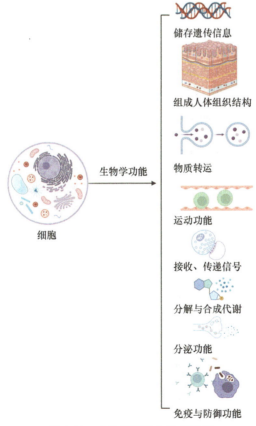

储存遗传信息

组成人体组织结构

物质转运

运动功能

接收、传递信号

分解与合成代谢

分泌功能

免疫与防御功能

细胞　——生物学功能——→

图 1-10　人体细胞的生物学功能

细胞骨架体系微丝、微管组装与去组装驱动细胞运动；⑤接收、传递信号，部分细胞通过分泌信号分子释放自身信号，其他细胞可通过细胞膜受体识别细胞外信号，还可通过细胞与细胞之间的接触等方式进行细胞间的信息交流；⑥分解与合成代谢，细胞是人体代谢的基本场所，主要的合成和分解代谢均在细胞内完成，包括糖、脂、蛋白质和能量代谢等；⑦分泌功能，多数细胞均有合成和分泌各种调节因子与功能分子的作用，从而调节人体内环境的平衡和稳定；⑧免疫与防御功能，人体的免疫与防御能力主要靠免疫细胞执行，包括细胞免疫和体液免疫等，其意义是排除外来有害因素，维持内环境的稳定，皮肤细胞、黏膜细胞和神经细胞等也具有一定的防御和分泌免疫调节因子的功能。机体内的各种生理、生化活动都是以细胞为基础进行的，组织细胞在各种细胞内外因素的调节下，细胞核内的遗传信息以 DNA 为模板转录为信使 RNA，然后再以信使 RNA 为模板翻译为各种功能蛋白，从而发挥各种细胞的生物学功能。在 DNA 转录和 RNA 翻译过程中还受许多因素的精准调控。

四、人体细胞的再生与新生

再生是指人体组织和器官病理性损伤或缺损后，机体在某些内源性因素的作用下通过组织细胞的分裂增殖和生长或通过组织内的干细胞生长分化再生出新的组织，进而达到修复组织损伤的目的（图 1-11）。组织再生分为生理性再生和病理性再生，生理性再生是指损伤组织恢复到了正常的组织结构与功能水平；病理性再生则是指通过成纤维细胞或某些组织细胞增生来替代受损的组织细胞并发挥修复组织损伤的作用，但难以使损伤组织的结构与功能恢复到正常水平。组织再生的目的是修复机体内病理性损伤导致的组织细胞坏死或缺失引起的组织结构损害，实质上是一种组织细胞的再生，这种再生在本质上是为了修复组织缺损，而不是为了吸收坏死物质或消除致炎因子（如局部增生的巨噬细胞等）。再生后的细胞一般与缺损的实质细胞完全相同，通过细胞再生修复了损伤组织的三维空间结构、细胞的有序排列组合及功能。

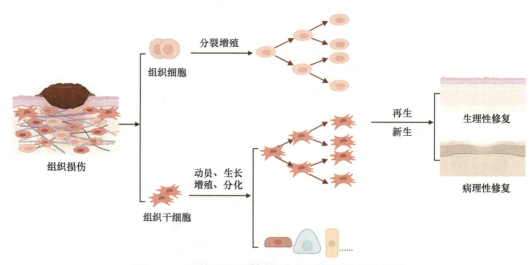

图 1-11　人体细胞再生和新生与组织损伤修复的关系

人体细胞按再生能力的强弱大致可分为不稳定性细胞、稳定性细胞、永久性细胞。一般认为，永久性细胞是不具有再生能力的细胞，没有再生修复组织损伤的实际能力，这些细胞从出生后即脱离细胞周期，永久停止有丝分裂，一旦受损伤则导致永久性缺失，代之以周围健康组织的代偿性增生并形成瘢痕性损伤修复。传统认为，永久性细胞包括神经细胞、骨骼肌细胞、心肌细胞等，但随着科学技术的发展，越来越多的证据表明这些永久性细胞受损或缺失之后，也可以通过干细胞生长分化或某些特定的技术方法使原位组织细胞分裂增殖和转分化，从而实现再生并达到生理性修复组织损伤的目的。人体细胞再生能力的强弱依次如下：①表皮细胞，呼吸道、消化道和泌尿生殖管道的表层细胞；②腺器官的实质细胞，肝、胰等在损伤后有强大的再生能力；③肌细胞，平滑肌、心肌等有微弱的再生能力，但损伤后多以纤维结缔组织填充；④神经细胞，再生能力极弱，一旦损伤，一般由神经胶质细胞分裂增殖形成瘢痕性损伤修复。

人体细胞的新生是通过成熟细胞分裂和组织干细胞增殖分化而产生的新组织细胞，并形成原来没有的新组织。人体细胞新生与再生的主要区别是：细胞新生是在组织中新生长出原来没有的细胞，而再生则是原有细胞受损伤后再生出与原有细胞一致的细胞。组织损伤后纤维细胞增生修复、疤痕组织形成、血管损伤后以出芽的方式新生长出的血管等属于细胞再生性组织损伤修复。细胞再生主要通过组织细胞分裂增殖和组织内的干细胞动员分化实现，细胞分裂的形式可分为 3 种，即有丝分裂、减数分裂和无丝分裂。有丝分裂是真核细胞分裂的基本形式，通过一系列过程，纺锤丝、纺锤体形成，1 个细胞分裂成 2 个正常细胞，这是正常的增殖过程。减数分裂是在人的生殖母细胞中染色体数目减半的分裂过程，它是有丝分裂的一种变形，由相继的两次分裂组成。无丝分裂又称直接分裂。组织干细胞的分裂方式为有丝分裂，1 个干细胞分裂为 2 个子细胞，其中一个子细胞仍为干细胞，而另一个则可分化为组织细胞并参与组织损伤修复或更新正常衰老死亡的组织细胞。

五、人体细胞的可塑性

人体细胞的可塑性是指其在体内外的特定条件下，可以由一种类型的细胞转变为另一种类型细胞的潜能。人体细胞可塑性的内涵是在不改变基因组结构的情况下，组织细胞对来自环境的刺激信号进行反应，进而导致基因修饰、表达模式、表型和功能的变化，并转化为表型特征和功能与原有细胞完全不同的新细胞。干细胞向不同类型的组织细胞分化和一种组织细胞向另一种组织细胞转化的潜在能力均属于可塑性的范畴（图 1-12）。转化的方式包括正向分化、转分化和逆向分化，其中，转分化主要是指一种成熟细胞向另一类型的成熟细胞分化，如成纤维细胞转分化为神经细胞、免疫细胞等。对细胞进行低氧预处理、生物活性分子诱导、基因修饰和力学刺激，以及组织微环境的改变均可导致细胞分化或转分化，这是细胞可塑性的具体体现。人体细胞的可塑性按分化潜能的大小进行分类，主要分为以下 5 种类型。①全能干细胞（totipotent stem cell）：又称"万能干细胞"，受精卵是最早期或最原始的全能干细胞，它可以在母体内自然发育成完整个体，具有向所有类型的组织细胞分化的潜能。从胚胎发育早期的囊胚内细胞群中分离

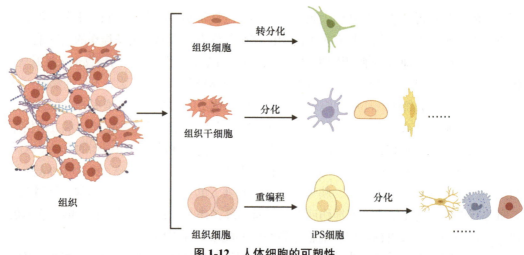

图 1-12　人体细胞的可塑性

出来的胚胎干细胞和从胎儿生殖脊中分离获得的胚胎干细胞样细胞也具有全能性，可以分化为人体所有类型的组织细胞，但不能在母体内发育为完整个体，因为其不能形成胚胎发育的滋养层或胎盘。②诱导多能干细胞（induced pluripotent stem cell，iPS cell）：是指自 2006 年以来，利用病毒载体将 Oct4、Sox2、c-Myc、Klf4 等转录因子导入分化成熟的体细胞中，诱导其重编程为具有与胚胎干细胞相似的表型特征、生长特性和分化潜能的一类全能干细胞。iPS 细胞是胚胎干细胞研究领域的重大技术突破，最大的优点是可以利用该技术获得个性化的胚胎干细胞样细胞，创造了全能干细胞的新来源，解决了全能干细胞制备技术复杂、来源困难的问题，克服了胚胎干细胞的伦理问题和异体来源胚胎干细胞的免疫排斥问题，但由于导入了病毒载体和外源基因，其安全性存疑。iPS 细胞制备技术的发展使全能干细胞向临床迈出了关键一步，但由于其可塑性强大，在体内的可控性差，难以实现定向分化，用于临床治疗尚需深入研究。③亚全能干细胞（sub-totipotent stem cell，STSC）：是指在人体生长发育过程中，存留于体内多种组织中的分化潜能接近于胚胎干细胞，可塑性比传统成体干细胞更强大的一类干细胞，已在成人骨髓中分离获得亚全能干细胞。表型特征为 Flk1$^+$Lin$^-$且从皮肤、肌肉、脂肪、胰腺等组织中分离出来的亚全能干细胞，又称多系分化持续应激细胞（multilineage differentiating stress enduring cell，Muse cell），这类细胞是成人体内分化潜能最强的组织干细胞，保留了与全能干细胞相似的自我复制和分化与增殖潜能。单细胞全基因转录组、蛋白表达谱和可塑性分析结果证实，该类细胞具有全能干细胞的生物学特性，同时又有成体细胞的某些生物学特征，可分化为 3 个胚层的组织细胞，且端粒长度与成体细胞相似，用于临床治疗时可以避免胚胎干细胞治疗的风险。④多能干细胞（multipotential stem cell，pluripotent stem cell）：是存在于成体组织中具有自我更新和多向分化潜能的干细胞，与胚胎干细胞和亚全能干细胞相比，其分化潜能相对受限，可以向多种类型的成熟细胞分化，在特定的条件下，甚至可以打破胚层界限，分化为不同胚层的成熟细胞，如骨髓间充质干细胞、造血干细胞、神经干细胞等。体内成体多能干细胞的分化方向取决于特定的微环境，骨髓多能造血干细胞可分化出至少 12 种血细胞，但不能分化出造血系统以外的其他细胞，如果将其置于肝、神经、肌组织的微环境中则其有可能向相应组织类型的成熟细胞分化。⑤专能干细胞（unipotent stem cell）：由多能干细胞进一步分化而来，也称单能干细胞、偏能干细胞或前体细胞。这类干细胞只能向一种类型或密切相关的两种类型的细胞分化。从细胞分化程度上看，专能干细胞位于多能干细胞向成熟细胞分化的一个中间过程中，属于接近成熟的未完全分化细胞，它具有一定的向前分化能力，但只能向特定类型或相应胚层的细胞分化。关于专能干细胞定义的说法不一，有些人把成体组织来源的干细胞均定义为专能干细胞，但实际上专能干细胞主要是指各组织中的前体细胞。

　　传统认为，组织器官中的成熟组织细胞属于分化成熟或特化的细胞，不具有继续向前分化的潜能，也难以逆向分化为干细胞，但体细胞核移植技术的出现彻底改变了人们对成熟细胞可塑性的认识，将已分化成熟的皮肤细胞核植入去核卵母细胞中，可以将皮肤细胞的发育时钟拨回到"零点"，使其具有受精卵细胞的发育潜能和可塑性，在母体内可生长发育为新生命体。iPS 细胞的出现也证明，已经分化成熟的成纤维细胞可以通过特定基因转入或某些小分子化合物诱导使其重编程为具有全能性的胚胎干细胞样细胞。随着细胞生物技术的发展，诱导成体细胞从一种组织类型的细胞转化为另一种组织类型的细胞和诱导成体细胞重编程为全能、亚全能、多能或专能干细胞的技术将逐渐成熟，通过人工增强或转变细胞的可塑性，实现用细胞治疗各种组织退变、损伤性疾病的可能性最终将变为现实。

六、人体细胞与组织、器官、系统和整体的关系

　　人体的结构与功能层次从小到大依次为分子、细胞核、细胞器、细胞、组织、器官、系统和整体，细胞由细胞膜、细胞质（含细胞器）和细胞核等组成，组织由细胞和细胞外成分有序排列组合而成，器官由功能相似的组织组合而成，系统则是由功能相似的组织和器官构成，人体各个系统在三维空间上的有序排列组合和功能协调一致构成了完整的有机体（图 1-13）。

　　细胞由有机分子和无机成分构成，其中，细胞核内染色体上的 DNA 分子承载的遗传信息是生命特征的基础，以遗传信息为模板经转录、翻译合成的各种蛋白分子是细胞发挥生物学功能的关键。细胞与细胞、基质等有序排列组合形成组织，组织包含特定类型的细胞与组织周围神经、血管、体液、营养物质、调控分子等。

　　组织是构成器官的基本成分，人体主要有四大组织，分别是上皮组织、结缔组织、肌组织和神经组织，它们有序排列组合成了具有一定形态、结构和生理功能的器官。四大组织的组成和功能如下：①上皮组织，皮肤的表皮，口腔、咽食管、肛门和阴道的表面，还有眼睛的角膜是复层上皮，复层上皮由多层上皮细胞组成，更有利于发挥保护作用；②结缔组织，由细胞和大量细胞间质构成，结缔组织的细胞间质包括基质、细丝状的纤维和不断循环更新的组织液，具有重要的连接、支持、缓冲和保护作用；③肌组织，肌细胞间有少量结缔组织，并有毛细血管和神经纤维等，肌细胞外形细长，因此又称肌纤维，肌细胞的细胞膜叫作肌膜，其细胞质叫肌浆，肌组织主要执行运动功能；④神经

组织，由神经细胞和神经胶质细胞组成，神经细胞主要是指神经元，它是神经系统的结构和功能单位，具有接受刺激、传导冲动和整合信息的功能。

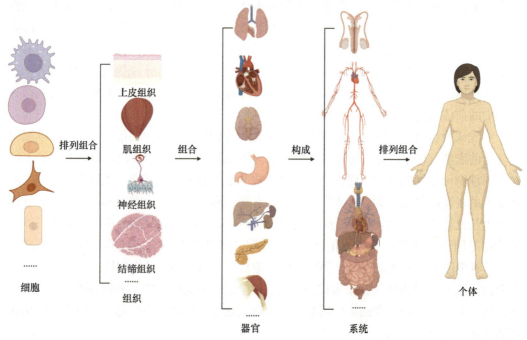

图 1-13　人体细胞与组织、器官、系统及整体的关系

器官是组织的复合体，有独特的功能和形态，包括形态支撑、结构组成及各种生理功能发挥等。器官是指人体内维持生命和人体结构与功能的特定组织集合体，由多种组织构成，是可以完成一定功能的结构单位，对人体生存起至关重要的作用。例如，身体表面的皮肤是人体最大的器官和第一道防线，眼、耳、口、鼻也都是器官，心脏、肝、脾、肺、肾、大脑是人体最主要的内部器官。系统则是由功能相似的若干个器官组成的，人体共有八大系统，即运动系统、神经系统、内分泌系统、循环系统、呼吸系统、消化系统、泌尿系统和生殖系统，系统能够执行特定的生理机能。人体建立在细胞、组织、器官和系统之上，是驱动生命活动的集合体。各个细胞器、细胞、组织、器官、系统和整体之间具有紧密的联系，能够相互协调，协同完成人体的功能。

七、人体组织细胞的命运

人体内构成器官或者组织的细胞称为组织细胞，组织细胞分为很多类型，包括神经细胞、肌肉细胞、皮肤细胞等 270 多种。人体组织器官由数量众多的成熟细胞、祖细胞和数量稀少的干细胞组成，人体通过组织细胞分裂增殖和凋亡机制维持机体内环境及组织器官结构和功能的稳定。组织中的未成熟细胞的命运是向成熟细胞分化，细胞分化不仅发生在胚胎发育阶段，而且在多细胞生物体的整个生命过程中都在持续进行，其生理意义是补充衰老、死亡和丢失的组织细胞，这一现象是细胞中的基因差异修饰与表达的结果。组织细胞的命运通常为分裂增殖以维持组织器官的结构，但最终都会走向衰老和死亡（图1-14），而细胞衰老是成熟细胞退出细胞周期并停滞分裂增殖，老而不死，衰老细胞的累积是人体和组织器官衰老的关键因素，也是维持组织器官结构完整和避免形成恶性肿瘤的重要机制。成熟细胞凋亡是其走向生理性死亡的必然过程，也是导致组织器官结构与功能衰退的细胞学基础。维持人体组织细胞的数量或活性是维护人体健康的关键因素，也是延缓或逆转衰老的重要研究方向。

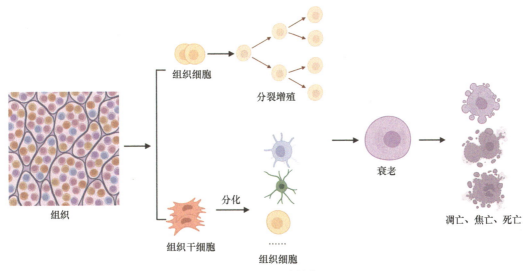

图1-14　组织细胞的命运

八、人体细胞生长与分化命运的调控

细胞的生长与分化受细胞内外各种因素的调控，不同的调控因素均通过调节细胞的表观遗传修饰模式，特别是诱导遗传基因的甲基化修饰变化，改变基因的表达模式，进而实现对细胞生长与分化的调控。细胞生长主要是指细胞体积的增大，在细胞分化完成后，大多数组织器官都是通过细胞生长过程和不断的细胞分裂以增加细胞体积与数量的方式来实现器官生长，但并不是所有的细胞都有分裂的过程，少数细胞（神经细胞）是通过增大细胞体积的方式来实现组织生长。

细胞生长的调控因素：①生长因子，生长因子是一种能增加细胞大小、促进细胞分裂和分化以及抑制细胞凋亡的蛋白质或多肽，包括表皮生长因子、血小板源性生长因子、转化生长因子、成纤维细胞生长因子和血管内皮生长因子等；②细胞外基质，是由细胞合成并分泌到胞外，分布在细胞表面或细胞之间的大分子，主要包括一些多聚糖、蛋白质或蛋白聚糖，这些物质构成了复杂的网架结构，为细胞的生存及活动提供了适宜的微环境；③抑素与接触抑制，抑素是一种特异地抑制细胞分裂的蛋白质，由成熟和分化的细胞产生，可抑制DNA合成和阻止细胞分裂增殖，接触抑制是指细胞在生长过程中达到相互接触时停止分裂的现象。此外，细胞生长和分化涉及多种细胞内外信号之间的平衡、协调及相互调控作用。细胞的体外生长还受多种其他因素的影响，如温度、渗透压、酸碱度、有害物质、病原生物、辐射、超声波、细胞密度、容器转动速度和悬浮搅动速度等。

细胞分化是指在人体生长发育过程中，组织细胞在形态结构、生化组成和功能上向专一性与特异性方向发展，并逐渐产生与原细胞功能不同的新细胞的过程。细胞分化的调控因素（图1-15）有：①基因组的活动模式，人体所有组织细胞中的基因组结构几乎完全一致，由于基因的转录调控和基因本身的修饰模式不同，各种组织细胞的基因具有选择性表达的特征，基因选择性表达是不同组织细胞形态结构与功能不同的决定性因素，干细胞的分化方向不同也是基因的选择性表达所致；②细胞质中的细胞分化决定因子及其传递方式，母体效应基因表达产物的极性分布和分裂时细胞质的不均等分配决定了胚胎细胞分化与发育的命运，在胚胎早期发育过程中，细胞分裂时，细胞质成分被不均等地分配到子代细胞中并调控基因的修饰与表达模式，从而决定了细胞的早期分化方向；③转录水平调控，在人体生长发育过程中，基因的表达具有严格的时间和空间特异性，在转录水平存在 RNA 分子的剪辑、修饰、内源性竞争等调节模式，某些 RNA 分子还对基因的选择性转录和 mRNA 分子的翻译产生调控作用，特定基因的表达严格按照一定的时间顺序发生，在不同组织或器官中的表达具有空间特异性，基因表达的时空特异性是细胞中的特异性转录因子与基因的调控区相互作用的结果；④细胞分化过程中基因表达调控具有复杂性，基因转录的调控是一组调节蛋白而不是单一蛋白，一个转录因子能同时调控几个基因的表达，并同时发生某些基因的激活和关闭；⑤化学修饰调节，

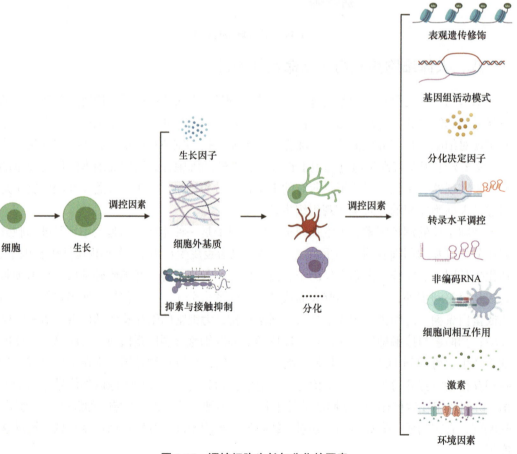

图 1-15　调控细胞生长与分化的因素

DNA 甲基化是影响基因转录的关键因素，启动子区域的甲基化程度越高，DNA 转录活性越低，组蛋白的乙酰化、甲基化、磷酸化及糖基化修饰等均会影响基因转录与细胞分化、染色质结构和基因转录与沉默；⑥非编码 RNA 对细胞分化的作用，人类基因组中绝大部分为非编码序列，其表达产物为非编码 RNA，传统意义上基因的外显子和内含子序列的转录产物也可被加工为非编码 RNA，包括小 RNA（20～30nt）和长度超过 200nt 的长链非编码 RNA（lncRNA），小 RNA 可在转录和转录后水平通过与靶基因 mRNA 互补结合而抑制蛋白质合成或促使靶基因 mRNA 降解的机制调控细胞分化，长链非编码 RNA 可通过多种方式调控基因表达进而影响细胞分化和生长；⑦细胞间的相互作用：在胚胎发育过程中，一部分细胞对邻近细胞的分化产生影响并决定其分化方向，胚胎细胞间的相互诱导是有层次的，在三个胚层中，中胚层首先独立分化，此过程对相邻胚层有很强的分化诱导作用，通过释放各种旁分泌因子促进内胚层、外胚层各自向相应的组织器官分化，此外，细胞间还有相互抑制分化的作用，已分化的细胞可抑制邻近细胞进行相同分化进而产生负反馈调节作用；⑧激素的调节作用，在个体发育晚期的细胞分化调控中，激素通过血液循环介导远距离细胞按预先决定的程序进行分化；⑨环境因素的影响，细胞分化的方向可因环境因素影响而改变，包括物理因素、化学因素和生物因素等。

九、成体细胞重编程

成体细胞重编程是通过体细胞核移植、导入特定转录因子基因，或者采用小分子化合物或组合细胞因子共培养等方法诱导已经分化成熟的组织细胞逆向分化为干细胞或前体细胞，使其基因修饰、表达特征和表型重置于干细胞状态。成体细胞重编程的最主要技术突破是将已经分化成熟细胞的分化潜能逆转而恢复到全能性或多能性状态。在正常生理条件下，细胞的自然分化规律是从胚胎干细胞向成体干细胞、前体细胞、组织细胞分化，这种分化方向是正向分化或编程，而由成熟的组织细胞分化为干细胞则是逆向分化或重编程，是一种成熟或衰老细胞的"返老还童"现象。传统认为已特化的细胞和组织的发育命运是不可逆的，逆向分化或重编程这种逆自然规律的现象是不可能发生的，但随着人们对人体细胞分化的本质和规律认识的不断深入，通过导入某些转录因子基因、与小分子化合物共培养、体细胞核移植等技术，可以使已经分化成熟的组织细胞的发育时钟拨回到"零点"，回到胚胎干细胞的原始分化状态。这些技术的发明是人类细胞分化与重编程研究的重大里程碑，不仅是技术上的重大突破，而且彻底改变了人们对细胞分化和人体生长发育的传统认识。有研究发现，已经分化成熟的组织细胞在体内也有向干细胞逆向分化的现象，在皮肤损伤的修复、愈合过程中，成熟的皮肤细胞首先在损伤组织的微环境诱导下逆向分化为干细胞，然后再增殖分化为皮肤细胞，从而发挥修复皮肤损伤的作用，但体内细胞重编程促进组织损伤修复是否是组织损伤修复的共性方式或普遍现象尚需要进一步验证。

如果把已特化的细胞移植到发育早期的胚胎组织中，它会随胚胎发育而转分化为相应组织类型的功能细胞，这是一种转分化现象，在这一过程中是否存在重编程还有待于进一步分析研究。在胚胎早期发育过程中，某一组织或器官的原基细胞首先必须获得分化方向定型，然后通过基因修饰谱的改变才能向预定的方向发育分化，最终形成相应的组织或器官。诱导体细胞重编程获得多能干细胞的技术有以下几种（图 1-16 ）。①体细胞核移植：将分化成熟的体细胞移植到去核卵母细胞中，这种体外培育出来的细胞犹如受精卵细胞，可以发育为完整个体。该技术现已广泛用于动物克隆，克隆人尚有伦理限制，目前国内外均没有获得政府批准，但技术上是完全可行的，且在一些国家已经批准以治疗为目的的人类胚胎克隆。②转基因诱导：2006～2007 年日本的 Yamanaka 教授和美国的 Thomson 教授带领的两个研究组分别在 Cell 与 Science 上报道，通过导入 4 种基因（Oct3/4、Sox2、Klf4 和 c-Myc）使皮肤细胞重编程为胚胎干细胞样的诱导多能干细胞（iPS 细胞），使得在不用胚胎或卵母细胞的条件下制备出用于疾病研究或治疗的胚胎干细胞样细胞成为可能。③小分子化合物诱导：我国科学家邓宏魁等于 2013 年在 Science 上报道，利用小分子化合物组合成功诱导体细胞重编程并获得诱导多能干细胞，证明该诱导细胞可以重新分化为各种组织类型的成熟细胞并将其命名为化学诱导的多潜能干细胞（CiPS 细胞），该研究开辟了一条全新的体细胞重编程途径。CiPS 细胞技术不涉及使用病毒载体和引入基因，使多能干细胞的获取更容易、更安全。④将体细胞与某些细胞因子组合培养，也可以使体细胞逆向分化为干细胞，但目前报道的技术稳定性差，缺乏标准化的技术方案。

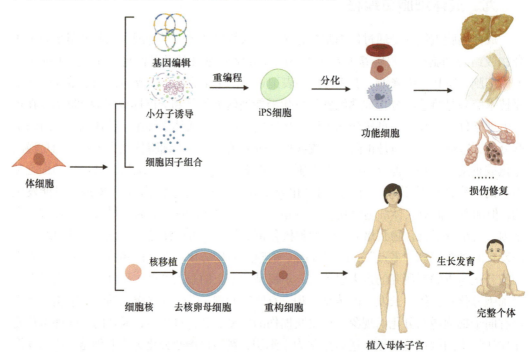

图 1-16 体细胞重编程为多能干细胞的技术

十、细胞衰老及其生物学意义

细胞衰老（cell aging）是指细胞在执行生命活动的过程中，正常细胞受体内外环境的持续作用，细胞增殖与分化能力和生理功能逐渐发生衰退的变化过程。体细胞的生命历程包括未分化、分化、生长、成熟、衰老和死亡几个阶段。衰老死亡的细胞通常会被机体的免疫系统清除，同时新生的细胞也不断在相应的组织器官生成，细胞衰老死亡与新生细胞生长的动态平衡是维持机体正常生命活动的基础。

细胞衰老在形态学上表现为细胞结构的退行性变性，如细胞扁平，细胞膜脆性增加，选择性透过能力下降，膜受体种类、数目和对配体的敏感性降低，脂褐素堆积，细胞器和细胞内结构紊乱，细胞核膜凹陷、崩解，染色质超二倍体和异常多倍体的细胞数目增加。衰老细胞在生理学上的表现为功能衰退与代谢低下，细胞内酶活性中心被氧化，酶活性降低，蛋白质合成速度下降，线粒体功能障碍，衰老标志分子表达水平升高等，同时还表现为细胞周期停滞、复制能力丧失，对促有丝分裂刺激的反应性减弱，对诱导凋亡因素刺激的反应性丧失。

细胞衰老和机体衰老是两个不同的概念，但两者密切关联。机体衰老的基础是整体、系统或器官中的部分细胞衰老，不等于构成机体的所有细胞都发生了衰老。正常生命活动中细胞衰老死亡与新生细胞生长更替的平衡，是维持组织器官结构与功能正常和避免组织结构退化、衰老细胞堆积的必要条件，也是延缓整体衰老的前提和基础。衰老是一种可以被治疗的疾病，并且与许多老年性疾病关系紧密。随着年龄增长，衰老机体在应激和损伤状态下，保持和恢复体内稳态的能力下降，内环境的稳定失衡，患心血管疾病、恶性肿瘤、糖尿病、自身免疫性疾病和阿尔茨海默病等的风险增加。生理性衰老与病理性衰老有本质区别。生理性衰老是一个渐进性组织细胞衰老数量增加和组织器官结构与功能缓慢衰退的过程，通常是指衰老且无老年相关疾病。病理性衰老是指由环境因素、含毒性物质的饮食、疾病、精神心理压力及不良工作和生活习性等导致机体或组织器官的结构与功能加速衰退的过程。当前，人们对衰老生物学机制已经有了较深入的认识，无论是生理性衰老还是病理性衰老都是机体组织器官内衰老死亡细胞与新生细胞的平衡失调的结果，表现为衰老细胞数量增加而新生细胞数量不足。人体内衰老细胞的累积是器官或整体衰老的重要机制之一，组织微环境中的慢性炎症和氧化应激反应是组织细胞衰老的重要诱因，细胞内基因突变的累积是导致细胞衰老的关键因素。组织细胞衰老的生物学意义是导致组织器官衰老，清除衰老细胞可以延缓或逆转组织器官衰老，但组织细胞衰老也不完全是坏事，它是避免人体细胞基因突变而引发恶性肿瘤的重要机制，也是维护组织器官结构稳定的必要条件，因此，适当清除衰老细胞有利于维护组织器官功能的稳定（图1-17），甚至可以有效延缓或逆转衰老，但过度清除衰老细胞也可能导致组织器官的结构与功能失衡。阐明机体衰老的机制必须从研究细胞衰老的机制开始，深入研究细胞衰老的表观遗传、基因表达与调控规律，揭示衰老过程中组织细胞的微环境变化规律。尽管衰老是人类生命过程中不可避免的自然规律，但在解析清楚细胞衰老的分子机制的基础上，通过细胞外调节分子重编程、基因编辑、清除衰老细胞、补充干细胞和免疫细胞、加强体育锻炼和限制高热量饮食、积极防治老年相关疾病等措施，可以延缓或逆转衰老，提高老年人的生存质量，延长健康预期寿命，避免病理性衰老是完全可以做到的。

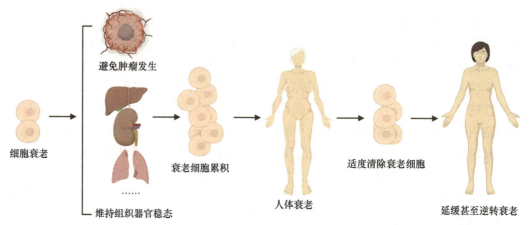

图 1-17 细胞衰老的生物学意义

十一、清除衰老细胞的意义

机体组织器官由数量众多的成熟功能细胞、祖细胞和数量稀少的干细胞组成。在细胞层面，人体组织器官中衰老死亡和更新换代的细胞数量处于一种动态的平衡状态，通过这种平衡维持着机体内环境及组织器官结构和功能的稳定。出生后，人体首先处于发育生长状态，表现为各组织器官中的新生细胞数量增加而衰老死亡细胞数量相对较少。当发育生长到高峰时期之后，各组织器官中的新生细胞与衰老死亡细胞数量处于相对平衡状态，组织器官的形态、大小、结构和细胞成分处于相对恒定状态，表现为人体成熟和组织器官功能达到顶峰水平。随后，人体进入逐渐衰退过程，组织器官中的干细胞数量减少、活性降低，新生细胞数量减少，而衰老死亡细胞数量逐渐增加，组织器官的结构老化、紊乱，器官功能衰退，最后衰退至衰竭状态并逐渐走向死亡。在人体生长发育和衰老死亡过程中，一直伴有组织干细胞的动员、分裂增殖与分化，以维持组织器官的结构与功能的完整性，因此，组织干细胞的增殖分化贯穿于生命过程的始终，人体衰老的根本原因是随着年龄的增长，组织干细胞数量逐渐减少、活性逐渐降低。

人体衰老具有渐进性、内生性、累积性、有害性的特点。衰老的学说有氧自由基学说、DNA 损伤衰老学说、基因衰老学说、体细胞突变学说、分子交联学说、神经内分泌学说、代谢紊乱学说、免疫学说、细胞凋亡学说和端粒学说等 300 多种学说，但不管什么学说归根结底都是导致组织细胞更新换代平衡失调，新生细胞减少，衰老死亡细胞增多，进而导致组织器官衰老萎缩。氧自由基学说认为，细胞衰老是由机体代谢产生的氧自由基对细胞损伤的积累所致。端粒学说提出了细胞染色体端粒缩短的细胞衰老生物钟理论，认为细胞的寿命具有局限性，细胞内染色体末端的特殊结构——端粒的长度缩短到一定程度，细胞即进入衰老状态。DNA 损伤衰老学说认为，细胞衰老是 DNA 损伤不断积累的结果。基因衰老学说认为，细胞衰老受衰老相关基因的调控，细胞内外某些因素的改变可导致衰老相关基因开放表达或基因突变不断累积进而导致细胞衰老。分子交联学说则认为，生物大分子之间形成交联导致细胞内外环境的生物物理学特性改变进而诱导衰老。也有学者认为，脂褐素蓄积、糖基化反应，以及细胞在蛋白质合成中有误差等因素也可导致细胞衰老。此外，细胞衰老还具有"传染性"，即组织中的衰老细胞可以通过分泌衰老相关因子诱导周围细胞衰老。线粒体是细胞的"发电厂"，其功能不足和线粒体膜的通透性改变也是诱导细胞衰老的重要因素。总之，细胞衰老是其内外环境中一种或多种因素协同作用的结果。从细胞的层面分析，衰老或衰老相关疾病均与组织细胞衰老密切相关，衰老细胞在组织器官中的累积是细胞再生功能障碍和器官衰老的重要原因，适当清除衰老细胞可以有效延缓甚至逆转器官衰老（图 1-18）。

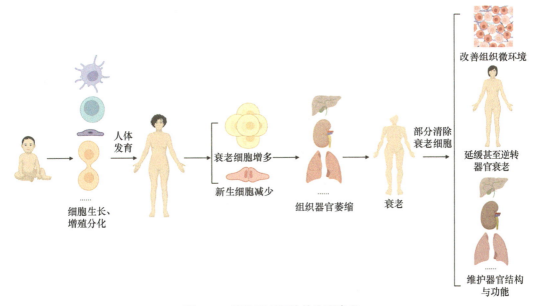

图 1-18　清除衰老细胞的生理意义

清除组织器官中衰老细胞的意义是创建有利于组织细胞分裂增殖和干细胞动员分化的微环境，促进组织细胞更新换代并使组织器官维持在良好状态。科学研究证实，在生理状态下，组织细胞通过凋亡途径实现细胞程序性死亡，这是组织细胞对有害刺激产生的正常生理性反应，也是避免衰老细胞累积的重要机制。组织细胞的衰老死亡与新生处于一个相对稳定且动态变化的过程，一旦这种平衡被打破，就会对机体产生破坏性的影响，如引起阿尔茨海默病、肌肉萎缩、发育异常疾病等。越来越多的证据显示，外源性补充成体干细胞可促进组织细胞更新换代并改善器官功能，也可能具有动员、激活内源性干细胞和促使衰老组织细胞"返老还童"的作用，使用抗衰老细胞抗体、某些细胞因子或生物活性物质及植物提取物中的活性分子等部分清除衰老细胞，有利于维护组织器官的正常功能。

细胞衰老是肿瘤的天然屏障，机体内的细胞衰老是一种重要的肿瘤抑制性防御机制，衰老反应是一种避免组织细胞向肿瘤转化的控制机制。衰老细胞和恶性肿瘤细胞具有一系列重叠的特征，如基因组不稳定、表观遗传改变、慢性炎症和生态失调等。衰老的其他特征，如端粒缩短和干细胞衰竭等会抑制肿瘤的发生。衰老过程与恶性肿瘤之间的拮抗关系，是影响老年人群恶性肿瘤发生的重要调节机制，因此，彻底清除组织器官中的衰老细胞可能对组织器官的结构与功能稳定带来不利影响。

十二、正常细胞与恶性肿瘤细胞的关系

恶性肿瘤是人体在各种致癌因素作用下，局部组织细胞异常分裂增殖而形成的异常组织。一般认为，恶性肿瘤细胞是由正常细胞转化而成的，正常细胞的基因突变、原癌基因激活，使正常细胞恶性生长，并获得强大的增生、侵袭、转移能力。恶性肿瘤细胞具有特殊的表型、生长形态、基因表达谱、信号转导和分泌功能等生物学特征及行为。恶性肿瘤的起源与组织中个别发生基因突变的干细胞密切相关，肿瘤细胞中有少数具有强成瘤性、高侵袭转移性，并能转移后形成新的肿瘤病灶的"永生性"细胞，这类细胞具有干细胞的特性，被称为肿瘤干细胞，这些细胞对放化疗极不敏感，是肿瘤复发、难治的重要原因。恶性肿瘤与正常细胞显著不同的特点主要体现在分化、增殖、侵袭、转移、复发等方面，具体如下（图 1-19）。

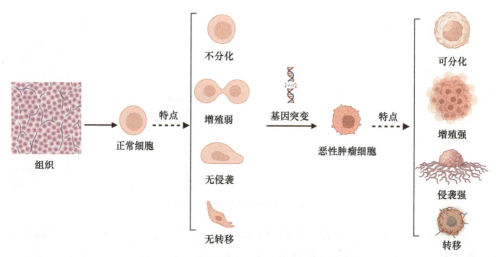

图 1-19　正常细胞与恶性肿瘤细胞的关系

1）分化：正常细胞发育成熟后，保持各自固有的形态结构，正常组织细胞处于分化成熟状态，而恶性肿瘤细胞多处于中分化、低分化、未分化状态，细胞的异质性比较高，细胞核较大，染色质较浓集，并可以见到病理性核分裂。通常肿瘤细胞的异质性越高、分化程度越低，说明其恶性程度越高。

2）增殖：大部分恶性肿瘤细胞的分裂增殖速度较快，肿瘤细胞排列密集，细胞核分裂象多见，新生血管丰富。肿瘤的快速生长往往会在机体中形成占位性病变，并伴发出血、坏死等继发病变。

3）侵袭：恶性肿瘤细胞在生长过程中多呈浸润性生长，可外生性浸润到周围组织中，呈蟹足样、溃疡样等，也可以向体表或管腔内生长，呈乳头状、菜花状、绒毛状等。恶性肿瘤往往边界不清晰，在手术中难以被完全切除，从而导致治疗失败。

4）转移：由于恶性肿瘤细胞自身的生物学特点，其迁移能力较强，可通过血管、淋巴管结构转移到周围淋巴结，也可以转移到远处的其他器官，并定植、增生而形成转

移病灶。

5）复发：部分恶性肿瘤细胞，特别是肿瘤干细胞，对放疗、化疗等治疗反应不敏感，并且具有免疫逃逸性，从而造成肿瘤复发，同时，由于其浸润性生长的特点，在手术过程中难以被完整切除，术后易于复发。

十三、正常细胞与恶性肿瘤细胞的鉴别特征

恶性肿瘤细胞是由正常细胞转化而来的，是环境因素、毒性物质、辐射等诱导基因突变的结果，因此，正常细胞无致癌基因突变，而恶性肿瘤细胞则有特定的基因突变，这是正常细胞与恶性肿瘤细胞的本质区别，是恶性肿瘤发生发展的遗传学基础（图1-20）。恶性肿瘤细胞具有无限增殖潜能、凋亡抵抗、屏蔽抗生长信号、促进细胞生长信号激活、持续血管生成、侵袭转移能力六大特征。正常细胞的能量代谢特点为葡萄糖在线粒体内进行氧化磷酸化，而恶性肿瘤细胞能量代谢的特点是高效摄取葡萄糖，并进行有氧糖酵解（瓦尔堡效应，Warburg effect），这种方式可以为恶性肿瘤细胞快速生长提供 ATP，满足其快速分裂、生长的需求，同时将产生的乳酸排出到胞外，不仅可使恶性肿瘤细胞局部保持酸性环境，还可为恶性肿瘤细胞的生存、侵袭提供特定的异常微环境。现代医学研究发现，恶性肿瘤的发生发展是由组织中的个别干细胞基因突变而无限增殖形成的，恶性肿瘤细胞与干细胞的某些表型一致，干细胞是恶性肿瘤发生发展的种子细胞。临床研究发现，正常分化成熟的组织细胞不表达胚胎细胞抗原，而恶性肿瘤细胞则表达干细胞和胚胎细胞的某些特异性标志性抗原，可以通过检测血液中的胚胎相关特异性标志分子提示恶性肿瘤的发生发展。肿瘤干细胞对放化疗的敏感性相对较低，常规剂量的放化疗可以杀死肿瘤细胞，但难以彻底摧毁肿瘤干细胞，这是恶性肿瘤容易复发的根本原因。从理论上讲，彻底治愈恶性肿瘤的关键是找到能够彻底杀死肿瘤干细胞的方法，寻找有效杀灭肿瘤干细胞的新方法是未来恶性肿瘤治疗的新方向。例如，以肿瘤干细胞特异性抗原为靶点的 CAR-T 细胞可能成为恶性肿瘤治疗的新方法。

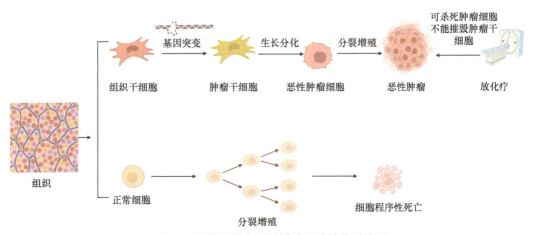

图 1-20　正常细胞与恶性肿瘤细胞的鉴别特征

◆ 第三节　人体细胞与疾病的关系

一、人体细胞与疾病发生发展的关系

　　疾病是指人体在某些致病因子的作用下，体内的自稳调节紊乱从而导致代谢、结构、功能变化，表现为症状、体征和行为的异常。疾病的发生发展实际上是人体的一种损伤与抗损伤反应，疾病状态是人体的抗损伤能力难以对抗损伤所致。从疾病发生、发展与转归的规律、机制及组织细胞在维持组织器官结构与功能中的生物学功能等角度分析，不论是全身性疾病还是局部组织或器官的病变，无论是中毒性、缺血缺氧性、机械性损伤还是代谢性、退变性疾病，几乎所有疾病都与组织细胞受损害紧密相连，都可能因为致病因子诱发组织炎症反应、氧化应激反应和缺血缺氧，进而引起组织细胞的结构与功能改变和变性、坏死、缺失等，因此，几乎所有疾病的发生发展都涉及组织细胞的病理性改变，都可以归结为细胞疾病。

　　细胞与人体的关系，实际上是局部与整体的关系。细胞与疾病的关系是致病因子导致细胞损害，进而引起组织结构异常，进一步导致器官功能异常和系统功能失调，最终导致人体机能紊乱和疾病发生发展（图1-21），在疾病发生发展过程中一直伴随炎症性组织细胞损害。人体细胞与疾病的关系主要有：①人体感染、中毒、炎症、衰老、缺血等疾病，都涉及全身或局部组织细胞的功能障碍、变性、坏死；②几乎所有疾病的康复都依赖于组织细胞的更新换代，细胞再生及组织结构与功能的修复，组织损伤的修复依赖于原位细胞的分裂、增殖，组织内干细胞的动员、分化，甚至是动员损伤组织以外的内源性干细胞迁移到损伤组织并增殖分化；③许多慢性疾病通常由慢性炎症和氧化应激对组织细胞的持续损害，导致组织器官的结构与功能变化或功能细胞的活性降低、数量减少，如心脏、肝、肾、肺等器官的疾病导致的纤维化和功能障碍是组织中的功能细胞数量减少，而纤维细胞大量增生所致；④人体生理性衰老和病理性衰老的根本原因也是组织细胞更新换代不足，一旦组织中衰老死亡细胞数量多于新生细胞，人体就会逐渐进入组织器官萎缩和衰老状态，日积月累的组织细胞受损就会导致器官功能衰竭而死亡；⑤人体组织器官的结构完整性与功能的正常发挥依赖于组织细胞的数量、结构及功能的平衡与稳定，而这种平衡和稳定又取决于组织细胞更新换代的速度，最终取决于组织干细胞的数量、分裂增殖和分化能力。正常细胞的结构与功能受到基因修饰与表达方式的严密调控而保持相对稳定，若细胞受到过度生理应激或病理性刺激，细胞表面的受体就会接收并传递信息到细胞内，引起基因表达模式发生改变，进而引起细胞功能和形态上的适应性变化。在这个过程中，如果刺激因素调节基因适应性表达并维持细胞形态与功能达到新的稳定状态，则不会发生疾病。如果细胞对刺激的适应性反应受限或刺激的强度超过其适应范围，则发生细胞损伤，进而引发疾病。细胞损伤在某些情况下是可逆的，如细胞变性。如果刺激持续或从一开始就非常剧烈，细胞损害达到不可逆转时就会产生不可逆性损伤，如凋亡或坏死，进而导致疾病发生。组织细胞的基因适应性表达与结构、功能的适应性变化是维持人体内环境平衡和稳定的关键因素，而组织细胞的不可逆损伤性变化是大多数疾病发生、发展的关键环节。因此，促进组织细胞的更新换代、提高受

损组织细胞的生存能力、修复组织细胞损伤是疾病治疗和康复的有效办法。

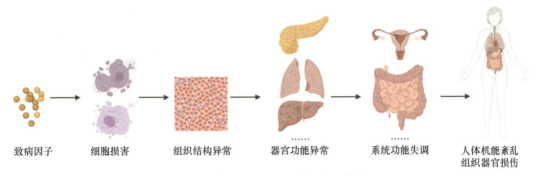

致病因子　　细胞损害　　组织结构异常　　器官功能异常　　系统功能失调　　人体机能紊乱组织器官损伤

图 1-21　人体细胞与疾病发生发展的关系

二、细胞衰老的原因和鉴别标志

当人体生长发育成熟后，随着年龄的增长，全身各组织器官中的细胞就会出现衰老现象，即通常所说的细胞衰老或老化。细胞衰老表现为细胞退出细胞周期、生长停滞、形态结构改变、分裂增殖能力丧失、功能衰退，基因修饰、转录及表达分子谱呈现衰老特征性变化，与生长发育相关的基因被关闭或表达受抑制，而与衰老相关的基因被激活而开放表达，细胞内和细胞表面的 p16、p21、p53 与半乳糖苷酶等衰老特征性标志分子表达水平显著提高，因此，我们可以通过观测细胞的形态结构、分裂增殖能力和衰老特征性标志分子的表达水平来识别衰老细胞。人体细胞衰老是组织细胞发生发展的必然结果，其根本原因是细胞外环境中的有害因子持续作用导致基因表达谱发生改变，在这一过程中，组织细胞的活性、数量、代谢及功能衰退，进而导致组织器官的结构退变和功能衰退。

细胞衰老的机制主要包括以下学说：①遗传程序学说，又称为生物年龄学说，该学说认为细胞的生长、发育、成熟和老化都是细胞基因库中既定基因按事先安排好的程序完成的，最终的衰老死亡是遗传信息耗尽的结果；②基因复制错误积累学说，该学说认为细胞分裂时，由于自由基等有害物质的损害，可诱导脂质过氧化反应，使线粒体膜的流动性、通透性和完整性受损，DNA 断裂突变，其修复和复制过程会因此而发生碱基错配现象，从而激活或抑制某些基因的转录与表达，进一步阻碍细胞进入分裂增殖状态，随着错误的积累，错配基因会表达生成异常蛋白，使原有蛋白多肽和酶的功能丧失，最终导致细胞代谢紊乱、生物活性弱化并逐渐走向衰老和死亡；③端粒学说，该学说认为随着细胞分裂次数的增加，遗传物质 DNA 链上的端粒逐渐缩短，人类出生时的端粒长度为 1.1kb，每年以 30～70 个碱基的长度缩短，当其缩短到极限时，细胞则停止分裂增殖；④细胞凋亡途径阻遏学说，该学说认为细胞内外环境因素的作用导致细胞凋亡信号通路中断，生理性细胞死亡途径受阻，细胞进入增殖停滞状态，并呈现衰老表型；⑤其他学说，包括线粒体功能障碍学说、基因转录长度缩短学说、代谢紊乱学说、自噬功能失调学说等。

细胞衰老的鉴别标志（图 1-22）：①在形态上表现为不同程度的萎缩，可见细胞核不规则、线粒体缺失或形态改变、内质网减少、高尔基复合体变形及脂褐素沉积增加；②功能上表现为代谢功能下降，磷酸化反应水平降低，酶及蛋白质合成速度下降，营养摄入能力减弱，DNA 损伤增加但修复能力下降，脂质及代谢产物蓄积；③DNA 端粒缩短，端粒酶活性降低；④遗传修饰和表达谱表现为生长发育相关基因关闭，而衰老相关基因开放表达；⑤分泌细胞因子的功能失衡，对细胞因子的反应能力减弱，自噬小体减少，细胞的折光性降低；⑥衰老特征性标志分子 p16、p21、p53 和半乳糖苷酶等表达水平显著提高；⑦分泌一系列炎症因子、生长因子、趋化因子等特征性衰老相关因子，这一特征被称为衰老相关分泌表型（SASP）；⑧其他标志，包括生长停滞、退出细胞周期、凋亡通路中断、自噬能力下降等。

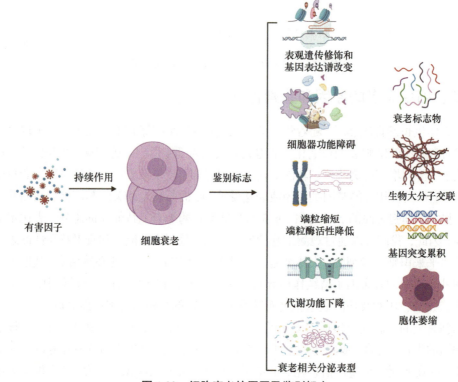

图 1-22　细胞衰老的原因及鉴别标志

三、组织细胞的病变类型

人体组织细胞随时受到细胞互作、细胞外基质、生物活性因子和炎症、氧化应激、细胞微环境生物物理学特性改变等的刺激作用，同时会对各种刺激因子做出相应的适应性反应，以维持细胞的稳定性，但各种有害因素的持续刺激、过度刺激或细胞内有害物质的积累，就会导致细胞出现病理性损害。常见的细胞生理性和病理性损害反应类型（图 1-23）有：①细胞的适应性改变，包括萎缩、肥大、增生、化生等；②细胞的可逆损伤，包括细胞水肿、脂肪变性、玻璃样变、淀粉样变、黏液样变、病理性色素沉着、病理性钙化等；③细胞死亡，包括坏死、凋亡、焦亡、铁死亡等；④细胞衰老，细胞的结构与功能退变；⑤细胞增殖、分化异常，细胞的基因突变及癌基因激活导致其异常增殖、分化。

萎缩通常是指已经发育正常的细胞、组织或器官的体积缩小，组织器官萎缩的主要原因是组织细胞数目减少、体积缩小。细胞萎缩是指细胞的代谢和功能降低，萎缩细胞

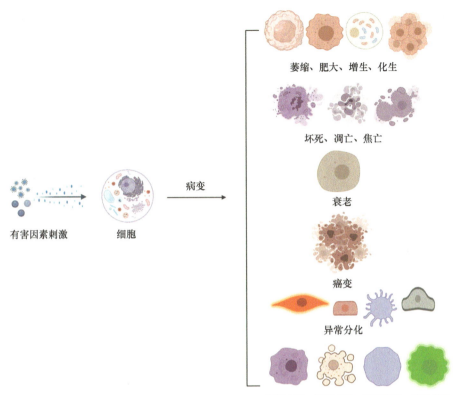

萎缩、肥大、增生、化生

坏死、凋亡、焦亡

衰老

癌变

异常分化

细胞水肿、脂肪变性、玻璃样变、淀粉样变、
黏液样变、病理性色素沉着、病理性钙化

有害因素刺激　细胞　病变

图 1-23　细胞病变的类型

的蛋白质合成减少而分解增多，以适应营养水平低下的生存环境。细胞肥大是指细胞的体积增大，其原因是细胞器增多，蛋白质合成酶活性增强，进而导致蛋白质合成量增加。细胞增生通常是指组织或器官的实质细胞数量增多，导致组织器官的体积增大。化生是指一种分化成熟的组织细胞因受刺激因素的作用而被另一种分化成熟的组织细胞所替代的过程，一般常见于具有再生能力的组织，如上皮组织和结缔组织等，化生的细胞不是由原来的成熟细胞直接转变，而是由该处具有分裂能力的未分化细胞向另一方向分化，只能在同类组织范围内出现。细胞的可逆性损伤是指细胞或细胞间质内出现一些异常物质或正常物质含量显著增多。细胞的可逆损伤多是可复性的，常伴有功能下降，包括细胞水肿、脂肪变性、玻璃样变、淀粉样变、黏液样变、病理性色素沉着、病理性钙化。细胞水肿是指感染、中毒、缺氧等导致 ATP 含量减少，细胞膜钠泵失调，细胞内含水量增加和体积增大。脂肪变性是指缺氧、中毒、酗酒、糖尿病、肥胖等导致非脂肪细胞的细胞质内出现脂滴或脂滴增多的现象。玻璃样变是指细胞或细胞间质中出现均匀一致、半透明状伊红染色物质，又称透明变性，是一种常见的变性。

四、细胞自噬与死亡方式

细胞自噬（autophagy；autophagocytosis）是指细胞将自身细胞质中的蛋白质或细胞器包裹形成囊泡，并在溶酶体融合降解自身成分的过程。自噬是细胞维持生存能力和稳定的一种自我调节方式。细胞自噬的基本过程是：细胞在饥饿和能量应激等状态下启动自噬程序，细胞质中形成隔离膜、包裹需降解物质后形成自噬小体，自噬小体与溶酶体融合，溶酶体中的自溶酶降解自噬小体内的物质，降解产生的小分子物质被细胞回收利用（图 1-24）。

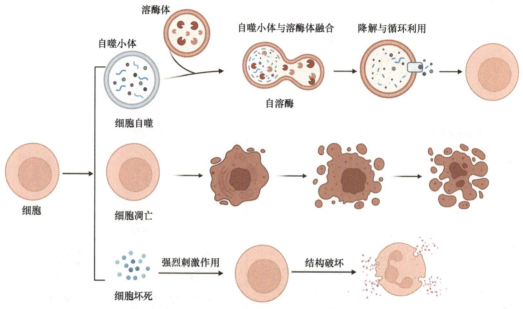

图 1-24　细胞自噬与死亡方式

　　细胞的死亡方式主要有凋亡和坏死（图 1-24）。细胞凋亡（apoptosis）是一种以凋亡小体形成为特点，不引起周围细胞损伤，也不引起周围组织炎性反应的单个细胞的死亡。常见的细胞凋亡途径有两条：胱天蛋白酶（caspase）依赖的细胞凋亡（外源、内源）途径和不依赖于胱天蛋白酶的细胞凋亡途径，两个途径一般同时被激活。胱天蛋白酶依赖的细胞凋亡途径分为死亡受体（Fas）起始的外源途径及线粒体起源的内源途径。细胞凋亡是一种程序性死亡方式，其他程序性死亡方式还有细胞焦亡、细胞铁死亡等。

　　坏死（necrosis）是指活体内局部组织细胞的意外死亡，是由细胞内蛋白质变性和致死性损伤细胞的酶降解引起的具有一系列特征性形态学改变的组织细胞的死亡方式。坏死可因不可逆性损伤直接发生，也可以由可逆性损伤（变性）发展而来。坏死后的细胞和组织不仅代谢停止、功能丧失，而且细胞膜的完整性被破坏，细胞内物质漏出引起周围组织炎症反应。坏死细胞和组织的形态改变是坏死细胞自身的溶酶体酶解消化（自溶）和（或）急性炎症反应时渗出的中性粒细胞释放的溶酶体酶消化（异溶）的结果。炎症反应对鉴别细胞坏死和细胞自溶具有重要价值，前者是当细胞受到意外损伤，如受到极端的物理、化学因素或严重的病理性刺激时会发生细胞被动死亡，细胞内含物释放到胞外，引起周围区域的炎症反应，而后者则没有炎症反应。

五、细胞与细胞之间的通信

　　细胞通信是指一个细胞发出的信息通过介质传递到另一个细胞并产生相应的生物

学反应。细胞间信息交流的典型模式有以下三种（图1-25）：①细胞分泌的化学物质（如激素、神经递质），随体液到达全身各处，与靶细胞的细胞膜表面的受体结合，将信息传递给靶细胞，这种调节是最常见的远程细胞间的信息交流类型；②相邻两个细胞的细胞膜接触，信息由一个细胞传递给另一个细胞；③相邻两个细胞之间形成通道，携带信息的物质通过通道进入另一个细胞。

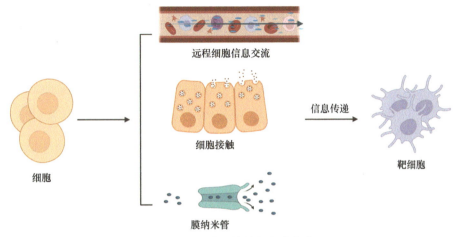

图 1-25　细胞间的信息交流方式

　　细胞接触（cell contact）存在"接触抑制"现象，是指当一个细胞和另一个细胞接触时，这个细胞的持续运动停止，细胞表面的纤毛可感受细胞微环境中的物理信号和化学信号，使细胞的分裂增殖受到抑制。另一种细胞间信息交流的模式是通过膜纳米管（membrane nanotube）通路实现的，膜纳米管通路的功能包括细胞间电耦联、钙信号转导、小分子交换和细胞器转运等，一些细胞能通过纳米大小的脂类双层囊泡直接进行细胞间 RNA 的转运。细胞间的信息交流有竞争现象，分裂缓慢的细胞群面对相对生长较快的细胞群时，这些分裂缓慢的细胞会通过凋亡形式减少或消失。细胞间的信息交流还有纠缠现象，即一个细胞状态变化时，有相同来源或遗传特质的另一细胞即刻发生相应的状态变化，细胞纠缠可能是肿瘤细胞之间最直接的对话方式。

六、人体生长发育的基本过程和变化规律

　　人体生长发育是指从受精卵分裂、增殖、分化，胚胎形成与生长到出生，随后进一步成长直至达到生理和心理上的成熟。人体生长发育是由量变到质变的复杂过程（图1-26），包括胚发育期、胎儿期、新生儿期、婴儿期、幼儿期、儿童期、青春发育期、青年期、成年期、中年期、老年期。人从出生到成年是由小到大、由矮到高、由轻到重的复杂发育过程，在这个过程中人体细胞的不断繁殖增多，使各器官组织不断增长，这个量变的过程，称为"生长"。该过程同时表现出人体内各器官的组织细胞不断分化，形态机能逐渐成熟和完善，这个质变过程称为"发育"。生长是发育的前提，发育包括生长，二者相互依存、相互促进、密切相关，只有人体各器官、系统的发育在结构与功能上达到完善，且心理和智能得到发展，才能达到成熟阶段。

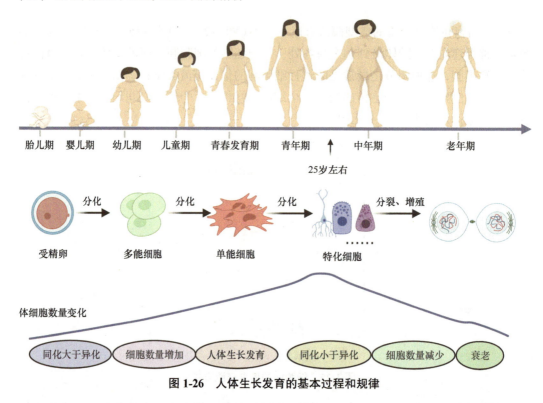

图 1-26　人体生长发育的基本过程和规律

　　人体的生长发育具有连续性、阶段性和不均衡性，并遵循由上到下、由远及近、由粗到细、由低级到高级、由简单到复杂的规律。人体生长发育是同化作用和异化作用共同作用的结果。人体通过新陈代谢来实现自身的生长和发育。新陈代谢是靠同化作用和异化作用两个对立统一的过程来进行的，新陈代谢的同化作用使体内积累物质和能量，而异化作用则是消耗体内的物质和能量，新陈代谢一旦停止，人的生命也随之终结。在人体生长发育到成熟的过程中，当同化作用占优势时，身体各组织器官不断生长发育，使人从出生发育到成年。当同化作用和异化作用趋于平衡状态时，就是人的成年期。当异化作用占优势时，人体各器官机能逐渐下降，使人逐渐变得衰老。在人体生长发育和衰老过程中，一直伴随组织细胞衰老死亡与细胞新生，在生长发育阶段，新生细胞多于衰老死亡细胞，在中青年阶段衰老死亡细胞和新生细胞处于相对平衡状态，当新生细胞少于衰老死亡细胞时，人体则逐渐进入衰老过程。人体的生长发育过程实际上也是组织细胞生长发育的过程，在这一过程中人体细胞内基因组的表观遗传修饰及表达谱发生一系列适应性变化，与细胞发育生长和分化相关的基因处于开放表达状态，从而使组织细胞处于分裂增殖较为旺盛的状态。人体细胞基因组的开放与关闭表达模式变化是人体细胞生长发育和衰老死亡的基础，当人体生长发育到顶峰时期后，基因组的开放与关闭表达模式趋向于呈现衰老相关基因表达水平升高，而生长发育相关基因的表达显著受到抑制，进而使细胞的分裂增殖能力减弱并逐渐导致人体衰老。

◆ 第四节　人体细胞与组织器官稳态

一、人体生长发育的高峰期及其主要特征

人体的生长发育遵循一定的生物学规律，贯穿于从受精卵生长分化到人体发育生长和衰老死亡的整个过程。人体的生长发育受遗传因素的调控，同时也受环境因素、营养、精神、疾病和心理因素等方面的影响。一般来讲，人体的生长发育高峰期在 25 岁左右，但存在一定性别和个体差异，在这个时期，各个器官的形态结构和功能达到最佳状态，且各系统功能趋于高度平衡、稳定和协调一致，人体的生理机能达到鼎盛状态。

人体生长发育高峰期的主要特征（图 1-27）：①体力和精力均处于"鼎盛"期，脑力劳动和体力劳动能力强、效率高，承担强体力劳动后体力恢复快；②面部皮肤滋润，头发乌黑浓密，牙齿洁净整齐，体魄健壮，骨骼坚韧，肌肉丰满有力，脂肪所占体重比例适中；③机体内各系统、器官的机能良好，心脏血液输出量和肺活量均达到最高水平，

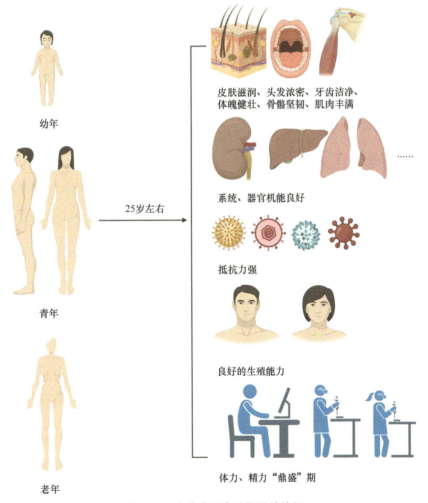

幼年

青年

老年

25岁左右

皮肤滋润、头发浓密、牙齿洁净、
体魄健壮、骨骼坚韧、肌肉丰满

......

系统、器官机能良好

抵抗力强

良好的生殖能力

体力、精力"鼎盛"期

图 1-27　人体发育高峰期及其特征

血压正常，消化功能强盛，食欲和睡眠良好；④免疫功能强大，抗病能力强，疾病发生率相对较低，组织细胞更新和损伤修复快；⑤男性和女性都有良好的生殖能力；⑥抗应激能力和环境适应能力强，能够在一定范围内对不同环境刺激和致病因素作出适应性反应并维持体内环境的平衡和稳定；⑦神经系统生长发育完善，记忆力强大，认知和思维判断能力较强。

二、成体干细胞与组织器官稳态的关系

细胞是组成人体结构和功能的基本单元，是维持组织器官稳态的基础（图1-28）。组织是细胞经过分化形成的形态相似、结构和功能相同的细胞群，器官是由几种不同组织构成的具有一定功能的结构。组织器官稳态是指其结构与功能维持在一定的平衡状态，是一个动态变化的过程。组织器官稳态的生理学概念是正常的机体通过调节作用，使各个器官、系统协调统一并能执行相应的机能，共同维持内环境处于相对稳定的状态。在成体各种组织和器官中的干细胞，在维持组织、器官结构与功能的稳态中发挥着关键作用，因此，组织干细胞是组织器官再生修复以及稳态维持的决定性因素，机体也可通过多种机制调节干细胞的增殖与分化，维持干细胞稳态，进而维持人体内环境的平衡与稳定。在人体衰老过程中，由于组织干细胞的数量减少和活性降低，组织细胞更新不足，组织器官的结构与功能紊乱，致使组织器官稳态失衡，最终使机体出现一系列衰老特征。衰老组织器官的稳态维持能力降低和干细胞数量减少有关，氧化应激及DNA损伤积累导致的干细胞功能丧失与稳态紊乱有关。

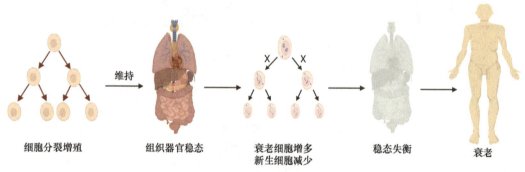

| 细胞分裂增殖 | 组织器官稳态 | 衰老细胞增多
新生细胞减少 | 稳态失衡 | 衰老 |

维持

图1-28 细胞与组织器官稳态的关系

人类疾病的产生一般以细胞坏死或死亡作为病理基础，比如角膜细胞损伤或者病变会引起失明，胰岛细胞分泌功能丧失会导致糖尿病，神经细胞病变会引起痴呆或者是肢体的震颤麻痹等。干细胞可以修复被损坏的器官或组织，从而治疗心肌坏死、自身免疫性疾病和神经退行性变性疾病等。

干细胞在组织器官稳态中的作用主要包括：①修复特定的组织或器官损伤，减轻局部炎症反应，恢复组织、器官功能；②维持机体的内环境稳态，维护人体组织器官、系统的平衡与稳定；③分泌外泌体及多种生物活性因子促进组织细胞生长，维持组织器官的结构与功能正常。干细胞是组织器官稳态的维护者，它通过动员、增殖和分化及时替换与更新衰老或受损的组织细胞，实时维护着组织器官的稳态。干细胞在人体的免疫平

衡中也发挥着积极作用，对维持机体的免疫平衡和免疫细胞更新至关重要。

三、人体细胞衰老与组织器官衰老的关系

人体组织器官的稳态依赖于组织细胞在多个层面的平衡与稳定，如细胞数量、细胞活性与细胞在三维空间中的有序排布，以及神经调节、内分泌调节、免疫调节和代谢活动的协同作用，其中，任何环节的变化均可引起组织器官稳态失衡，甚至引发疾病。人体细胞衰老是指细胞在正常和病理条件下发生的细胞生理功能衰退与增殖能力丧失，以及细胞形态发生改变并趋向死亡的现象。组织细胞衰老是引起人体衰老的重要因素之一，许多研究结果均认为，人体衰老是组织中衰老细胞累积的结果，而基因突变累积、慢性炎症、氧化应激等多种因素是导致细胞衰老的主要原因。随着年龄的增长，器官、组织中的衰老细胞数量逐渐增加，而功能细胞数量逐渐减少，进而导致组织器官的反应敏感性及功能均逐步下降，最终导致人体衰老（图1-29）。不同组织器官中的细胞的衰老速度及衰老方式有所不同，有些类型的细胞只能存活几天便衰老死亡，比如位于胃、肠道的表皮细胞，而有些类型的细胞衰老速度极为缓慢，在个体的一生中几乎不衰老死亡，比如大脑的神经细胞和心肌细胞。细胞衰老与人体衰老既有区别又紧密联系，人体内局部组织的细胞衰老死亡并不一定影响人体的衰老和寿命，只有组织细胞的衰老积累到一定程度才导致人体衰老，机体衰老也并不代表所有细胞的衰老，在衰老机体内也只有部分细胞处于衰老状态。细胞衰老是人体衰老的基础，同时也是老年病发生发展的危险因素，细胞衰老引起的细胞增殖能力下降是人体或器官衰老、萎缩、机能减退的根本原因。老年人的组织细胞增殖和更新换代能力下降，功能细胞数减少，蛋白酶活性降低，胶原、弹力蛋白、结缔组织增多或互相交联，使脏器萎缩，免疫功能下降，组织器官功能减退，应激反应和抗病能力减弱，因而易发感染性疾病、心脑血管疾病和恶性肿瘤等。

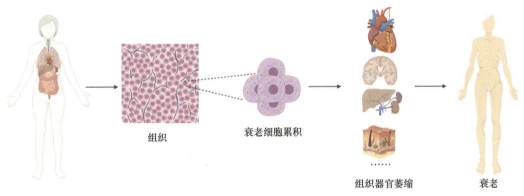

组织　　　衰老细胞累积　　　　　　　组织器官萎缩　　　衰老

图1-29　组织细胞衰老与组织器官衰老的关系

在人的生长发育和衰老过程中，人体组织细胞会受到各种理化因素的影响，其结构和生物功能会发生相应的适应性改变。随着年龄的增长，当这些改变积累到一定程度，细胞便会发生衰老相关的表型变化，甚至死亡。而人体是由细胞和细胞外基质三维排布组成的，当组织器官中的衰老细胞大量累积而得不到及时更新时，人体的机能和结构就会发生衰老相关的变化。这时人体将进入衰老状态，表现出一系列衰老的特征，如反应

迟钝，行动迟缓，皮肤皱缩等。人体由细胞组成，细胞的数量和活性决定了人体的结构与功能的完整性，细胞数量增多，表明人体在生长，细胞数量减少，表明组织器官在萎缩。人体的结构与功能还受神经、内分泌、免疫、代谢和细胞因子的网络调节，其中任何一个方面的平衡失调都可能引起全身性的变化，尤其是在疾病和衰老状态下，上述因素使组织细胞生长与分化过程中的调节平衡机制紊乱，导致组织细胞更新换代失衡并加速衰老进程。

四、人体衰老的细胞学说

人体衰老的学说有300多种，各种衰老学说的最终结果均可归结于细胞学说，因为细胞是人体结构与功能的最基本单元，各种衰老学说均涉及组织细胞的衰老及细胞衰老引起的组织微环境结构与功能变化。人体衰老的主要特点是组织器官的结构退变和功能衰退，其关键因素是组织细胞更新换代能力下降，新生细胞与衰老死亡细胞之间的数量平衡失调，即新生细胞减少，衰老死亡细胞增多，因此，人体衰老的最关键学说是组织细胞减少导致器官萎缩和功能减退。人体衰老的细胞学说包括组织细胞衰老、组织干细胞资源耗竭、实质细胞减少、纤维细胞增生及各种组织细胞凋亡和坏死，同时也包括组织细胞的自噬能力下降，这些组织细胞的变化均可导致组织器官结构与功能衰退，最终导致人体衰老（图1-30）。人体衰老的进程受遗传和表观遗传因素的调控，遗传基因的特性决定人体衰老的进程和寿命，而表观遗传受体内外环境因素的影响并可干扰人体衰老的进程。例如，不同的地理环境、生活和工作模式、精神与心理因素等会导致细胞内基因表达模式的改变并影响人体衰老进程。在人体衰老过程中，细胞在内源性或外源性因素的影响下，可能发生基因组不稳定、突变、端粒磨损和DNA损伤修复功能障碍等而导致细胞衰老，而蛋白质稳态丧失、代谢功能障碍、线粒体功能失调、细胞所处微环

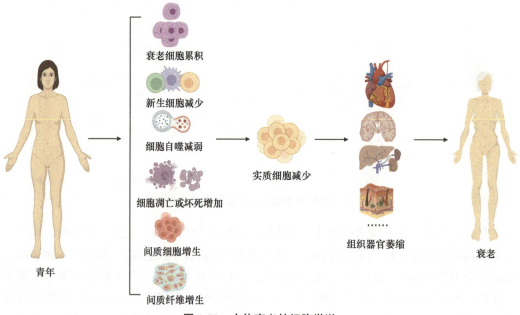

图1-30　人体衰老的细胞学说

境中炎症反应的加剧和生物物理学特性改变等均可引起遗传修饰、染色体重塑模式的变化，进而导致基因表达模式的变化，最终影响细胞的衰老进程和组织器官的功能。

在人体衰老的细胞学说中，组织干细胞衰老和资源耗竭也是组织器官功能衰退的重要原因。组织干细胞是组织细胞更新换代的种子细胞，在组织器官损伤和衰老条件下，可以通过组织干细胞动员、增殖分化来替代受损或衰老死亡的细胞，维持组织器官的结构与功能，但人体内的干细胞数量是有限的，随着年龄的增加，干细胞的数量逐渐减少且剩下的干细胞的增殖、分裂活性也逐渐降低，若衰老、死亡、功能紊乱的组织细胞得不到及时补充，最终便会导致机体各器官功能衰退、人体衰老甚至器官衰竭和死亡，因此，激活内源性干细胞的活性和补充外源性干细胞是维护衰老组织器官功能与延缓衰老的最有效手段之一。

五、人体衰老的基本规律

人体的生长发育和衰老是一个连续的过程，但不是一个匀速的发展过程，具有一定的阶段性。人体的生长特点是从儿童形体向成人形体逐渐生长，生长速度时快时慢，总体呈 S 型曲线增长，一般来说，年龄越小体格生长越快。人体的生长发育期大致可分为：1～2 岁为婴儿期，2～7 岁为幼儿期，7～13 岁为儿童期，13～18 岁为青春发育期，18～25 岁为青年期。体格增长最快的两个时期是婴儿期和青春期，性成熟主要发生于青春期，但有一定的个体和性别差异，男女可能相差 1～2 岁。1～25 岁人体主要处于生长期，也就是说人体生长发育到 25 岁左右基本到达了顶峰时期，之后将处于人体结构和机能的平衡或下降期。25～45 岁人体处于生理、心理相对平衡和成熟状态，但人体的结构和组成成分可能处于动态平衡之中，且呈现缓慢退变过程，只是从感观上没有表现出来。随着日积月累的渐进性退变，45 岁之后的人群可能出现体力下降、易发疾病，组织器官的功能退变加快，但存在一定的个体差异，这主要与个人的生活、工作、心理及疾病差异有关。

人体衰老的过程主要是指人体生长发育到高峰时期后，随着时间的推移和年龄的增长，人体对环境的生理和心理适应能力逐渐降低，最终导致器官功能衰竭并逐渐趋于死亡。人体衰老的主要特征是组织器官结构的退行性变、整体机能的衰退和机体代谢水平的降低，生存的适应性和对疾病的抵抗力减退。有研究发现，人体在 34 岁、60 岁、78 岁左右会呈断崖式衰老。此外，人体内各个组织器官的衰老进程也不完全一致，如胸腺、性腺的衰老速度较快，而肝、心脏的衰老速度相对较慢。

衰老分为生理性衰老和病理性衰老两类。生理性衰老是人体生长发育到成熟阶段之后，逐渐出现的人体结构与机能的退化过程，是人体生长发育的必然趋势和自然规律，虽然人们都期望长生不老，但所有人都避免不了走向自然衰老的现实。病理性衰老是环境、疾病等因素所导致的加速衰老和早衰的现象，通常是应激、损伤、感染、内分泌与免疫失调、营养不良、代谢障碍、心理压力过大等导致的人体提前进入衰老的状态（图 1-31）。病理性衰老可能是整体性的，也可能是个别组织器官衰老，在现实生活中，很难区分生理性衰老和病理性衰老，因为在人生的整个过程中，或多或少都受到外部环境和疾病的干扰，实际上90%以上的死亡人群的衰老属于病理性衰老，主要是个别器官功能衰竭所致，这些死者的部分器官实际上还处于良好状态，如果能够及时更换功能衰竭的器官，就有可能延长生命和维持整体健康。

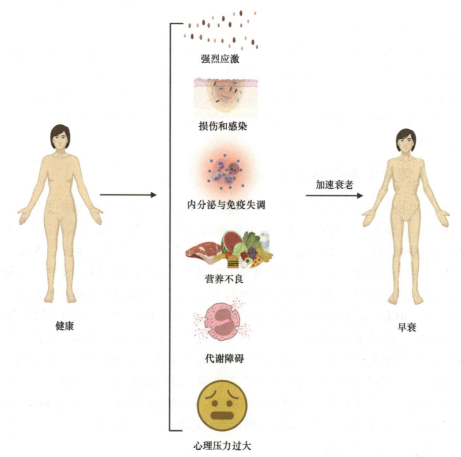

图 1-31　病理性衰老（早衰）的主要原因

六、健康、亚健康和疾病

按世界卫生组织提出的定义，健康不仅是没有病，而且是在身体上、心理上和参与社会活动上处于完好状态。健康与疾病虽是对立的概念，但健康并不等于没有病，从健康到疾病是量变到质变的过程，两者之间存在中间状态，即既不健康，也无疾病的状态，这就是亚健康（图1-32）。健康不仅是身体上的完好状态，还包括在心理上和社会活动上处于完好状态，后两者对人类尤为重要。因为，人生活在社会之中，不仅要适应自然环境，还要适应社会环境，这样才能健康地生活。

亚健康是介于健康与疾病之间的中间状态。亚健康人群的心理状态、身体活力及生活质量降低，适应能力和抗病能力减弱。躯体症状表现为疲劳乏力、头昏脑涨、腰酸背痛、食欲不振、便秘或腹泻等。心理症状表现为焦虑、恐慌、注意力不集中、健忘、失眠多梦、心烦意乱、孤独、郁闷、冷漠、易怒等。适应能力降低，表现为学习与工作效率下降、免疫力下降，易患感冒等疾病。有部分上述表现，且持续1个月以上，经医学检查排除疾病后可以判定为亚健康。

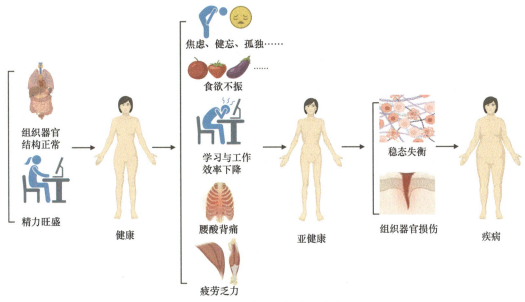

图 1-32　健康、亚健康和疾病

　　相对于亚健康而言，疾病是在一定的病因作用下，机体调节紊乱而发生的异常生命活动过程，有特定疾病临床表现和异常指标。在许多疾病的发生发展过程中，机体对致病因素所引起的损害首先产生一系列防御反应并维持机体的内环境平衡和稳定，一旦反应失调和平衡被打破，即可表现为各种复杂的功能、代谢和形态结构的异常变化，使机体各器官、系统之间以及机体与外界环境之间的平衡关系紊乱，从而引起疾病的症状、体征和行为异常，特别是环境适应能力和劳动能力减弱甚至丧失。

　　在健康状态下，组织器官中的细胞组成及功能处于良好状态，从而使组织器官的结构与功能能够发挥良好作用。在疾病状态下，一般会涉及组织器官的炎性细胞浸润和继发性组织细胞损害，甚至组织细胞坏死导致组织器官功能异常。而在亚健康状态下，可能涉及神经、免疫、内分泌、代谢的平衡紊乱，也可能涉及轻度的组织细胞损害，但难以从形态学、血液生化与细胞学等方面发现异常。

七、细胞治疗技术的应用

　　细胞治疗技术包括成体组织细胞治疗、免疫细胞治疗、干细胞治疗和基因编辑细胞治疗等，同时还包括基于各种细胞的人工组织移植治疗。成体组织细胞治疗是分离获取分化成熟的组织细胞，将其移植于受损的组织器官中，用于替代受损或缺失的组织细胞以维持和修复组织器官的结构与功能。免疫细胞治疗是收集自体或异体的免疫细胞，在体外扩增或激活后输入患者体内，用于纠正免疫平衡和清除病原、恶性肿瘤细胞等以实现治疗疾病的目的。基因编辑细胞治疗是通过人工对遗传基因进行靶向修饰、删除或敲入功能基因，如针对遗传病的治疗，将正常的功能基因导入细胞的基因组内，再将细胞输入患者体内用于纠正遗传缺陷。人工组织移植治疗是将体外分离扩增获得的组织细胞或干细胞与生物支架材料复合后，通过外科手术的办法移植于组织缺损部位，用于填充或替代受损组织。

这里主要论述干细胞在疾病治疗中的应用。干细胞是具有自我更新和多向分化潜能的细胞，在一定条件下可以分化为多种功能细胞。根据干细胞的发育分化潜能，可将其分为全能干细胞、多能干细胞和单能干细胞等。根据其来源，可将其分为胚胎干细胞和成体干细胞或组织干细胞。干细胞治疗的作用是能够促进组织损伤修复和组织细胞更新换代。在临床治疗中，临床医生可以和干细胞制备实验室紧密配合，用患者自身或他人的干细胞和干细胞衍生组织、器官进行治疗，用于替代病变或衰老的组织、器官。该技术预计可广泛用于治疗传统医学方法难以医治的多种顽症，诸如帕金森病、糖尿病、中风和脊髓损伤等一系列目前尚不能治愈的疾病。干细胞治疗技术在血液系统疾病、神经系统疾病、心血管疾病、呼吸系统疾病、消化系统疾病、泌尿系统疾病、自身免疫性疾病、内分泌系统疾病和妇科疾病等的治疗中具有以下应用价值（图 1-33）。①造血干细胞治疗白血病：白血病的发病原因是造血干细胞基因突变导致血细胞异常增殖分化，在临床治疗中，可以先清除异常造血干细胞和白细胞，然后植入自体或同种异体的正常造血干细胞，从而重建正常的造血免疫功能；②脐带间充质干细胞治疗免疫异常性疾病：脐带间充质干细胞具有免疫原性低和调节炎症与免疫、促进组织损伤修复等功能，可以用于移植物抗宿主病、造血功能障碍、血小板减少性紫癜、再生障碍性贫血等疾病的治疗；③脐带间充质干细胞治疗呼吸系统疾病：脐带间充质干细胞可通过归巢作用、抑制炎症反应、损伤组织修复、免疫调节及作为基因、因子传递载体来治疗肺部疾病，如急性肺损伤、肺纤维化、慢性阻塞性肺疾病和感染性肺炎等；④间充质干细胞治疗肝硬化：肝硬化的病理特点是肝细胞坏死、小叶结构塌陷、纤维化等，间充质干细胞治疗具有促进肝细胞再生、抑制免疫及抗炎的作用，可显著提高肝硬化患者的生存质量，甚至可有效逆转肝硬化病情；⑤间充质干细胞治疗肾疾病：间充质干细胞治疗可促进肾小球和肾小管损伤修复，降低尿蛋白和血浆炎症因子、血肌酐、尿素氮水平，减少炎症细胞浸润，改善患者生存质量；⑥间充质干细胞治疗代谢性疾病：间充质干细胞治疗可保护和再生胰岛 β 细胞，改善胰腺功能，促进糖代谢，降低血糖，特别是对糖尿病诱发的眼底黄斑病变、血管炎、慢性肾损害等并发症的防治有积极意义；⑦间充质干细胞治疗卵巢早衰：卵巢早衰是多种病因导致的卵泡功能衰竭，间充质干细胞可通过分化为卵母细胞或通过旁分泌抑制卵泡凋亡来修复受损卵巢的功能；⑧间充质干细胞治疗心脏疾病：间充质干细胞可通过分泌外泌体，利用其内含的多种细胞因子、DNA、RNA、脂质及蛋白质，促进血管新生、细胞增殖，抑制细胞凋亡，从而间接发挥心肌保护效应，能明显促进血流恢复，减少心肌梗死面积以及保护心脏的收缩和舒张功能；⑨神经干细胞治疗神经退行性变性疾病：神经退行性变性疾病是一种因外周或中枢神经系统内的神经细胞丢失而引起的疾病状态，神经干细胞治疗可通过向神经细胞分化、分泌神经营养因子、降低神经炎症等对神经退行性变性疾病发挥治疗作用。总之，干细胞可用于组织细胞变性、坏死或缺失引起的各种疾病的治疗，同时还可用于组织器官衰老及亚健康人群的治疗。此外，间充质干细胞的外泌体还具有良好的炎症与免疫调节、促进组织损伤修复、调节代谢功能等作用，预计将在组织损伤、自身免疫性疾病、代谢综合征等多种疾病的治疗中发挥积极作用。

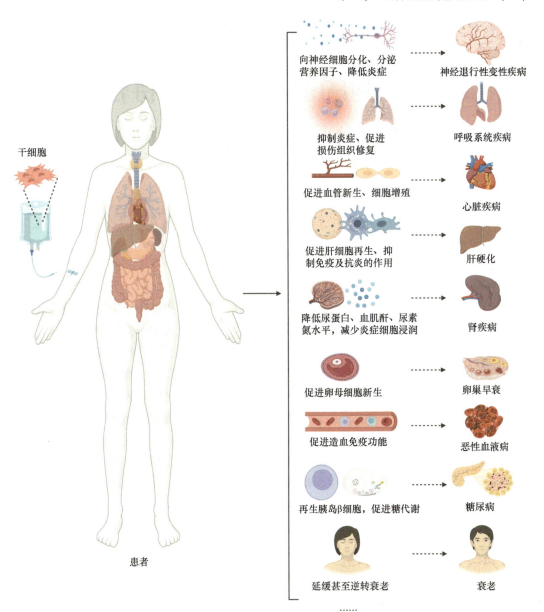

干细胞

患者

向神经细胞分化、分泌营养因子、降低炎症 → 神经退行性变性疾病

抑制炎症、促进损伤组织修复 → 呼吸系统疾病

促进血管新生、细胞增殖 → 心脏疾病

促进肝细胞再生、抑制免疫及抗炎的作用 → 肝硬化

降低尿蛋白、血肌酐、尿素氮水平，减少炎症细胞浸润 → 肾疾病

促进卵母细胞新生 → 卵巢早衰

促进造血免疫功能 → 恶性血液病

再生胰岛β细胞，促进糖代谢 → 糖尿病

延缓甚至逆转衰老 → 衰老

……

图 1-33 干细胞在治疗疾病中的应用

第二章

干细胞的基本生物学特性
及治疗疾病的特点

◆ 第一节 人体干细胞的来源与分类

一、干细胞的定义

干细胞是一类具有自我更新和多向分化潜能的不成熟细胞，包括受精卵细胞、胚胎干细胞和成体干细胞等。干细胞的共同特点是具有自我更新和继续分化为成熟细胞的能力，在一定条件下，它可以分化成至少两种组织类型的功能细胞。受精卵是最原始、分化功能最强大的干细胞，人体的所有组织器官均由它发育生长、分化而成，将其植入母体子宫内可以发育成一个完整的个体，因此称为"万能细胞"。胚胎干细胞也具有强大的分化潜能，可以分化成人体所有类型的组织细胞，也有人把它称为"万能细胞"，但将其植入母体子宫不能发育成完整个体，因为其不能分化发育成胚胎滋养层。成体干细胞存在于胎儿和出生之后的人体大多数组织内，也被称为组织干细胞，其分化潜能相对受限，不如胚胎干细胞那样强大，但仍具有多向分化潜能和可塑性，其生理意义是更新换代衰老死亡的组织细胞，维持组织器官的正常结构与功能，其病理意义是当组织受到损伤后，组织内的干细胞可被动员出来，迅速增殖、分化为成熟细胞，在一定程度上修复组织损伤（图 2-1）。干细胞是生命的源泉，人的生命起源于干细胞，人体生长发育

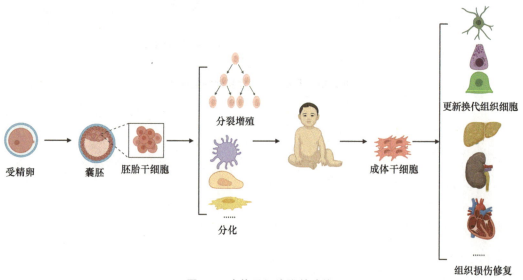

图 2-1　人体干细胞及其功能

依赖于干细胞。干细胞是人类生命的动力，伴随生命过程的始终，是人体组织细胞更新换代的种子，人体组织器官结构与功能的维持依靠干细胞的动员和分化，人类诸多疾病也涉及组织细胞变性、坏死或缺失，人体衰老死亡源于干细胞资源减少和枯竭导致组织细胞更新换代能力下降，最终导致组织器官功能障碍，因此，根据干细胞的生物学特性可将其用于治疗疾病和延缓、逆转衰老。

二、干细胞的来源和分类

干细胞的分类方法有两种，一种是按来源分类，另一种是按分化潜能分类。按来源可将干细胞分为：胚胎干细胞、诱导多能干细胞和成体干细胞。其中，胚胎干细胞是指从发育早期的囊胚内细胞群中或从流产胎儿生殖脊中分离获得的干细胞，从体细胞核移植后培育的囊胚内细胞群细胞及形成囊胚之前的早期胚胎中分离获得的干细胞也属于胚胎干细胞。诱导多能干细胞主要是指通过导入 *Oct3/4*、*Sox2*、*c-Myc* 和 *Klf4* 这 4 个转录因子基因，使分化成熟的体细胞重编程获得的胚胎干细胞样细胞和利用小分子化合物或组合细胞因子诱导获得的胚胎干细胞样细胞，上述两类干细胞的生物特性均类似于胚胎干细胞。成体干细胞可根据其组织来源分为各种组织干细胞，如神经干细胞、造血干细胞、皮肤干细胞、骨髓干细胞、肝干细胞、肾干细胞、胰腺干细胞等。有些组织中可能还有多种类型的干细胞，如骨髓组织中有造血干细胞、间充质干细胞、亚全能干细胞等。

按分化潜能大小可将干细胞分为全能干细胞、亚全能干细胞、多能干细胞和专能干细胞（图 2-2）。全能干细胞包括胚胎干细胞和诱导多能干细胞，它们可以分化为人体所有组织类型的成熟细胞。受精卵是最早的全能干细胞，可以发育为一个完整的个体，是真正意义上的"万能细胞"。从受精卵发育到着床前的桑椹胚阶段的细胞也具有发育为个体的潜能，把这种胚胎细胞团分割成几个细胞团块后移植于母体子宫内仍然可以发育成一个完整的个体，但这一技术只在优质奶牛、种羊等繁育中应用，胚胎分割移植可以产出多胞胎，因为伦理等原因，几乎没有人进行人类胚胎分割移植。通常所说的全能干细胞主要是指从着床后的囊胚内细胞群中分离获得的干细胞，这种细胞可以分化为人体内所有类型的组织细胞，但不能发育为完整个体。美国科学家从妊娠 9 周的流产胎儿生殖脊中分离获得的胚胎干细胞样干细胞，同样可以分化为人体所有类型的组织细胞。通过导入 *Oct3/4*、*Sox2*、*c-Myc* 和 *Klf4* 等基因使体细胞重编程获得的胚胎干细胞样细胞和利用小分子化合物或组合细胞因子诱导获得的胚胎干细胞样细胞，也具有分化为所有组织类型的成熟细胞的潜能。亚全能干细胞是一种从成体组织中分离出来的自我更新和生长能力较强，分化能力位于胚胎干细胞和成体干细胞之间的一种干细胞，原则上这类细胞也属于成体干细胞。此外，人们还从皮肤、骨髓等组织中分离获得了多系分化持续应激细胞（multilineage differentiating stress enduring cell，Muse cell），这类干细胞既表达胚胎干细胞的特异标志物，又表达间充质干细胞的某些标志分子，因此，有人将其列入亚全能干细胞范围。

成体干细胞是从胎儿和出生后的人体多种组织中分离出来的干细胞，按照分化潜能的不同，可将其分为多能干细胞和专能干细胞。多能干细胞一般可以分化为 2 种以上组织类型的成熟细胞，专能干细胞一般只能分化为某种特定类型的组织细胞。多能干细胞实际上包含了英文表述的"pluripotent stem cell"和"multipotent stem cell"，因为这两个英文概

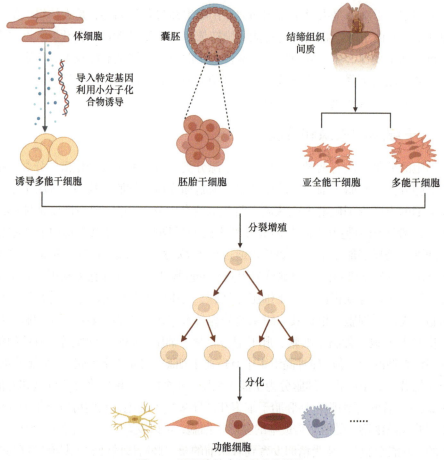

体细胞

囊胚

结缔组织
间质

导入特定基因
利用小分子化
合物诱导

诱导多能干细胞

胚胎干细胞

亚全能干细胞

多能干细胞

分裂增殖

分化

功能细胞

图 2-2　干细胞的来源和分化潜能

念很难用中文加以区别，翻译为中文均称为多能干细胞。有人把胚胎干细胞称为
"pluripotent stem cell"，而把成体来源的多能干细胞称为 "multipotent stem cell"，为便
于理解，这里只按中文进行分类。专能干细胞由多能干细胞进一步分化而来，它只能向一
种或密切相关的两种组织类型的成熟细胞分化，实际上是一种未分化成熟的前体细胞或祖
细胞，它的分化能力局限于向一种组织类型的成熟细胞分化，但因为它具有自我更新和分
化能力，因此也被列入干细胞范畴。干细胞的共同特点是都具有自我更新和多向分化潜能，
不同特点是不同来源的干细胞的分化潜能有一定差异，在生长特性、形态特征、分裂增殖
条件、表型标志和基因修饰、基因开放与关闭模式及表达谱等方面也有显著差异。

三、成体干细胞向成熟细胞分化

人体内的很多组织之中都存在尚未完全分化的成体干细胞，这些干细胞的作用是负
责更新组织中生理性和病理性衰老死亡的细胞，维持组织微环境的平衡和稳定。人体组
织中的成体干细胞通常处于一种称为"壁龛（niche）"的组织微环境中，并且受到周围
环境的严格保护和调控。不同组织中的干细胞的微环境在组成和三维空间分布特征上有
一定差异，但微环境的成分通常都由细胞、黏附因子、可溶性细胞因子和基质等组成。

干细胞的组织微环境一般深植于组织内，受到其周围环境的严格保护。当组织细胞衰老死亡或受到外源性刺激引起组织损伤时，组织干细胞可被动员并进入分裂增殖和分化程序，发挥更新组织细胞和修复组织损伤的作用。刺激干细胞动员的因素包括周围细胞与干细胞的信息交流、细胞外基质成分的改变、炎症因子刺激、可溶性激素及各种细胞因子的调节等，其中，细胞外基质和可溶性细胞因子是动员组织干细胞的关键因素与决定因子。不同组织干细胞的微环境的基质结构与组成不同，通常是由组织功能决定的。细胞外基质通过维持组织结构的完整性来调节干细胞的"干性"和动员干细胞，可溶性细胞因子对维持干细胞的特征与动员、分化有极其重要的作用。在生理条件下，人体组织器官中每天都有大量的细胞凋亡，也有大量的细胞新生，新生细胞的"种子"则是组织中的干细胞。当组织细胞发生凋亡时，凋亡细胞或组织会释放一些可溶性细胞因子，这些因子可通过与干细胞表面受体结合等机制传递分裂增殖信息，启动干细胞的不对称分裂增殖程序。当一个干细胞进入细胞周期后，通常分裂为两个细胞，一个仍为干细胞，另一个则分化为组织细胞的前体细胞，这种前体细胞同样具有自我更新和分化的能力，可进一步分化为组织细胞。在一些更新较快的组织中，处于过渡期的前体细胞可能还有一个快速的对称分裂增殖过程，然后才分化为组织细胞。组织器官中的细胞由此周而复始地更新并维持着组织器官的结构与功能的完整性。从理论上讲，组织器官中的干细胞数量在组织细胞的更新过程中是恒定的，也就是说人体内的干细胞通常处于静止状态，干细胞通过不对称分裂方式维持着数量上的恒定，但实际上由于吸入受环境污染的空气、食入有毒性物质残留的饮食、疾病等因素的影响，人体内的干细胞数量随年龄增长而呈逐渐减少的趋势，且干细胞的分裂增殖、分化能力等活性也随之逐渐下降（图 2-3）。另外，随着年龄的增长及各种不利因素的刺激，组织中的干细胞数量可能不变甚至增多，但基因突变的累积也会导致干细胞的增殖和分化能力异常，其中大部分基因突变的干细胞难以发挥正常组织细胞的更新换代和组织损伤修复作用。此外，某些化学药物也会导致干细胞活性降低，如长期使用抗生素、化疗药物和免疫抑制剂的患者，骨髓间充质干细胞的体外增殖活性明显降低。在严重组织损伤的条件下，某些组织中的干细胞也可能被动员出来，

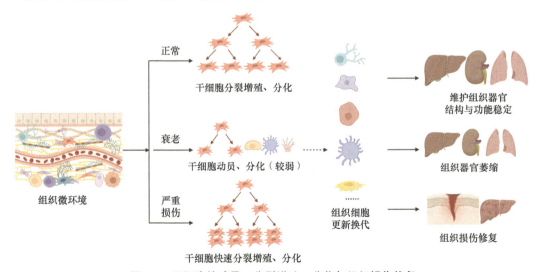

图 2-3　干细胞的动员、分裂增殖、分化与组织损伤修复

随血液循环或其他组织通道迁移至受损伤组织之中并在新的组织环境中分化为所在组织类型的成熟细胞并参与组织损伤修复，如骨髓干细胞可被动员进入肝、肾、神经等组织并参与损伤修复。人体内成体干细胞分化为成熟细胞的关键因素是组织微环境的诱导作用，其本质上是环境因素改变导致干细胞内的某些遗传基因的关闭与开放表达，干细胞的分化过程还涉及遗传基因的表观遗传修饰，基因的转录、翻译调控及染色体构象变化等，因此，维护干细胞微环境结构与功能正常是确保组织中干细胞正常动员分化的决定性因素。

四、间充质干细胞的来源及特点

间充质干细胞（mesenchymal stem cell，MSC）是一种具有自我更新能力、多向分化潜能和较强炎症与免疫调节能力的成体干细胞。它源于发育早期的中胚层和外胚层，存在于不同来源的成体组织中，具有自我更新能力和多能性特征，以及易于获取和能够体外培养扩增等特点，其基因组稳定，临床应用无伦理争论，免疫原性低，用于临床治疗安全性较高，是细胞治疗、再生医学和组织修复的理想种子细胞，可用于组织损伤、自身免疫性疾病、中毒性疾病等治疗，在疾病治疗方面具有广阔的应用前景。

Freidenstein 于 1976 年首次在骨髓里发现了一群在体外培养时贴壁生长，形态与成纤维细胞相似，有克隆性特征且呈旋涡状生长的细胞群，并因此提出了骨髓间充质干细胞（bone marrow mesenchymal stem cell，BMMSC）的概念。MSC 主要存在于结缔组织和器官间质中。目前，人们已从骨髓、胎盘、脂肪、脐带、肝、羊水、牙髓、皮肤、滑膜、子宫内膜等组织器官中分离出了 MSC，其中，从骨髓中分离获得的 BMMSC 被认为是最具有典型特征的 MSC 之一。MSC 具有集落形成能力、自我更新和多向分化潜能，表达系列表面标志物（图 2-4）。国际细胞与基因治疗学会（ISCT）于 2006 年提出了

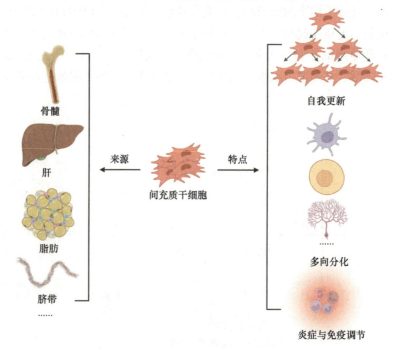

图 2-4　间充质干细胞的来源及特点

MSC 的定义，明确了 MSC 鉴定的三个金标准：①贴壁依赖性生长，MSC 在体外培养条件下，具有附着在塑料表面分裂增殖的能力；②表达特定标志物，95%以上的 MSC 必须表达 CD105、CD73 和 CD90，不表达 CD45、CD34、CD14 或 CD11b、CD79 或 CD19 和 HLA-DR 等造血干细胞相关标志物；③分化潜能，在体外培养条件下，MSC 必须能够定向诱导分化为成骨细胞、脂肪细胞和软骨细胞三种不同谱系的细胞。自 2016 年以来，国际细胞与基因治疗学会又对 MSC 的鉴定标准进行了修订，增加了以体外和体内免疫调节能力作为判定 MSC 功能的指标，全球 MSC 治疗的临床前研究和临床研究已广泛开展并显示出良好的应用前景。

◆ 第二节　不同类型干细胞的特点

一、胚胎干细胞

胚胎干细胞是指哺乳动物胚胎发育早期的全能性干细胞，它区别于成体干细胞的特征是在体外长期培养过程中可以无限增殖，同时还能保持其正常核型和多能性。在体外诱导培养条件下，胚胎干细胞可以分化为内胚层、中胚层和外胚层 3 个胚层的成熟细胞。Martin Evans 于 1981 年首次从小鼠胚囊中分离出胚胎干细胞，后被证实其具有自我复制能力，且可分化为诸如神经细胞、心肌细胞、肝细胞、胰岛 β 细胞、骨细胞、造血细胞等 200 多种组织类型的成熟细胞。人胚胎干细胞呈集落状生长，扁平状，细胞界线清楚，细胞核大、核仁明显，细胞核与细胞质的比率高。在人类胚胎发育过程中，胚胎干细胞首先分化为组织干细胞，组织干细胞再继续分化为成熟细胞并形成各种组织和器官。例如，造血干细胞可分化为各种血细胞，皮肤干细胞可分化为各种类型的成熟皮肤细胞。研究证实，人类胚胎干细胞表达典型的表面标志分子，包括特异性胚胎抗原（SSEA-1、SSEA-3、SSEA-4、TRA-1-60 和 TRA-1-81），同时还表达 Nanog、Oct4、DNMT3B、TDGF、GABRB3、GDF3 等标志分子。从理论上讲，胚胎干细胞的分裂增殖能力和分化能力十分强大，可以在体外大量扩增获得胚胎干细胞，也可以将其诱导分化为各种组织类型的功能细胞，因此，胚胎干细胞的来源最为丰富。不同个体来源的胚胎干细胞的组织相容性抗原不尽相同，而将配型不合的胚胎干细胞移植到受者体内并分化后必然会引起免疫排斥反应，这是胚胎干细胞及其来源的成熟细胞用于疾病治疗的瓶颈。利用核移植技术建立患者个性化胚胎干细胞系是克服胚胎干细胞移植免疫排斥的理想办法（图 2-5），其过程是首先把卵母细胞的核去除，然后把患者的体细胞核分离出来并注射到去核卵母细胞中，再继续培养至囊胚阶段，从囊胚的内细胞群中分离获取胚胎干细胞，这种胚胎干细胞与患者的组织配型完全相同，用于临床移植时不会产生免疫排斥，符合临床移植要求。将胚胎干细胞直接移植给患者，其在体内的分化方向难以控制，有较大的安全风险。在体外将胚胎干细胞定向分化为成熟的功能细胞或前体细胞后再用于疾病治疗，在理论上具有可行性，但经诱导分化获得大批量的均匀一致的功能细胞尚存在技术问题，如果其中存在个别未分化的胚胎干细胞，也有可能导致其在体内异常分化，甚至生长出畸胎瘤。随着诱导胚胎干细胞向成体细胞分化技术的不断进步，相信未来利用胚胎干细胞来源的细胞进行疾病治疗终将成为可能。

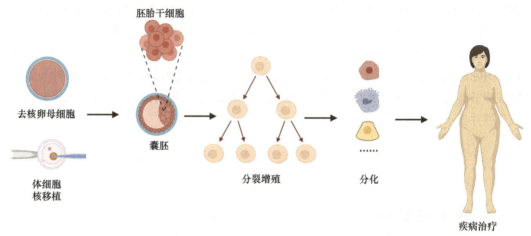

图 2-5　胚胎干细胞的核移植技术

二、诱导多能干细胞

诱导多能干细胞来源于终末分化的体细胞，它是通过导入某些基因或使用小分子化合物诱导使体细胞重编程逆向分化而来的胚胎干细胞样细胞。与胚胎干细胞一样，诱导多能干细胞在体内可分化为 3 个胚层来源组织类型的 270 多种细胞，可以利用其强大的可塑性来获取临床治疗所需的各种功能细胞。Takahashi 和 Yamanaka 于 2006 年通过导入 Oct4、Sox2、Klf4、c-Myc 这 4 个转录因子基因，使成年小鼠的成纤维细胞重编程为胚胎干细胞样的诱导多能干细胞，开辟了胚胎干细胞的新来源。这种诱导多能干细胞可以被诱导转化为胰岛 β 细胞、神经干细胞、胃肠细胞、肝细胞等各种类型的功能细胞，已经成为未来干细胞治疗的新方向。人类诱导多能干细胞制备的关键步骤（图 2-6）如下：①分离和培养成体组织细胞；②通过逆转录病毒、慢病毒或腺病毒载体介导的方式将外源基因 Oct4、Sox2、Klf4、c-Myc 导入成体组织细胞；③将导入上述基因的细胞接种于饲养层细胞上，并置于胚胎干细胞专用培养体系中培养，同时在培养液中根据需要加入相应的小分子物质（如 Wnt3a、5-AZA、BIX-01294、VPA、TSA、BayK8644、PD0325901 或 CHIR99021 等）以促进重编程；④获得胚胎干细胞样克隆细胞；⑤进行细胞形态、表型标志、基因表达谱、表观遗传学、畸胎瘤形成和体外分化潜能等鉴定。研究证实，诱导多能干细胞可分化为各种功能的细胞，这种细胞在应用方面的最大优势是可以实现个性化治疗，即采集分离患者的皮肤细胞，利用上述方法制备获得自体来源的诱导多能干细胞，然后再诱导分化为临床治疗所需的各种组织细胞并用于疾病治疗，如治疗阿尔茨海默病、心血管疾病和器官损伤等。诱导多能干细胞及其衍生细胞将成为组织器官损伤再生修复的重要种子细胞，在未来人体组织器官构建、3D 生物打印人工组织、基因编辑细胞治疗等方面发挥积极作用。

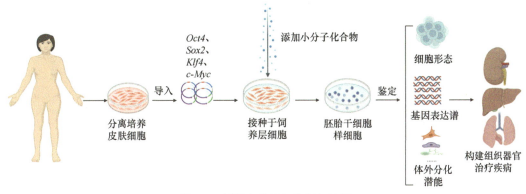

图 2-6　诱导多能干细胞制备流程

三、成体干细胞

成体干细胞也被称为组织干细胞或组织特异性干细胞，是存在于成体各种组织内，具有自我更新能力和能分化产生一种或多种特化细胞的多能干细胞。成体干细胞具有组织特异性，主要功能是更新组织器官中的衰老死亡细胞，参与组织损伤修复，是维持所在组织器官的结构和功能稳定的种子细胞。成体干细胞存在于人体大部分组织中，数量稀少，但由于具有一定的可塑性，可以在需要时被动员并在组织微环境的诱导下分化为相应组织类型的功能细胞，因此在组织再生修复中具有重要意义。人们已经在人体内的多种组织器官中发现成体干细胞存在，如肌肉、软骨、骨、肝、肾、胰腺、皮肤、神经等。成体干细胞通常根据其所在的组织类型和功能进行命名，如造血干细胞、间充质干细胞、神经干细胞、肝干细胞、肌肉干细胞、胰岛干细胞、肠干细胞和生殖干细胞等。造血干细胞存在于骨髓、外周血、胎盘及其他维持造血功能的组织中，具有自我更新、多系分化、迁徙和处于静息状态等生物学特性，它可以定向分化为造血祖细胞，再进一步大量增殖分化为各类成熟的功能性血细胞，以维持造血和免疫功能的平衡与稳定。造血干细胞具独特的生物学特性，可用于治疗多种造血系统疾病，如白血病、再生障碍性贫血、放射损伤、自身免疫性疾病。基于造血干细胞的分化特性，它还可用于治疗实体瘤、免疫缺陷性疾病等。MSC 是一类存在于中胚层来源的结缔组织和器官间质中的干细胞，在体外定向诱导条件下，具有良好地向成脂肪细胞、成骨细胞和成软骨细胞分化的能力，在体内主要分化为间质细胞。MSC 最早发现于骨髓中，随后又从人体胚胎及成体的多种组织中分离获得，包括骨髓、脂肪、滑膜、肌肉、肺、肝、胰腺等组织器官以及脐带、胎盘等。不同组织来源的 MSC 均具有共同的生长特性、表型标志、分化潜能等干细胞特性，尤其是其具有强大的免疫调节能力，在自身免疫性疾病、炎症性疾病及感染性疾病的治疗方面具有传统药物难以替代的作用（图 2-7）。此外，MSC 还具有一定的组织特异性，同一组织来源的 MSC 也有一定的异质性，未来的发展方向是分离扩增获得均匀一致的组织特异性 MSC，使用这种 MSC 进行疾病治疗具有一定的靶向性，可达到精准治疗的目的。

目前，临床应用研究较多的 MSC 是来源于骨髓和脐带的 MSC，其中，BMMSC 的取材对患者有损伤性，制备过程不容易进行质量控制，而且细胞数量、增殖能力以及分化潜能与供体的年龄均呈负相关，特别是难以从老年人的骨髓组织中制备获得足够数

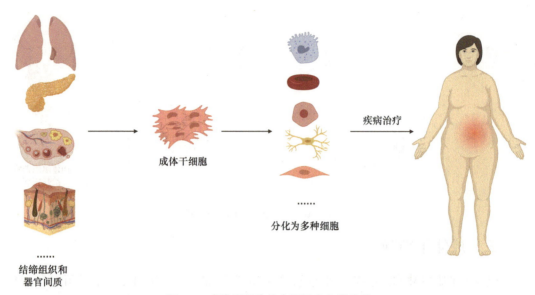

结缔组织和
器官间质

成体干细胞

分化为多种细胞

疾病治疗

图 2-7　成体干细胞的来源及生物学特性

量的具有高增殖活性的 MSC，因而限制了自体 BMMSC 的临床个性化治疗应用。胎盘和脐带来源的 MSC，不仅保持了 MSC 的生物学特性，而且具有取材方便、增殖和分化能力强、易于规模化与标准化制备、免疫原性低、无伦理争论等特征，因此是最具临床应用前景的成体干细胞。神经干细胞可以从胚胎、流产胎儿的脑组织和外周神经组织中分离获得，根据其存在部位的不同，分别称为中枢神经干细胞和外周神经干细胞。神经干细胞具有向神经元、星形胶质细胞和少突胶质细胞分化的能力，并表现相应的形态学和电生理学特征。神经干细胞可用于各种神经损伤和退变性疾病的治疗，把人的神经干细胞注射入小鼠大脑后，其可迁移到损伤脑组织并分化为神经元、胶质细胞等功能性神经细胞，且不引起明显的免疫排斥反应，这是因为有血脑屏障的存在，脑和脊髓是免疫反应相对较弱的特殊器官，神经干细胞可用于治疗脊髓损伤、帕金森病、阿尔茨海默病、多发性硬化症、肌萎缩侧索硬化症（渐冻症）、脑缺血等。肝干细胞是存在于肝组织中，与肝发育和再生有关的多种干细胞的总称，主要包括肝卵圆细胞、小肝细胞样前体细胞和胆管干细胞等。肝卵圆细胞是一类细胞核呈卵圆形、比肝细胞体积小、核质比较高的干细胞，可向肝细胞和胆管上皮细胞分化，用于临床移植时，一般不易阻塞血管而引起肝门静脉高压。小肝细胞样前体细胞的形态结构与成熟肝细胞相似，但体积较小，具有向肝细胞分化的潜能，可用于治疗急慢性肝损伤，包括肝纤维化、肝硬化等。成体干细胞的分化潜能不如胚胎干细胞强大，但用于疾病治疗的安全性较高，目前国内外已广泛开展临床前研究，其中，造血干细胞、脐带间充质干细胞、脂肪干细胞等已进入临床研究与应用阶段。

四、间充质干细胞

间充质干细胞（mesenchymal stem cell，MSC）是来源于中胚层间充质组织的一群具有向成骨细胞、成软骨细胞、成脂肪细胞、肝细胞、神经细胞和胰岛细胞等多种细胞分化的多能干细胞（multipotent stem cell）。MSC 主要存在于全身结缔组织和器官间质中，如骨髓、牙髓、肌肉、软骨、肌腱、脂肪、血管、胎盘和脐带等，但以骨髓、脐带组织中含量最为丰富，研究报道也最多。

MSC 的分离培养方法主要是采用组织块贴壁培养和将组织消化为单细胞悬液后再贴壁培养，其生长能力相对较强，培养条件相对要求不高，MSC 在标准化塑料培养瓶中贴壁生长良好。常用的 MSC 培养基为添加 10%胎牛血清的 EMDM/F12 培养基，在此基础上添加碱性成纤维细胞生长因子（bFGF）、干细胞生长因子（SCF）等有助于促进MSC 生长和维持"干"性，但 MSC 对外源性条件的变化非常敏感，其生长特性和分化状态易随培养条件的改变而发生变化。体外培养的单层贴壁间充质干细胞的外形类似成纤维细胞，呈长梭形，体积较大。原代培养的 MSC 贴壁后形成由 2～4 个细胞组成的细胞灶，经过 2～4 天的潜伏期后开始快速克隆扩增，呈旋涡状或火焰状排布，培养 10～14 天可达到 80%～90%融合，经传代培养的 MSC 形态基本一致，对数生长期的 MSC的倍增时间为 33～38h。体外培养的 MSC 具有异质性，含有大而相对成熟的 MSC、小而无颗粒的再循环干细胞和小颗粒细胞等，其生长动力学特性也具有多样性和种属差异。从人、小鼠、豚鼠、兔、猪、猴、树鼩等分离培养的 MSC，其生长特性具有相似性，但生长速度和扩增效率有一定差异性。此外，同一组织来源的 MSC 还具有一定的组织特异性和异质性，未来的发展方向是分离扩增获得均匀一致的组织特异性 MSC，采用这种干细胞治疗疾病具有靶向性，可达到精准治疗的目的。

MSC 的鉴定主要依据细胞生长特性、形态特点、表型标志、分泌功能、分化潜能和体内免疫调节功能等进行综合判定，其中，免疫调节功能分析是鉴定 MSC 生物学功能的最经典和代表性的指标。常用于筛选、鉴定 MSC 的阳性细胞表面抗原标志有：SH2、SH3、CD29、CD44、CD71、CD90、CD106、CD120a、CD124 等，不表达造血干细胞标志物CD14、CD34 和白细胞抗原 CD45 等。体外培养的 MSC 合成的细胞外基质蛋白主要有 I型胶原、纤维连接蛋白、Ⅳ型胶原、基膜粘连蛋白，在培养上清中同时还检测到多种细胞生长因子、免疫调节因子、外泌体等。MSC 能够分化为各种间叶细胞，甚至其他胚层的细胞，即具有强大的"可塑性"。传统的胚胎发育理论认为，胚胎细胞的发育是一个多步骤、单向及向终末细胞发展的过程，胚层之间的限制及分化方向不可逆转，但关于 MSC分化潜能的研究进展颠覆了传统认知，已经证实，在合适的体外定向诱导条件下，MSC可以向骨、软骨、脂肪、骨骼肌、神经、肝、肾、胰岛等组织类型的成熟细胞分化，表明MSC 也具有跨胚层分化的潜能，但需要特定的诱导培养条件（图 2-8）。

鉴于 MSC 的可塑性，它可广泛用于干细胞分化与调控机制研究。国内外大量的体外诱导分化和人类疾病动物模型治疗研究结果表明，MSC 对各种组织损伤、衰老退变、自身免疫性疾病等具有良好疗效。MSC 的体内生物学效应及其机制包括：①体内动员或外源性输入的 MSC 具有游走性和向损伤组织归巢的特性，可迁移、分布、定植并整合于损伤组织中，在相应的微环境诱导下可分化为特定组织类型的功能细胞，发挥参与和促进损伤修复的作用；②可持续分泌多种细胞生长因子和外泌体，促进损伤组织内残存的原位细胞生长，从而间接促进组织损伤修复；③对免疫和炎症反应的平衡调节具有双向性，可抑制强烈的炎症与免疫反应，对低炎症与免疫反应又具有促进作用，临床上其已用于移植免疫排斥、自身免疫性疾病和免疫功能低下疾病的治疗并产生了良好效果；

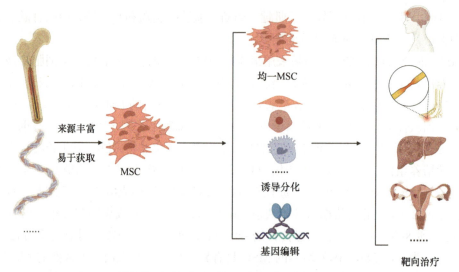

图 2-8　间充质干细胞的来源及多向分化潜能

④外源性输入 MSC 可促进损伤组织的血管再生，改善损伤组织微环境的血液循环和代谢功能；⑤给老年猕猴输入同种异体 MSC 可显著提升其血液中的超氧化物歧化酶的含量，表明 MSC 治疗具有一定的抗氧化作用。由于 MSC 来源多样、取材方便、含量丰富，体外扩增相对容易，其最大的特点是免疫原性较低，同种异体甚至异种来源的 MSC 输入均不引起明显的免疫反应，因此，MSC 在临床上的应用比其他成体干细胞更具有优势，全球已有 1400 余项 MSC 临床研究项目正在实施中，预计其将成为许多疑难疾病治疗的有效措施。

五、成体干细胞与成熟细胞的差异性

人体组织中的成熟细胞一般由组织干细胞分化而来，同一个体来源的成体干细胞和组织细胞具有相同的遗传特征，具有相似的细胞结构组成特征，但在形态和功能上则具有显著的差别。这里所说的组织细胞不包括组织干细胞，主要是指组织中的实质细胞。

成体干细胞与成熟细胞的相同点（图 2-9）：①同一个体来源的干细胞和分化成熟的组织细胞的遗传基因组成与结构完全一致；②细胞结构相同，均由细胞膜、细胞质、细胞核构成；③均具有代谢、运动等生物学功能。

成体干细胞与成熟细胞的主要差异（图 2-9）：①干细胞具有自我更新和多向分化潜能，组织细胞属于分化成熟的特化细胞，没有继续分化的潜能，成熟细胞有一定的分裂增殖能力，但分裂增殖能力远不如干细胞；②干细胞的分裂有对称分裂和不对称分裂两种方式，且大多为不对称分裂，即一个干细胞分裂为两个细胞后，其中一个仍是干细胞，另一个则是分化细胞，而组织细胞一般是分裂为两个相同的细胞；③细胞的结构相似，但细胞内的成分有较大差异，干细胞的细胞核较大，细胞质内的结构相对简单；④细胞的表型不同，干细胞表达发育早期的一些抗原分子，而成熟细胞不表达发育早期细胞的抗原标志物，但表达特定组织细胞的标志性抗原；⑤基因开放表达的模式不同，发育早期表达的基因在干细胞中处于开放表达状态，而在成熟细胞中则处于关闭状态，并且

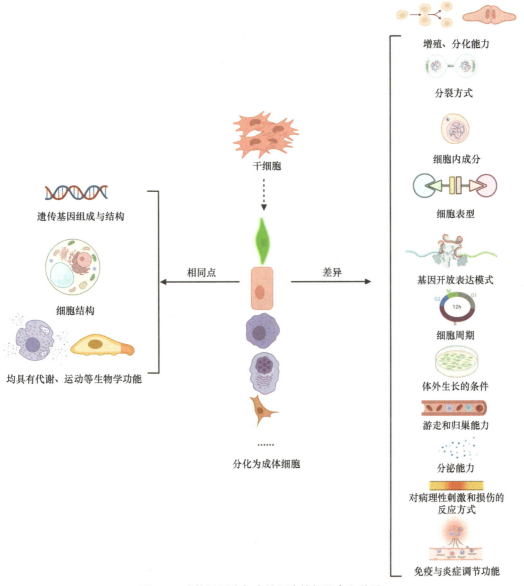

图 2-9　成体干细胞与成熟细胞的相同点和差异

一些在干细胞中处于关闭状态的基因在成熟细胞中则开放表达，这种变化是基因的甲基化、磷酸化等表观遗传修饰模式不同所致；⑥人体内的干细胞通常处于特定的组织微环境中，细胞周期多处于 G0/G1 期，而成熟细胞则多处于分裂增殖期；⑦体外生长的条件不同，干细胞极易在普通培养条件下分化，需要特定的培养条件才能维持干性生长，而成熟细胞则相对稳定；⑧外源性输入体内的干细胞具有向损伤、炎症组织游走和归巢的能力，而大多数成熟细胞的游走和归巢能力相对较差；⑨分泌细胞因子与外泌体的能力和种类有较大差异，干细胞分泌生长因子、炎症调节因子和外泌体的能力较强，而成熟细胞则相对较弱；⑩对病理性刺激和损伤的反应方式不同，当组织受到损伤后，组织之中的干细胞可通过快速动员、增殖和分化途径参与组织损伤修复，同时分泌生长因子促进成熟细胞的分裂增殖并促进损伤组织修复，而成熟细胞则仅能通过有限的分裂增殖发挥组织损伤修复作用。此外，同一个体不同组织来源、不同类型的成体干细胞和成熟细胞在生长形态、表型标志与功能方面也存在较大的差异，其中，MSC 具有强大的免疫与炎症调节功能，而且呈双向调节，而成熟细胞中除免疫细胞有执行调节免疫与炎症的功能外，其他细胞则很少有这方面的功能。

六、脐带间充质干细胞的保存

脐带间充质干细胞（UCMSC）可以在–196℃的液氮环境中长期保存并维持其生长、分化特性。在液氮环境中，UCMSC 就像是冬眠一样，细胞内的新陈代谢作用急剧减弱，细胞内外的渗透压基本一致，细胞的生物活性处于静息状态，从而使 UCMSC 得以长期低温保存，以备科研及临床医疗使用。UCMSC 的低温保存需要添加保护剂和营养物质，保护剂的种类与浓度、程序降温是 UCMSC 低温保存的关键技术点，因为冷冻保存和复苏过程本身会对 UCMSC 有一定的破坏作用，所以在冻存时必须加入适量的冻存保护剂和营养物质。UCMSC 低温保存常用的保护剂为低浓度的二甲基亚砜（DMSO），浓度一般为 2%～10%，营养物质通常选用白蛋白、血清、干细胞因子等。通常将 UCMSC 悬浮于含有上述因素的冻存液中，再置于程序性降温和保存系统中逐渐降温，在程序降温至–30℃或–40℃前，要求以 1℃/min 的慢速率降温，之后再置于–196℃的环境中长期储存，用自控程序降温仪或超低温冰箱降温均可达到良好效果。对 UCMSC 来说，一般短期保存（1～3 个月）可置于–30℃冰箱，中期保存（3～6 个月）可置于–80℃冰箱，但长期保存一定要置于–196℃的液氮中（图 2-10）。UCMSC 在–196℃的环境中保存 50年尚有 80%的细胞活性保持不变，甚至可能保存上百年仍有较好的生物活性。针对细胞

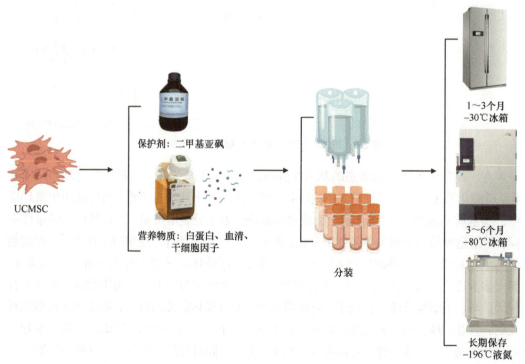

UCMSC

保护剂：二甲基亚砜

营养物质：白蛋白、血清、干细胞因子

分装

1～3个月
–30℃冰箱

3～6个月
–80℃冰箱

长期保存
–196℃液氮

图 2-10　脐带间充质干细胞的保存

长期保存需求，国内外均已研发出了多种类型的低温保存装置，设计制造出了智能化、自动化细胞长期储存系统，这些系统可大规模、标准化、程序化长期储存各种类型的活细胞，极大地方便了 UCMSC 的长期存储，为细胞产业化及临床应用提供了良好的配套条件。

七、间充质干细胞的运输

制备存储 MSC 是其用于科学研究和临床应用的基础，而运输则是 MSC 应用过程中的重要环节，选择合适的运输方法对维持 MSC 的活性极为重要。在进行 MSC 的研究与应用过程中，首先需要建立专业化的 MSC 库，以大量制备和存储标准化的 MSC 中间产品与临床级 MSC 制品。在使用 MSC 的过程中，往往涉及异地运输，运输方式包括航空、铁路、船舶、汽车等，且应根据具体实际选择速度最快、距离最短、影响因素最小的运输方法。在 MSC 运输过程中通常会遇到以下难题：①液氮冻存的细胞运送不能使用飞机、高铁，若选择汽车运输，时间超过 12h 后液氮会完全挥发导致冻存的细胞因温度升高而死亡；②在培养瓶中加入适量培养液后置于冰盒中外送，上飞机须托运，若运输时间过长，细胞培养基的 pH 升高会影响细胞的状态，细胞形态也会发生变化，细胞活力下降，而且运输途中细胞受污染的风险也会升高；③生理盐水悬浮的 MSC 密封低温外送，随着运输时间的延长，细胞活性会降低，但这种方法运送的细胞可以直接用于治疗，可以满足一些不具备复苏细胞和处理贴壁细胞条件地区的使用要求，而且密封性好、污染风险低。

MSC 运输需要将其置于密封容器中，运输过程中需要保持合适的温度，避免颠簸震荡，同时还要添加合适的营养物质和保护剂，运输时间不宜过长，一般不应超过 24h（图 2-11）。临床应用型 MSC 制品的远距离运输最好是将其置于液氮环境中，以保持细胞处于代谢停滞状态，但由于液氮属于危险品，一般不能进行航空、铁路和船舶运输。常用的方法是将体外培养的 MSC 直接放在培养瓶里，置于 4℃的恒温箱中运输，其细胞状态和干性维持良好，在 6h 内细胞的存活率仍可以保持在 90% 以上，但有可能出现温度过低或过高、二氧化碳浓度降低、pH 升高和细胞内容易产生结晶等问题，在没有

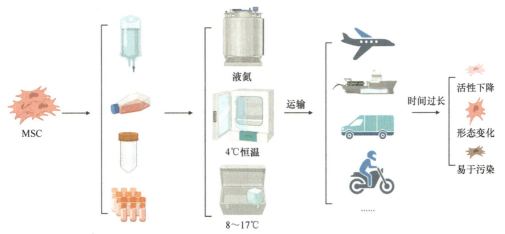

图 2-11　间充质干细胞的储存与运输

适宜细胞保护液的条件下，细胞活性会显著降低。临床应用型 MSC 制品和直接放在培养瓶里的 MSC，可在保温箱中放置冰袋后运输，其环境温度为 8～17℃，在 2h 内细胞存活率可以保持在 90%以上。MSC 运输应由具有 MSC 相关知识的专人护送，每一环节均应有交接手续，运输途中应避免强烈震荡颠簸、挤压等。MSC 的运输一般不宜交由非专业人士运输，避免运输过程中容器受损和细胞破坏、污染等。随着 MSC 库在各地区的建立，跨地区 MSC 运输会越来越少，运输的距离会越来越短，运输所需时间也会越来越少。4℃是 MSC 运输的适宜温度条件，这可能与水在 4℃时密度最大有关，因此，在 2～6h 的长距离运输过程中，推荐用 4℃恒温小型冰箱以保持 MSC 的活性。

◆ 第三节　干细胞与疾病治疗

一、人体干细胞对维护组织器官稳态的重要性

组织器官的稳态是指特定组织器官在形态、结构和功能上维持动态平衡与稳定的过程。人体稳态的生理学概念是正常的机体通过调节作用，使得各个器官、系统协调活动，共同维持内环境的相对稳定状态。人体组织器官的稳态主要包括结构的完整性和正常的生理功能，其中，组织细胞的数量和活性是维持稳态的关键要素，而细胞间质、各种生物活性因子、内分泌激素、细胞周围环境的生物物理学特性等细胞外环境因素的变化均会对组织细胞的活性产生影响，因此，组织器官的稳态是一个动态变化过程。人体内的各种组织细胞也处于不断衰老死亡和更新换代的平衡过程中，这种平衡一旦被打破则会引起组织器官的稳态失衡，导致疾病发生、器官衰老和功能失调。在维护组织器官结构与功能的稳态中，组织内的干细胞是机体的建设者，同时也是维护者，它会及时替换和更新衰老或受损的细胞，通过动员和分裂增殖、分化，不断更新组织细胞，动态维持组织器官的稳态，因此，组织干细胞在维护组织器官的稳态中发挥着极其重要的作用。在局部组织损伤的条件下，组织干细胞的动员和分裂增殖、分化及分泌因子促进组织细胞生长分裂来及时修复受损组织，使组织器官的结构与功能维持在正常状态（图 2-12）。随着年龄的增长，氧化应激及 DNA 损伤积累导致组织内的干细胞数量逐渐减少和活性降低，结果导致组织器官稳态失衡，致使机体出现一系列与衰老相关的变化。免疫系统是防御病原体入侵的主要防线，免疫细胞在维持体内稳态、促进损伤愈合中也发挥了重要作用，干细胞还可通过调节免疫系统的平衡与稳定，在维持组织器官稳态中发挥积极作用。在严重组织损伤条件下，机体还可动员损伤组织以外的组织干细胞迁移至损伤组织并发挥促进损伤修复的作用，从而使受损组织器官的稳态得以维持。

组织器官的稳态失衡一般以组织损伤、细胞变性或坏死为病理基础，疾病的发生又以严重的组织器官稳态失衡为基础，比如角膜损伤或者病变会引起失明、胰腺的胰岛细胞分泌胰岛素不足会导致糖尿病、大脑中某一部分神经细胞病变会引起痴呆或者是肢体的震颤麻痹等。组织内的干细胞可以修复那些不能再生和被损坏的组织器官并维持其稳态，从而发挥治疗心肌坏死、自身免疫性疾病和神经退行性变性疾病等疾病的作用，甚

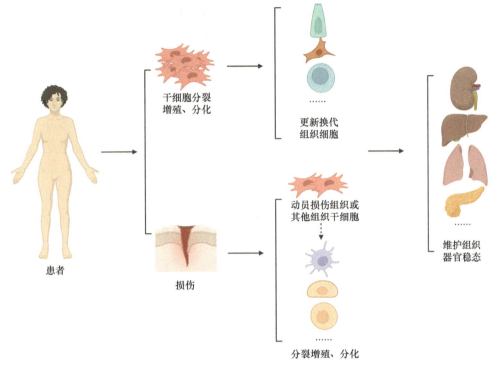

干细胞分裂
增殖、分化

更新换代
组织细胞

动员损伤组织或
其他组织干细胞

维护组织
器官稳态

患者

损伤

分裂增殖、分化

图 2-12　干细胞与组织器官稳态的关系

至可以取代异体器官移植。对干细胞进行定向诱导、基因编辑等，可以在体外培育出全新的正常组织细胞，甚至是更年轻的细胞，构建出可用于替代治疗的组织或器官，并通过细胞、组织或器官的移植治疗最终维护器官稳态和人体内环境的平衡与稳定，达到维护人体健康的目的。

二、人体干细胞与衰老的关系

人体衰老的细胞学机制是组织器官中的衰老死亡细胞增多，新生细胞减少，衰老细胞累积，死亡细胞与再生细胞平衡失调，进而导致器官纤维化，结构与功能退变，甚至器官衰竭或生命终结，其根源是组织器官中的干细胞增殖分化能力减弱或数量减少（图2-13）。组织中的干细胞增殖分化受阻的原因包括组织微环境的改变与组织干细胞数量和活性不足两个方面：一方面是自身衰老导致组织微环境改变而不利于组织干细胞的动员和增殖、分化，从而导致组织细胞更新不足，组织器官的结构和功能难以维持，病理性组织损伤难以修复，机体逐渐呈现老化的特征；另一方面是体内外各种致病因素的作用，导致机体内环境的改变，从而使干细胞基因突变、死亡和过度动员导致其资源耗竭，组织细胞更新能力下降。干细胞的增殖分化受阻并非绝对的或全部的功能丧失致使功能细胞的数量缺失，还包括分化细胞的数量和质量异常。在通常情况下，干细胞衰老会导致多种疾病的发生发展。例如，造血干细胞衰老会导致免疫系统衰退，免疫力低下，对病原体的防御能力下降，易出现反复感染，免疫细胞对损伤和突变细胞的识别能力下降，易发生恶性肿瘤和对正常细胞的识别错误，导致自身免疫性疾病的发生。造血干细胞的功能衰退和基因突变还会导致再生障碍性贫血、白血病等。组织器官中的干细胞衰老则会导致相应组织器官的功能障碍。例如，组织中的干细胞衰老会导致相应器官的功能衰退，进而导致器官的间质增生或纤维化、代谢功能障碍等。随着现代分子生物技术与细胞工程技术的发展，尤其是干细胞研究的不断深入，我们可以通过输注外源性干细胞来弥补内源性干细胞活性不足或资源耗竭，防止组织器官衰老和促进各种组织损伤修复，从而维护组织器官结构的完整性，维持人体内环境的平衡和稳定，最终实现人体内环境的动态平衡与人体健康。

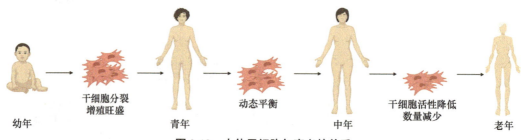

幼年　　　干细胞分裂　　　青年　　　动态平衡　　　中年　　　干细胞活性降低　　　老年
　　　　增殖旺盛　　　　　　　　　　　　　　　　　　　　数量减少

图 2-13　人体干细胞与衰老的关系

三、干细胞治疗疾病的原理

　　疾病是相对于健康而言的，是人体与环境中的有害因素相互作用失衡，人体内环境平衡调节紊乱而导致的异常生命活动过程，包括人体的一系列代谢、结构与功能异常，表现为症状、体征和行为的异常。由于细胞是人体组织结构与功能的基本单位，各种合成、分解代谢也主要在细胞内完成，人体内的结构破坏、体液平衡失调、代谢紊乱及各种物理化学伤害，均可能涉及对组织细胞的损害，因此，大多数疾病实际上是各种致病因素引起的组织细胞的结构与功能异常，都可以定义为"细胞病"，维护体内组织细胞的稳态是治疗疾病的重要策略。

　　干细胞是生命诞生、维系组织器官结构与功能完整的基础，来源于早期胚胎或成体组织，具有自我更新和高度增殖能力，且是至少可以跨胚层分化为两种以上不同组织类型细胞的不成熟细胞，是组织细胞更新换代和维系组织器官结构与功能完整的种子细胞，所以，没有干细胞就不会有生命的诞生，没有干细胞生命就难以维系。随着人们对干细胞发育生物学研究的不断深入，干细胞在维护健康和防治疾病中的关键作用越来越受到重视。关于疾病发生发展的研究证据显示，组织器官中的干细胞基因突变是恶性肿瘤发生的根源，干细胞受损是组织器官损伤修复困难的原因，干细胞数量或活性降低是衰老组织器官功能不足的决定性因素，因此，许多疾病的发生发展与干细胞密切相关。这种关系包括两个方面：一是许多疾病是由干细胞的基因突变，干细胞的丢失、数量减少和活性降低所引起的；二是干细胞是更新组织细胞和修复损伤的种子细胞，外源性干细胞治疗可以弥补内源性干细胞的功能不足，促进组织细胞的更新换代，还可以动态分泌细胞因子和外泌体以促进损伤退变组织内的原位细胞分裂增殖，从而实现组织损伤的完美修复（图 2-14）。外源性干细胞可用于诸如组织损伤、退变、衰老及炎症等疾病的治疗，通过细胞因子、化学药物、中医药等动员内源性干细胞是一种干细胞治疗疾病的间接策略。随着细胞与分子生物技术的发展，以干细胞为基础，还可以通过诱导重编程、基因编辑和靶向基因修饰等，创造出具有更高活性、靶向性和精准性的新型干细胞，从而提高干细胞治疗疾病的有效性，甚至还可以将干细胞与生物材料、生物活性因子结合，利用 3D 生物打印技术打印并培育出临床替代治疗的各种组织和器官，使未来的组织器官移植治疗更为简便、有效。

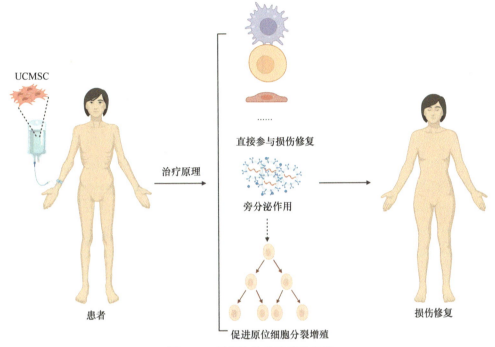

图 2-14　干细胞治疗疾病的原理

四、干细胞的临床医学研究与应用

目前在临床上治疗应用较多的干细胞是造血干细胞，而临床治疗研究较多的是间充质干细胞。造血干细胞已广泛用于血液肿瘤、再生障碍性贫血、自身免疫性疾病等的治疗，靶向基因修饰的造血干细胞已用于多种遗传性疾病的治疗并产生了良好疗效。间充质干细胞已广泛应用于衰老退变、神经损伤、代谢异常和血管缺血等疾病的临床试验研究中，大多数临床研究结果均显示出了传统药物难以替代的疗效，国内外均有治疗特定疾病的 MSC 产品上市，表明 MSC 已开始进入临床应用推广阶段。随着干细胞技术的不断发展，其他干细胞，诸如神经干细胞、诱导多能干细胞、肝干细胞等在临床上的应用也在逐步发展，并且在部分领域已经取得了突破性的进展。干细胞技术在临床医学上的应用主要包括 5 个方面：细胞替代治疗、系统重建、组织工程、基因治疗，以及抗衰老保健（图 2-15）。

细胞替代治疗：利用间充质干细胞、肝干细胞、神经干细胞等成体干细胞，对神经系统疾病、糖尿病、生殖系统疾病等进行损伤修复治疗。此领域目前不断有突破性进展，但干细胞的治疗剂量、治疗时机、治疗途径、疗程和治疗后的长期安全性与有效性还需要进一步深入研究。

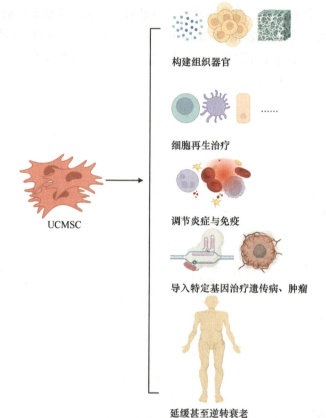

构建组织器官

细胞再生治疗

调节炎症与免疫

导入特定基因治疗遗传病、肿瘤

延缓甚至逆转衰老

图 2-15 干细胞的临床医学研究与应用范围

系统重建：利用造血干细胞和间充质干细胞联合治疗，可以重建机体的造血系统和免疫系统，这已经成为白血病、再生障碍性贫血等恶性血液病及免疫系统缺陷或亢进疾病的有效治疗手段。该方法主要利用造血干细胞可重建造血系统和免疫系统功能以及间充质干细胞能够有效抑制移植免疫排斥反应、提高造血干细胞移植成功率和改善造血微环境条件等，二者联合可显著提高造血干细胞治疗的有效性。

组织工程：干细胞可以在体外培养形成一些类器官，这种类器官可以用来替代人体病变的组织器官，也可以用作疾病模型和药物筛选、检测模型。干细胞还可以作为种子细胞，与生物材料、生物诱导因子等复合，构建出人工组织器官，也可以利用 3D 生物打印技术打印出组织或器官用于替代治疗。

基因治疗：干细胞是基因治疗的理想载体和靶细胞，可以把目的基因导入干细胞中，然后移植到某些遗传病患者体内，使其稳定表达特定蛋白或者生物活性因子，从而达到有效治疗遗传病的目的。对于恶性肿瘤，可以针对肿瘤干细胞设计靶向基因治疗药物，纠正肿瘤干细胞的基因突变，配合传统治疗方法可以达到根治恶性肿瘤的目的。将干细胞用于基因治疗已经初步在临床上应用并使一些遗传性疾病得到根治，但尚存在一些技术和伦理问题需要进一步研究，例如，提高基因转移效率、使基因稳定表达、防止基因整合导致肿瘤发生等。

抗衰老保健：利用干细胞的多向分化和促进组织损伤修复潜能，可以促进衰老组织器官的细胞再生、退变修复，从细胞水平改变机体的衰老状态，重建损伤和衰老的组织器官，达到延缓或逆转衰老、提高老年人生存质量和增强疾病抵抗力的目的。

除此之外，干细胞在疾病发生发展的机制研究、新药筛选、发育生物学研究、系统生物学研究等领域也具有重要的应用意义。

五、干细胞与传统药物的区别

美国著名生物学家 George Daley 预言"20 世纪是药物治疗的时代，21 世纪将是细胞治疗的时代"，细胞治疗的时代已经到来，干细胞治疗疾病已经正在变为现实。截至 2023 年 12 月，全球已经有近 7000 项细胞治疗方案正在临床研究中，部分研究项目已经进入临床Ⅲ期，预示着细胞治疗正在逐步走向临床应用。干细胞与传统药物在自身本质和疾病治疗的机制上截然不同。干细胞是一种具有生物活性的细胞，其治疗原理是补充内源性干细胞资源的不足，不仅可通过增殖分化替代组织器官中的衰老死亡细胞，还可通过分泌生长因子和外泌体等促进内源性细胞生长分化，从而维持组织器官和人体内环境的平衡与稳定。传统的药物治疗则是通过给予外源性化学物质、生物调节因子、中医药等，调节体内平衡、清除有害病原、激活人体特定功能、补充体液和人体血液组成成分等治疗疾病。药物治疗是临床疾病治疗的一个重要手段，在人类疾病治疗中发挥了重要作用，解决了许多患者的病痛。

干细胞是维系组织结构与功能完整的种子细胞，在维护人体健康状态和抵御疾病中发挥着关键作用。从干细胞在生命的诞生、人体的发育生长中的作用上讲，说干细胞是生命的源泉一点也不过分，干细胞既有自我更新和多向分化的潜能，也可以用来治疗各种创伤、感染、缺血、中毒等致病因素引起的涉及组织细胞变性、坏死或缺失的疾病。干细胞与传统药物的显著区别是：因为几乎所有的疾病都涉及组织细胞的结构与功能改变，干细胞治疗对大多数疾病都可能产生良好的治疗效果，而且对一些病因不明、诊断不确切的疾病也可能产生疗效，这比传统的药物治疗更具有优越性和不可替代性，而且动物模型治疗实验和临床治疗研究的结果均显示，干细胞治疗对炎症、自身免疫性疾病、缺血和退变等疾病疗效明确、安全性高、副作用小。目前，研究报道较多的是 MSC，多种 MSC"新药"已经获批进入临床研究。来源于骨髓、脐带等组织的 MSC 具有跨胚层分化的潜能，这使得其可用于许多疾病治疗，且体外生长速度快，易于大规模和标准化生产，免疫原性低，自体和异体移植治疗均无明显排斥反应，其可能成为疾病治疗的有效手段而在临床中优先应用。MSC 治疗具有补充内源性干细胞不足和分泌生物活性因子等多重生物效应，对创伤、严重感染、炎症、衰老退变及自身免疫性疾病等疾病的治疗具有药物难以替代的作用。

药品对患者而言是一把双刃剑，可以防治疾病，也可以导致不良反应甚至危及生命。世界卫生组织发布的统计资料显示，各国住院患者的药物不良反应发生率为 10%～20%，住院患者因药物不良反应导致的死亡率达 0.24%～2.9%。严重的药物不良反应不仅给患者带来巨大痛苦，给家庭带来沉重负担，也严重浪费了社会资源。随着社会老龄人口的增长，药物使用规模的不断增加，不合理用药、滥用药的现象非常普遍，由于药物滥用特别是抗生素滥用，病原体耐药性越来越普遍，给感染性疾病的治疗带来了更大的困难。而干细胞治疗一般不会出现传统药物治疗相关的不良事件，也不会产生明显的"耐药性"。传统药物治疗是一种对症治疗措施，而干细胞治疗则是一种从根本上彻底治愈疾病的有效措施，是对传统药物治疗的替代、补充办法，特别是对于一些药物难以治愈的疑难疾病，从干细胞治疗的角度可以找到更有效的治疗手段（图 2-16）。

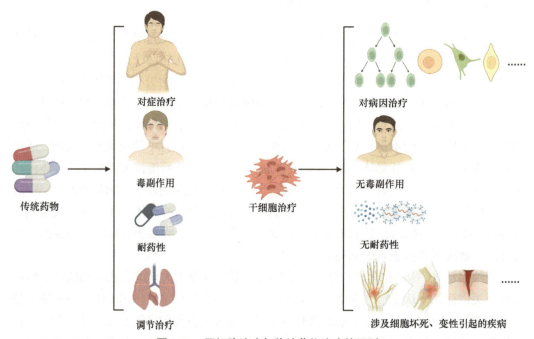

图 2-16　干细胞治疗与传统药物治疗的区别

六、干细胞治疗与传统药物治疗的协同作用和拮抗作用

干细胞可以与许多传统药物同时使用并产生协同效应，但有一些化学药物、强力抗生素、抗肿瘤化疗药物等与干细胞疗法同时使用可能会对干细胞的活性有一定影响，并产生拮抗作用，应避免同时使用。从组织结构上讲，人体的组织或器官大多是由不同类型的细胞排列组合而成的，正常功能的发挥需要细胞间的相互交流和协同作用、细胞与细胞外的信息交流、血管分布、神经调控、体液因素调控等，不论是组织或器官的机械损伤、缺血损伤、中毒性损伤还是炎症损伤，均可能涉及多种细胞的变性、坏死或缺失，补充单一的干细胞或组织细胞能否完美修复损伤组织的三维空间结构值得怀疑。从干细胞用于组织损伤修复的机制看，不论是通过静脉注射还是定位移植于损伤组织中的干细胞，接种进去的只是一粒"种子"，需要有适宜的"土壤"环境，种子才可能发芽生长，如果缺乏合适的组织微环境，即使移植再多的干细胞，也可能难以按预定的组织细胞方向分化并起到理想的组织损伤修复作用。干细胞治疗作用的发挥需要考虑其与损伤组织的微环境相互作用的关系，与传统药物同时使用时，在一定程度上，传统药物可能导致组织微环境发生改变，这种变化可能有利于干细胞向组织微环境的迁移、定植和分化，也可能因为组织微环境的改变而影响干细胞的疗效，因此在具体实施过程中，既要考虑

干细胞移植的数量对疗效的影响，也要考虑采用合适的治疗途径，使更多的干细胞能够进入到损伤组织，更重要的是需要考虑损伤组织的微环境是否适合干细胞生长和按预定的方向分化，因此，干细胞与传统药物同时使用应考虑传统药物对干细胞的直接作用和对组织微环境的影响。干细胞促进组织损伤修复的作用机制相对复杂，对有些组织损伤性疾病，特别是陈旧性组织损伤的修复治疗，干细胞分泌的多种细胞生长因子和外泌体可能发挥了关键作用。有一些学者认为，干细胞动态分泌细胞因子促进原位细胞生长，可能是对陈旧性组织损伤和老年组织器官功能退变性疾病发挥治疗作用的重要原因。因此，干细胞治疗衰老退变性疾病最好不要与对干细胞的生长分化和分泌功能有影响的传统药物同时使用，但可以通过补充营养食品、适当运动锻炼等进行辅助治疗，也可以通过使用促进细胞生长的生物活性因子、改善血液循环和调节神经内分泌平衡的药物进行协同治疗，但要根据药物的性质、作用靶点和对干细胞的作用合理选择能够发挥协同作用的传统药物（图 2-17）。

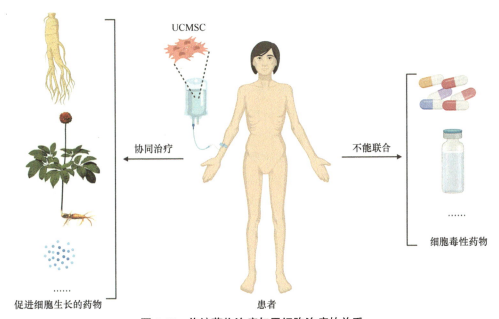

图 2-17　传统药物治疗与干细胞治疗的关系

七、干细胞治疗的个体疗效差异

由于干细胞的种类、质量及接受干细胞治疗者的健康状态、遗传背景、生活习性、工作规律、心理压力和运动锻炼等各种因素的影响，外源性输入干细胞治疗疾病的临床疗效可能会存在一定的差异性。从干细胞方面看，首先，移植的干细胞类型会对治疗效果有一定影响，各类干细胞的特性及免疫原性有所不同，其生长特性、分化潜能和分泌功能有一定差异，导致临床疗效不同；其次，干细胞治疗的剂量、途径、干细胞活性、时机、疗程和频率等均会对疗效产生一定影响，干细胞供者的个体差异、干细胞的来源、体外制备技术等的差异也可能导致干细胞的活性和均一性存在差异性，进而导致临床治疗的疗效不同。从治疗方式来看，不同的治疗途径（静脉、动脉介入，鞘内注射，病变部位定位注射）往往因为干细胞到达病变组织的路径和数量不同而可能产生不同的治疗效果。此外，干细胞治疗是否同时配合其他药物治疗也是一个重要的影响因素，因为药物治疗可能对干细胞治疗起协同作用或拮抗作用。从接受干细胞治疗的患者方面来看，患者本身存在一定的个体差异，包括年龄、性别、种族、生活环境、饮食习惯、工作类型、心理因素、健康与疾病状态等，年龄小的患者因本身代谢旺盛，细胞更新换代活跃，基础状况良好，干细胞治疗的疗效可能展现不明显，而对于年龄较大，特别是超过 45 岁的患者，因为全身组织器官的细胞更新换代速度减慢，结构与功能处于退变、退化状态，内源性干细胞资源耗竭，补充外源性干细胞的疗法对老年性疾病的疗效可能相对显著。另外，由于不同患者在同种疾病的发展进程、自身基础状况等方面存在个体差异，因此采用干细胞治疗的效果往往也不同（图 2-18）。

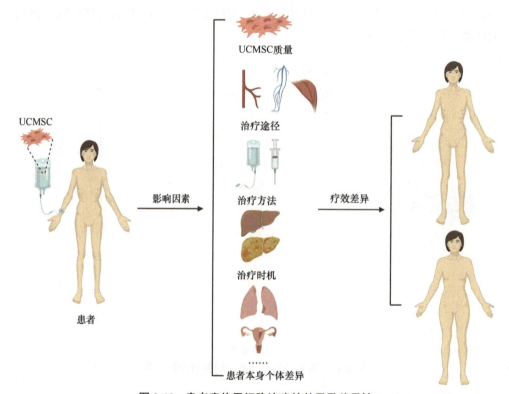

图 2-18　患者实施干细胞治疗的效果及差异性

八、脐带间充质干细胞治疗技术存在的问题

UCMSC 在疾病治疗和健康保健方面的应用相对比较广泛，可用于衰老退变、亚健康状态、自身免疫性疾病与炎症性疾病、各种组织损伤性疾病的治疗。UCMSC 的研究已经处于从实验室进入临床应用的过渡阶段，其临床试验研究已在世界各地广泛展开，但还存在诸多技术问题需要解决。UCMSC 的成药性较好，已经实现标准化、规模化、智能化和工厂化生产，在国内已经形成产业，开始进入临床转化应用，但在技术方面还存在一些问题。目前存在的主要问题（图 2-19）是：①UCMSC 制剂的质量控制，由于用于 UCMSC 制备的材料来源不同，UCMSC 的分离纯化、扩增、诱导分化、鉴定及质量

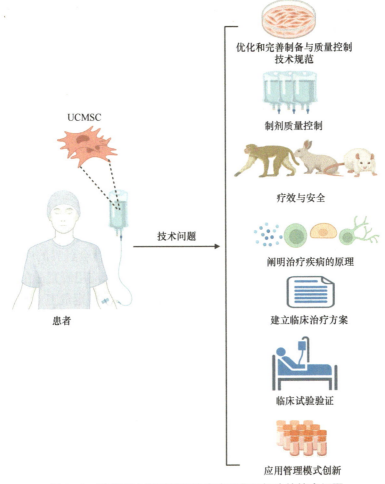

图 2-19　脐带间充质干细胞临床应用需要解决的技术问题

控制、保存、运输、复苏等技术复杂，技术操作要求较高，不同实验室和不同技术人员制备获得的 UCMSC 的质量可能存在一定差异，这就是许多研究采用了十分严格的 UCMSC 临床研究设计方案，临床研究结果却不一致的原因；②优化和完善制备与质量控制技术规范，目前，国内外对制备 UCMSC 的方法和质量标准已经达成共识，但存在制备效率不高、均一性不足、生物活性不稳定、质量控制标准不一等问题，还需要进一步优化和完善制备与质量控制技术及操作规范；③疗效与安全，在进入临床应用之前，需要通过人类疾病大动物模型的治疗实验明确对特定疾病治疗的有效性和安全性；④阐明治疗疾病的原理，在证明有效性和安全性的基础上，还需要揭示 UCMSC 在体内的迁移、分布、定植和分化等演变规律，阐明其发挥生物效应的细胞与分子机制；⑤建立临床治疗方案，要真正实现 UCMSC 在临床疾病治疗中的推广应用，还需要解决 UCMSC 治疗的适应证、治疗剂量、治疗途径、治疗时机和疗程等基本问题，才能根据临床前研究结果建立临床治疗技术方案，最终还需要通过临床试验研究进一步优化并验证疗效与安全性；⑥临床试验验证，需要通过大样本临床试验验证动物实验获得的疗效与安全性；⑦应用管理模式创新，世界各地针对 UCMSC 的临床应用法规和管理模式不尽一致，发达国家主要以干细胞新药研发、新药临床研究与转化应用的模式为主，我国现行的模式是新药研发和临床技术研究的双轨制，国内尚未出台临床应用准入标准，但总体方向是推进 UCMSC 产品向标准化、技术规范化、管理法治化发展，以促进 UCMSC 技术的产业化和临床转化应用。

九、脐带间充质干细胞治疗的社会乱象及危害

目前的人类疾病动物模型治疗实验和临床试验研究均证实，UCMSC 具有促进组织损伤修复、调节炎症与免疫、抗氧化应激等方面的作用，在临床上对各种机械性组织损伤、自身免疫性疾病、缺血缺氧、中毒等常见疾病和遗传性疾病、感染性疾病、再生障碍性贫血等疑难性疾病的治疗均产生了一定疗效，特别是有助于修复和再生衰老退变组织，提高老年人的生存质量，在亚健康保健和整形美容方面也有良好的应用前景，因此，UCMSC 的研究与应用受到了政府部门、科研机构和其他社会各界的广泛关注。随着 UCMSC 技术的不断发展，其产业规模正在不断壮大，临床应用研究正在快速推进，但也存在一些鱼目混珠的乱象，非法应用给接受治疗者带来了一定危害（图 2-20）。近些年来，社会上一些非医疗机构打着干细胞美容的招牌，以典型病例放大宣传，为牟取暴利而开展干细胞治疗业务，极大地影响了人们对干细胞技术的科学评价，伤害了广大接受干细胞治疗者的利益并存在较大的技术风险。由于临床监管机制不健全，UCMSC 治疗存在合法性、安全性、有效性和伦理方面的问题。

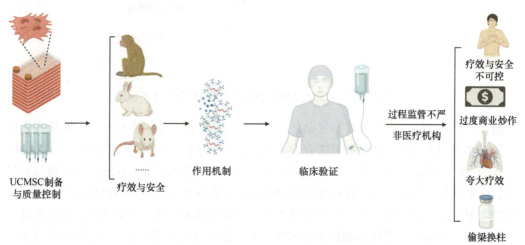

图 2-20　脐带间充质干细胞治疗的社会乱象及危害

非医疗机构开展 UCMSC 治疗的主要危害：①非医疗机构开展 UCMSC 治疗存在安全隐患，由于缺乏有效的过程监管和质量监督，UCMSC 的质量难以保证，疗效和安全不可控；②夸大疗效，诱导患者接受 UCMSC 治疗，侵害了患者的利益；③以获取暴利为目的的过度商业炒作，性价比严重失衡，违反了医学的基本道德准则和公益性原则；④偷梁换柱，打着干细胞治疗的旗号，使用非干细胞制品进行治疗，严重损害了患者的利益，在某种程度上造成了干细胞治疗的乱象。

UCMSC 用于临床研究与治疗，不论是对临床医生还是对患者，均属于新生事物，

是一种全新的医学模式，要保证其健康、可持续发展，必须要在保证安全性、有效性和阐明机制的基础上科学、合理地实施，必须要符合国家和地方的干细胞研究与治疗管理规范，同时还必须充分保障医患双方的权益，明确医患双方的责任和义务。UCMSC 治疗疾病有坚实的理论基础，主要的疗效和机制已经被阐明，但还需要深入探讨深层次机制并通过临床试验来验证疗效与安全性。涉及 UCMSC 临床应用的许多关键技术和科学问题尚未充分阐明，比如其在特定疾病患者体内的演变过程及规律、量效关系、疗效机制及 UCMSC 与损伤组织微环境的相互作用等尚不完全清楚，盲目将 UCMSC 用于人类疾病治疗不利于其可持续发展。在现有干细胞中，用于制备 UCMSC 的材料属于医疗废弃物，其来源十分广泛，用于临床疾病治疗的安全性较高，伦理争论最少，遵循成体干细胞研究与应用的相关管理要求，有序推进其技术发展和转化应用，对保障人类健康具有重要意义，但 UCMSC 从实验室走入临床是一个系统工程，其中的每一个技术环节均需要从学术、法规和伦理的角度进行规范，才能保证质量和安全，以有序推进UCMSC 技术的发展。

十、干细胞治疗技术的发展趋势

干细胞与传统药物有本质上的不同，干细胞治疗技术是一种治本的技术，主要通过促进组织细胞更新换代和修复组织损伤达到治疗疾病的目的，而传统药物是一种治标的技术，主要针对疾病的临床表型进行调节治疗。干细胞治疗的本质是从组织结构与功能上解决损伤问题，是一种全新的疾病治疗方法，有可能彻底改变目前的临床医疗模式。干细胞技术研究在最近 20 多年取得了突飞猛进的发展，其中的主要进展是发现了许多新的干细胞来源，建立了人类胚胎干细胞系，发明了诱导成熟细胞"返老还童"为干细胞的新技术，且基因编辑的靶向性干细胞产品不断涌现，这些都是干细胞研究中具有里程碑意义的重大成果。在 UCMSC 的临床研究中，已经建立了 UCMSC 的高效获取方法和封闭式、大规模、自动化、智能化、标准化扩增技术，明确了 UCMSC 治疗许多疾病的疗效与安全性，阐明了 UCMSC 治疗疾病的细胞与分子机制，解决了 UCMSC 的临床前主要关键技术，多种标准化 UCMSC 产品获准进入临床研究，以造血干细胞、UCMSC和神经干细胞为代表的一些干细胞产品已经开始进入临床研究与应用阶段，UCMSC 治疗技术已然步入临床广泛应用的关键节点，距离大规模推广仅"最后一公里"之遥。

UCMSC 治疗技术将在未来几年内取得突飞猛进的发展，将形成巨大的新兴产业，其临床推广应用势在必行。在干细胞来源方面，以造血干细胞和间充质干细胞为代表的成体干细胞已初步形成标准化产品，并建成了许多具有一定规模的干细胞资源库，下一步将在胚胎干细胞、诱导多能干细胞、靶向干细胞等方面进一步研发标准化细胞制剂，解决它们用于临床研究与治疗的安全性、有效性问题，创造出更高效、精准、靶向和安全可靠的新型干细胞产品与技术（图 2-21）。在干细胞临床前研究方面，将进一步建立干细胞活体成像及示踪技术，以揭示各种干细胞在体内的动态变化规律，阐明其细胞与分子调控机制，进一步解决新型干细胞向临床转化应用中的关键技术和科学理论问题。在临床转化应用方面，目前全球有 7000 多个干细胞临床研究方案已经在实施中，一些

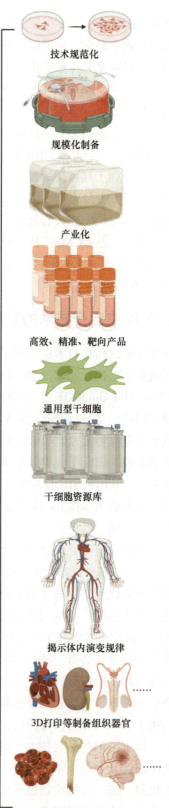

技术规范化

规模化制备

产业化

高效、精准、靶向产品

通用型干细胞

干细胞资源库

揭示体内演变规律

3D打印等制备组织器官

治疗多种疑难疾病

干细胞治疗技术

发展趋势

图 2-21　干细胞治疗技术的发展趋势

干细胞临床研究项目已经进入临床Ⅲ期，国内已有 140 多家医疗机构获得干细胞临床研究机构备案，有 120 多个项目获得临床研究备案，干细胞治疗诸多疾病的有效性与安全性正在被临床试验证实，一些临床研究成果将在未来几年进入临床推广应用。随着干细胞技术的发展，干细胞知识正在得到普及，制约干细胞技术向临床转化应用的瓶颈将逐一被攻克与解决，新型干细胞产品和技术将不断出现，并逐步实现临床转化应用。从干细胞衍生而来的新型细胞、组织器官和外泌体、新型细胞因子等产品将不断产生，干细胞应用技术管理将逐渐规范化，干细胞治疗技术有可能成为临床普及的新技术，并将使许多不治之症获得有效治疗。未来，科学家可以采集人胚胎、皮肤、骨髓等组织的干细胞，利用 3D 生物打印、动物体内培育、人工构建等技术，培育出临床治疗所需的人体细胞、组织或器官，用于移植治疗各种损伤性疾病，干细胞治疗技术可能成为人类攻克某些重大疾病，如心脑血管疾病、癌症、老年性疾病等的有效措施。如果干细胞、基因编辑干细胞及其衍生而来的生物组织与器官用于疾病治疗并被人们普遍接受的话，干细胞技术将能使神经损伤、心脏病、肝病、糖尿病等得到彻底治愈。干细胞也是发育生物学研究的理想模型，结合现代基因工程技术，可以在基因水平揭示生命发生发展的本质和规律，研究出延缓或者逆转衰老的有效办法。

科学家正在通过基因工程改造，消除干细胞的免疫原性，建立通用型干细胞，即"万用细胞"，可以利用这种细胞生产出没有排斥反应的各种组织和器官。目前通过"治疗性克隆"，即体细胞核移植技术，可以把来自患者自体的皮肤成纤维细胞转移到去核卵母细胞中，体外培育出胚胎干细胞，然后诱导其分化为各种治疗所需细胞，实现自体干细胞及其来源的组织器官的个性化治疗，从而克服目前难以逾越的免疫排斥问题。利用基因修饰技术或小分子物质诱导培养，也可以获得类似于来源于自体的胚胎干细胞，这种技术的特点是可以实现工厂化生产干细胞，实现个性化治疗，避免了干细胞治疗的免疫排斥和伦理问题。成人组织中的干细胞具有来源广泛、技术可行性较强、患者易于接受等优势，可以实现个体化治疗，并有效规避了胚胎来源干细胞所面临的免疫排斥、伦理争议等问题，必将在临床应用中优先得到推广，其技术策略是分离培养自体组织中的干细胞，体外扩增或诱导分化为各种组织细胞后用于替代治疗。

第三章

脐带间充质干细胞的基本理论与技术

◆ 第一节　脐带间充质干细胞的生物学特点

一、间充质干细胞的定义及鉴定标准

间充质干细胞（mesenchymal stem cell，MSC）是一类具有自我更新、多向分化潜能和免疫平衡调节能力的成体干细胞。它源于发育早期的中胚层和外胚层，存在于不同来源的成体结缔组织和器官间质中，从鼠类到人类都有间充质干细胞分布。间充质干细胞的特点是具有自我更新能力、生长和分化潜能大、免疫原性低、易于获取和在体外规模化、标准化、工厂化生产，且基因组稳定性好，临床应用的伦理争议较少、安全性较高，因此是细胞治疗、再生医学和组织修复的种子细胞，是非常具有临床应用前景的成体干细胞之一。

MSC 存在于全身大部分组织器官的间质之中，其中，骨髓来源的 MSC 是历史上被大家公认的经典 MSC，其识别标志和鉴定标准被认为是间充质类干细胞的"黄金标准"。一般来说，MSC 主要存在于结缔组织和器官间质中，人们已相继从骨髓、胎盘、脂肪、脐带血、脐带、肝、羊水、外周血、牙髓、皮肤、滑膜、子宫内膜等组织器官中分离获得了 MSC。

不同来源的 MSC 具有相似的生物学特性，但在形态特征、生长特性、分化潜能、分泌功能及免疫调节能力等方面存在一定差异。MSC 的关键特征界定主要基于其集落形成能力、自我更新潜力、表面标志物的表达状况、多向分化潜能，以及体内外免疫调节功能等特征。MSC 的鉴定标准（图 3-1）如下：①生长特性，易于在塑料培养瓶中贴壁生长，生长形态为呈火焰状或旋涡状克隆生长，大多数呈长梭形；②表面标志物，缺乏特异性标志物，高表达 CD105、CD73 和 CD90 等系列标志物，不表达或低表达 CD45、CD34、CD14 或 CD11b、CD79 或 CD19 和 HLA-DR 等，需要表达 3 种以上阳性标志物才能认定为 MSC；③多向分化潜能分析，在特定的诱导培养基中进行诱导培养，MSC 能够被诱导分化为成骨细胞、脂肪细胞、软骨细胞、神经细胞、胰岛细胞等，分化潜能鉴定标准是至少能够向 3 种不同类型的成熟细胞分化，在普通培养条件下 MSC 可随传代次数增加而自动分化为脂肪细胞；④免疫调节功能，在体外共培养条件下，MSC 能够以免疫与炎症调节因子依赖性的方式调节 T 细胞的生长和分泌活性，例如，γ 干扰素（interferon-γ，IFN-γ）浓度较低时促进 T 细胞生长，而 IFN-γ 浓度较高时则抑制 T 细胞的增殖活性，将 MSC 通过全身输入或局部注射用于治疗急性关节炎、系统性炎症、自身免疫性疾病等，能够显著调节免疫平衡和抑制炎症反应；⑤基因转录与表达谱分析，主要表达多种与炎症和免疫调节、细胞生长与分化相关的分子，并分泌多种细胞生长因

子，这可能是 MSC 发挥治疗作用的关键因素。此外，通过单细胞转录组分析发现，同一来源的 MSC 存在较大的异质性，一般存在至少 10 种细胞亚群，只有获得高质量的 MSC，挑选出体积小、生长活性高和分化潜能强的 MSC 进行克隆扩增，才能获得均一性好、功能强大的标准化 MSC。新近研究发现，体外培养的 MSC 中还存在少量既表达经典的 MSC 标志物，又表达胚胎干细胞标志物、分化能力更强大的亚全能 MSC，这可能是 MSC 中真正的干细胞，鉴定并规模化制备亚全能 MSC 是未来 MSC 研究的重点方向。目前，人们已经建立了骨髓、脂肪、脐带、胎盘和牙髓等来源的 MSC 规模化制备技术体系，新近还从多种组织器官中分离获得了具有一定组织特异性的 MSC，还通过基因编辑技术制备出了多种靶向和特定功能的 MSC，为其用于疾病治疗开辟了新的方向，但这些细胞的定义和鉴定标准尚未达成专家共识。总之，国际细胞治疗协会已经发布了典型 MSC 的鉴定标准，但更精准地识别和鉴定组织特异性 MSC 和高效能 MSC 亚群还值得深入研究。

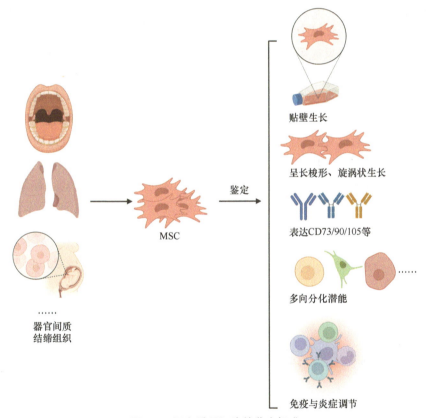

图 3-1　间充质干细胞的鉴定标准

二、间充质干细胞的主要生物学特性

　　MSC 具有独特的生长形态、强大的增殖和多向分化能力、特定的表面标志物表达、丰富的旁分泌功能、显著的免疫调节作用、定向归巢特性、参与组织损伤修复等多种生物学特性。根据 MSC 的生物学特性，我们可以从不同的组织中分离获得 MSC，利用其生物学特性可以识别和鉴定 MSC。依据 MSC 的分化、分泌、免疫调节等生物学特性，人们可以设计出研究其治疗疾病的技术方案，阐明其治疗疾病的原理，为其临床应用扫清障碍，因此，认识 MSC 的生物学特性是发现、制备、鉴定和用于疾病治疗的基础。目前，人们对 MSC 的生物学特性已经有了较多的认识，并利用 MSC 的生物学特性发现了数十种不同来源的新型 MSC，建立了大规模制备技术体系，初步实现了产业化，证实了其对许多涉及组织损伤、炎症和衰老退变性疾病的治疗有明确疗效，使其逐渐成为再生医学疗法和组织工程移植的理想种子细胞。

MSC 主要有以下生物学特性（图 3-2）：①具有强大的增殖能力，可以在体外大量扩增、多次传代并获得批量用于患者的标准化产品；②具有多向分化潜能，在适宜的体内或体外环境下，间充质干细胞具有向肌细胞、肝细胞、成骨细胞、软骨细胞、脂肪细胞、基质细胞和神经细胞等多胚层来源的组织细胞分化的潜能，利用这一特性，MSC 可以用于治疗骨骼和心血管缺陷以及其他各种退化性疾病与组织损伤；③具有较强的免疫抑制特性，可用于治疗移植免疫排斥反应、自身免疫性疾病等，在骨髓移植后输注 MSC 可大大降低免疫排斥反应，提高患者存活率，减少移植诱发的炎症性组织器官损伤，利用 MSC 抑制 T 淋巴细胞、B 淋巴细胞增殖，诱导巨噬细胞从促炎表型分化为抗炎表型，具有抑制炎症反应等功能，可治疗多发性硬化症、肌萎缩侧索硬化和自身免疫性肝肾疾病等；④具有靶向归巢能力，外源性输入的 MSC 具有向损伤组织、炎症部位迁移的特性，其原理是损伤组织释放的趋化因子能够吸引 MSC 靶向迁移并参与组织损伤修复，MSC 还有向恶性肿瘤组织迁移的能力，这可能与肿瘤组织细胞坏死诱发的炎症反应有关；⑤具有低免疫原性，MSC 不仅不表达或低表达引起免疫反应的相关抗原，还可以抑制 T 淋巴细胞、B 淋巴细胞、树突状细胞和巨噬细胞的成熟与功能，因此，自体或同种异体的 MSC 治疗一般不会发生明显可见的免疫排斥反应；⑥具有旁分泌作用，

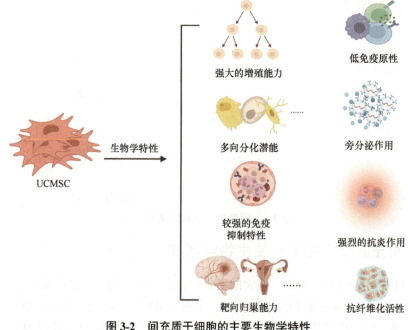

图 3-2　间充质干细胞的主要生物学特性

MSC 可分泌生长因子、肝细胞生长因子（HGF）、表皮生长因子等多种细胞生长因子和外泌体，外源性输入的 MSC 可在体内动态分泌上述因子，促进损伤组织的原位细胞分裂增殖，从而修复组织损伤；⑦具有强烈的抗炎作用，MSC 可显著抑制炎症因子如白细胞介素-1β（interleukin-1β, IL-1β）、肿瘤坏死因子 α（TNF-α）和白细胞介素-8（IL-8）的分泌，减轻炎症和氧化应激反应，抑制细胞凋亡，这一特性可用于各种炎症性疾病，特别是类风湿性关节炎、创伤感染系统性炎症等；⑧抗纤维化活性，MSC 可刺激纤维化相关细胞凋亡和肝细胞生长因子等因子的分泌，通过调节相关信号通路和促进血管重构，发挥抗纤维化作用；⑨可调控基因修饰与转录，外源性 MSC 输入体内后，可通过分泌因子的作用诱导 DNA 甲基化修饰模式向年轻化方向改变，从而间接调控基因转录与表达谱也向年轻化方向漂移，表明 MSC 治疗具有一定的延缓或逆转衰老的作用，MSC 诱导基因甲基化修饰模式改变也可能是其发挥修复组织损伤作用的重要机制。此外，还有研究发现，MSC 的分泌因子还具有修复 DNA 损伤的作用，其分泌因子中还含有少量抗菌肽，这也可能是其治疗疾病的机制之一。

三、人脐带间充质干细胞的来源

人脐带间充质干细胞（human umbilical cord mesenchymal stem cell，h-UCMSC）是从新生儿脐带组织中分离获得的一种具有自我更新能力、多向分化潜能和较强免疫调节功能的间充质类成体干细胞。脐带是胎儿时期连接母体与胎儿的条索状组织，一端连接于胎儿腹壁的脐环，另一端连接于胎盘的胎儿面，脐带内含 2 条脐动脉、1 条脐静脉。脐带最早由羊膜包卷着尿囊和卵黄囊的柄状伸长部而生长形成，随着卵黄囊的逐渐退化，脐血管逐渐形成，血管周围可见疏松的胶状间充质。脐带呈灰白色，长度在 30～70cm，平均长度约 50cm，直径在 1.5～2cm，重量在 60～140g。脐带的功能是作为母体与胎儿间气体交换、营养物质供应和代谢产物排出的通道，脐动脉管壁较厚、管腔较小，脐静脉管壁较薄、管腔较大。脐带的解剖结构由三部分组成：脐带的最外层由羊膜被覆上皮覆盖，脐血管位于中央，位于两者之间的是黏液结缔组织，该组织由英国解剖学家 Thomas Wharton 于 1656 年最先描述，被称为华通胶（Wharton's jelly），华通胶对脐血管起支撑和保护作用。华通胶中存在着一种成纤维样细胞，该细胞具有自我更新、增殖和多向分化潜能，被称为 h-UCMSC。脐带组织中富含间充质、神经及内皮等多种干细胞，其中，h-UCMSC 的来源分 3 种：华通胶、脐血管周围、脐静脉血管内皮下，3 种来源的 h-UCMSC 具有相似的生物学特性，但其转录特征存在一定差异，相比较而言，来源于脐血管周围的 h-UCMSC 具有更强大的生长能力和分化潜能（图 3-3）。采用组织块贴壁培养法和酶消化法可以从上述组织中分离获得高纯度的原代 h-UCMSC，这种细胞具有较强的分裂增殖能力，经过反复传代培养可获得大批量均一性较好的标准化 h-UCMSC 产品。从一条长 50cm 的脐带中获得的种子细胞传代培养 5～8 次，可获取满足上千患者使用的成品 h-UCMSC。长期以来，新生儿脐带属于医疗废弃物，但自从在脐带组织中发现 h-UCMSC 之后，脐带即变废为宝，成了人类干细胞的新来源。

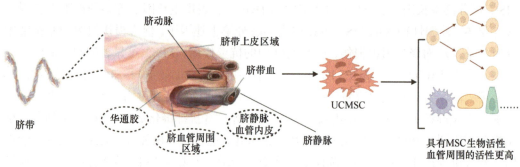

图 3-3　人脐带间充质干细胞的来源

四、脐带间充质干细胞的生物学功能

在脐带组织之中，UCMSC 主要起支撑作用，其参与构成脐带组织结构，为血管等成分提供支撑，并分泌基质和生长因子等物质，以营养脐带组织。UCMSC 最主要的生物学特性是具有自我更新和多向分化潜能，利用其自我更新的特性可大量制备获得均一性和生物活性较好的 UCMSC，而利用其多向分化潜能可以治疗各种组织损伤、衰老退变、自身免疫性疾病与炎症和放射损伤等疾病。UCMSC 在疾病治疗和发育生物学研究中的生物学功能（图 3-4）是：①可分化为神经细胞、肌细胞、内皮细胞、肝细胞、胰腺细胞、骨细胞、软骨细胞、脂肪细胞等多种类型的功能细胞，用于各种组织损伤、退行性疾病的治疗；

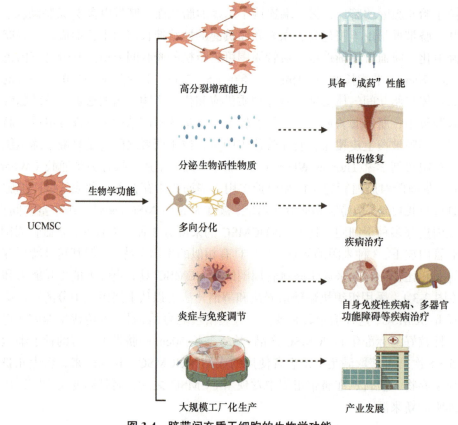

图 3-4　脐带间充质干细胞的生物学功能

②可分泌外泌体与数百种涉及细胞生长、分化和代谢的生物活性因子，可用于促进损伤退变组织细胞生长与调节人体内环境的平衡和稳定；③具有调节炎症与免疫平衡的功能，可抑制过强的免疫与炎症反应，提升过弱的免疫与炎症反应，使其维持相对稳定的水平；④具备"成药"性能，一条脐带可以在体外培养出满足数以万计的临床患者治疗需要的标准化 h-UCMSC 产品，鉴于 h-UCMSC 对疾病治疗及健康保健的重要性和可行性，h-UCMSC 的基础研究与临床研究受到了研究者的高度重视，研究进展十分迅速，国内已实现大规模、工厂化、智能化生产并形成产业，截至 2024 年，已有 20 多项 h-UCMSC 新药获批进入临床研究，有 80 余项 h-UCMSC 临床研究方案正在实施中，预计 h-UCMSC 新药将成为优先进入临床应用的成体干细胞产品之一。

◆ 第二节　脐带间充质干细胞的可塑性与组织损伤修复

一、脐带间充质干细胞的可塑性

UCMSC 的可塑性是指具有多向分化潜能，可以在体外被定向诱导分化为神经细胞、肌肉细胞、骨细胞等多种成熟的成体组织细胞，外源性输入患者体内的 UCMSC 可以迁移至损伤组织并分化为相应组织类型的功能细胞，不仅可以实现组织细胞替代修复，还可以通过分泌因子促进组织损伤修复。UCMSC 的可塑性主要体现在以下方面（图 3-5）：①在体外培养条件下，可通过加入特定的诱导因子将其诱导分化为神经细胞、肌肉细胞、骨细胞、软骨细胞、脂肪细胞、胰岛细胞等多种类型的功能细胞；②将 UCMSC 移植到体内各个组织之中，它可以在组织微环境的诱导下，向相应组织类型的成熟细胞分化并整合于组织之中，临床医生可利用这一特性使用 UCMSC 来修复各种组织损伤；③在特定的微环境条件下，UCMSC 可以跨胚层多向分化，传统认为，成体干细胞的分化有胚层限制，分别来源于外胚层、中胚层、内胚层的干细胞只能向相应胚层来源组织的成熟细胞分化，但越来越多的研究发现，来源于中胚层的 UCMSC 可跨越胚层限制，分别向来源于内胚层与外胚层的组织细胞分化，如分化为神经细胞、肝细胞、肾细胞等；④与其他来源的干细胞相比，UCMSC 的分化潜能可能没有从发育早期的胚胎中分离获得的胚胎干细胞强大，但与来源于中老年人组织中的干细胞相比，其生长和分化能力更强大。

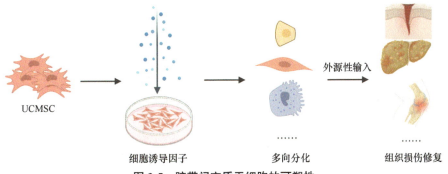

图 3-5　脐带间充质干细胞的可塑性

二、脐带间充质干细胞可塑性的机制

UCMSC 的可塑性本质是由其染色体的表观遗传特性、遗传基因的修饰模式、开放与关闭表达的基因阵列决定的。人体的遗传学基础是 DNA 分子中的核苷酸序列和基因的有序排列组合，基因组的结构与组成模式来源于父母，是固有的、先天性的。一个人的外貌特征、性格特点是由遗传基因决定的，不同的人在外貌特征、性格特点、智力等方面千差万别，这都是遗传基因的组成、结构及表观遗传修饰不同所致。不同人之间的基因组成与结构具有高度相似性，外貌和个性差异主要源于少部分基因结构与排列方式的差异，基因的表观遗传修饰模式不同导致的基因表达谱差异可能也发挥了重要作用。人们把基因修饰及其导致的个性差异称为表观遗传学，它是指基于非基因序列改变所致的基因表达水平变化，已知的基因修饰方式有 DNA 甲基化（DNA methylation）、基因组印记（genomic imprinting）、母体效应（maternal effect）、基因沉默（gene silencing）、核仁显性、休眠转座子激活和 RNA 编辑（RNA editing）等。表观遗传修饰的功能主要表现在以下方面：①人体内有 270 余种不同类型的组织细胞，这些细胞在遗传基因的结构上完全一致，但其表型特征和功能千差万别，这是因为分布于不同组织之中的细胞受组织微环境的影响，一些遗传基因开放表达，而另外一些基因处于关闭状态，也就是说不同类型的细胞之间的形态、结构与功能差异是表观遗传修饰不同导致基因表达谱不一致的结果；②同一个人在不同年龄阶段、不同生活环境、不同教育背景等条件下，其性格特点、思维能力、智力水平等会发生改变，其原因是遗传基因的开放与关闭表达谱发生变化；③孪生兄弟、姐妹在遗传基因的结构、组成上完全一致，但如果生活方式、生活环境、接受教育程度等不同，其性格特点、思维能力甚至外貌均可发生变化，这也是表观遗传修饰谱改变的结果。在上述三种情况下，遗传基因的组成、结构均没有发生变化，只是细胞外部环境的变化导致了基因的开放与关闭模式改变，进而导致基因结构完全一致的细胞和个体在不同环境中呈现出千差万别的表型与功能。因此，表观遗传修饰模式是决定人体和细胞某些遗传特征是否呈现的基础，表观遗传修饰模式的变化最终诱使基因表达谱和细胞的功能状态发生改变，是细胞结构与功能差异的决定因素（图 3-6）。

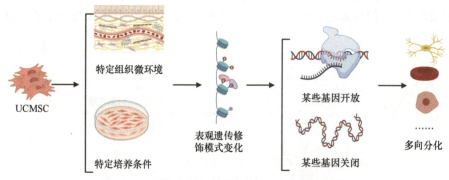

图 3-6　脐带间充质干细胞可塑性的遗传学基础

h-UCMSC 的可塑性取决于其表观遗传学特性和基因关闭与开放表达模式，同时也是其所处脐带组织微环境所决定的。h-UCMSC 在细胞谱系分化上处于未完全分化成熟状态，一些在人体生长发育早期开放表达的基因尚未完全关闭，如 *Nanog*、*Oct3/4* 等，而一些涉及衰老的基因，如 *p16*、*p21*、*p53* 等尚处于关闭状态，因此展现出高生长活性和多向分化潜能。研究发现，转入一些发育早期相关的基因组可提高 h-UCMSC 的干性，甚至可以使已经衰老的细胞年轻化，而蛋白去乙酰化可以加速 h-UCMSC 的衰老和抑制其增殖能力。有研究表明，一种新型组蛋白脱乙酰酶抑制剂（HDACi）可以抑制 h-UCMSC 的衰老并促进其增殖。组蛋白脱乙酰酶（HDAC）不仅可调节端粒酶的逆转录酶的活性，促进八聚体结合转录因子 4、C-X-C 趋化因子受体 4、碱性磷酸酶和骨桥蛋白基因中的组蛋白 H3 乙酰化与甲基化，还可以影响组蛋白 H3 赖氨酸 9 或组蛋白 H3 赖氨酸 14 乙酰化和组蛋白 H3 赖氨酸 4 二甲基化，从而增强 h-UCMSC 的多能性和增殖基因的 mRNA 转录并抑制 h-UCMSC 的自发分化。总之，h-UCMSC 具有可塑性的根本原因是其涉及生长发育的相关基因处于开放表达状态，而一些涉及细胞衰老的基因处于关闭状态，因而使其处于生长分化的早期阶段并具有一定的分化潜能。

三、脐带间充质干细胞可塑性的意义

鉴于 UCMSC 具有多向分化潜能及分泌外泌体和细胞生长因子等功能，可将其用于各种涉及组织细胞变性、坏死的疾病治疗。UCMSC 可塑性的意义主要是用于疾病治疗和发育生物学研究，具体如下（图 3-7）：①直接将 UCMSC 定位移植于损伤组织中，利用组织微环境诱使其分化为损伤组织的功能细胞；②在体外将其诱导分化为成熟的功能细胞后再移植到损伤组织中，目前国内外文献中记载的由 UCMSC 在不同培养基中定向分化成的细胞种类已达 18 种；③将特定的干细胞诱导分化基因导入 UCMSC，使其迁移到损伤组织后可以定向分化为损伤组织的功能细胞，确保外源性输入的 UCMSC 在损伤组织能够按预定方向分化；④将 UCMSC 装载上某些特定功能基因或抗体、药物，用于遗传病和恶性肿瘤的治疗，目前大部分关于 UCMSC 定向诱导分化、基因编辑和携带药物的研究尚处在临床前研究阶段，对于向某一特定功能细胞的分化，还需要进一步优化建立稳定性、重复性好的诱导分化条件，以获得高纯度、高活性和足够数量的诱导细胞。值得注意的是，外源性输入的 UCMSC 在患者体内的存活时间较短，大部分外源性 UCMSC 在体内的存活时间不超过 2 周，虽然有少量的 UCMSC 存活较长时间，但这究竟是与体内细胞融合后形成的新细胞，还是其分化为成熟的功能细胞后长期存活仍需进一步研究。多数研究结果显示，UCMSC 治疗疾病的作用主要依赖于其分泌的细胞因子及外泌体促进了损伤组织的原位细胞分裂增殖，并不主要因为 UCMSC 分化为成熟细胞发挥作用。在未来的研究中，仍需要示踪外源性输入的 UCMSC 在体内的演变过程和规律，不断改进现有的诱导技术，使诱导分化的方法更加简便、高效，生物效应更稳定，成本更低，只有通过基因编辑技术培育出能够在体内长期存活的通用型 UCMSC，才能科学利用 UCMSC 的可塑性治疗疾病。UCMSC 在人类疾病治疗研究中已经显示出了良好的应用前景，相信使 UCMSC 在体内长期存活的技术问题在未来一定可取得突破性进展，利用 UCMSC 卓越的可塑性，可能会给许多目前难以治愈的疾病带来新的希望。

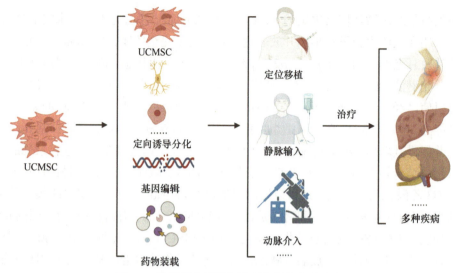

图 3-7 脐带间充质干细胞可塑性的临床意义

四、脐带间充质干细胞的基因修饰与表达

遗传基因是带有遗传信息的 DNA 片段，DNA 序列直接以其自身结构代表的遗传信息为模板通过转录、表达发挥作用或参与调控遗传信息的表达。UCMSC 中的基因总数与人类细胞固有的数量一致，编码蛋白质的基因在 2 万～2.2 万个，有些基因存在重复序列，估计能够表达蛋白质的基因在 2.5 万～3 万个。与 UCMSC 的多能性相关的干性基因有 16 个：*Oct3/4*、*Nanog*、*Sox2*、*E-cadherin*、*α-fetoprotein*、*GATA-4*、*HNF-3β*、*FoxA2*、*PDX-1/IPF1*、*Sox17*、*Otx2*、*HCG*、*Snail*、*VEGFR2/KDR/FIK-4*、*GSC*、*P63/TP73L*。UCMSC 的干性维持、生长分化相关基因处于开放状态还是关闭状态取决于 UCMSC 的生长环境及其与周围细胞之间的相互作用，相关基因的开放与关闭受 DNA 甲基化修饰模式的影响，而 UCMSC 的生长分化相关基因的开放与关闭受细胞内外环境因素的调控。一般来说，启动子区域的基因处于高甲基化时则所调控的下游基因处于关闭表达状态，而启动子区域的基因去甲基化和低甲基化时则所调控的下游基因处于开放状态，功能基因本身的甲基化状态对其表达的影响相对复杂，依赖于甲基化位点。UCMSC 开放表达一系列与细胞生长、分裂和增殖相关的基因，如 *CD90*、*CD105*、*CD106*、*CD73* 等，DNA 甲基化修饰状态不仅影响细胞的分裂增殖，而且可能还是决定其分化方向的关键因素。在体内组织微环境中的 UCMSC 处于相对稳定的基因开放与关闭状态，处于不同组织微环境中的 UCMSC 具有相似的基因甲基化修饰模式及表达谱，但可能也存在一定的表观遗传差异。例如，存在于脐血管周围、华通胶中的 UCMSC 的单细胞转录谱有一定差异，其中，脐血管周围的 UCMSC 具有更强的生长和分化活性。在体外培养条件下，UCMSC 的基因修饰模式和干性受环境因素的影响较大，容易随培养时间的延长和传代次数的增加而自动分化与衰老，但我们可以通过改变某些关键因素，例如，添加特定的细胞生长因子或诱导细胞分化的因子，诱导 UCMSC 的 DNA 甲基化修饰模式改变，进而使某些基因开发或关闭表达，从而达到促进生长、维持干性和定向诱导分化为特定功能细胞的目的，甚至可以诱导 UCMSC 逆

向分化为干性更强、分化潜能更大的干细胞（图 3-8）。

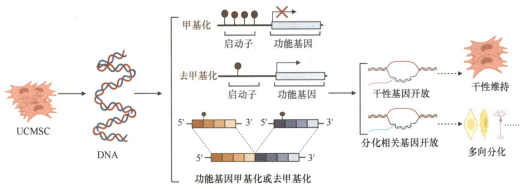

图 3-8　脐带间充质干细胞的基因修饰与表达

五、脐带间充质干细胞的靶向归巢特性

从静脉输入体内的 UCMSC 可以向炎症和损伤组织靶向迁移，并与损伤组织整合，在相应组织的微环境中生长分化，参与组织损伤修复。UCMSC 用于组织损伤修复治疗是一种再生、替代治疗模式，好比用材料来修复组织损伤一样，需要通过外科手术将材料移植于损伤部位，而 UCMSC 则可以通过静脉输入靶向迁移至损伤组织发挥再生修复作用，不需要实施外科手术，这是其用于组织损伤性疾病治疗的优势，但需要有足够数量的 UCMSC 进入损伤组织才能达到治疗效果。在正常情况下，血管是一道生理性屏障，一些大分子药物难以透过血管屏障到达病变组织，尤其是脑组织中的血脑屏障，其屏障作用更为突出，UCMSC 能从血液循环进入损伤或炎症组织是由 UCMSC 和损伤组织两方面的特性决定的（图 3-9）。一方面，损伤组织通常会释放一些炎症因子、趋化因子等分散于病变和周边组织，这些因子在损伤中心浓度最高并以浓度梯度递减方式向周围扩散，具有吸引 UCMSC 向损伤组织迁移的作用。另一方面，UCMSC 的表面有识别上述因子并与之结合的受体，从而受炎症因子、趋化因子等吸引而向其配体浓度较高的方向迁移。上述两方面因素加在一起就会形成合力，损伤组织有吸引 UCMSC 迁移的因素，而 UCMSC 具有向损伤组织迁移的趋向，从而促进 UCMSC 向损伤组织释放因子浓度高的地方迁移。在损伤组织释放因子的吸引下，血液循环中流经损伤组织周围血管的 UCMSC 首先接近血管壁并沿血管壁滚动，然后通过黏附分子等与血管内皮细胞接触，进而通过内皮细胞之间的间隙进入组织，进一步向损伤组织迁移。到达损伤组织的 UCMSC 可定植于损伤组织，在其组织微环境的诱导下，可分化为相应组织类型的成熟细胞，且具有相同的形态和功能并与受损伤组织中的原有细胞整合在一起，从而达到修复组织损伤的目的。有许多研究发现，UCMSC 能够表达或分泌一系列干细胞表面标志物、黏附分子及细胞外基质、趋化因子受体、细胞因子等，外源性 UCMSC 到达损伤组织的微血管时，能沿着血管壁滚动，通过选择素、整合素等黏附分子与血管内皮细胞结合，依赖血管细胞黏附分子-1（VCAM-1）和 G 蛋白偶联受体作用，以内皮细胞间的转运或直接穿过单个内皮细胞的方式穿过管壁进入特定组织。当然，除这种直接参与组织损伤修复的方式之外，UCMSC 还可以分泌细胞生长因子、免疫与炎症调节因子和外泌

体等促进损伤组织中的原位细胞分裂增殖，最终促进组织损伤的修复。外源性 UCMSC 在损伤组织中的分布数量、存活时间相对有限，UCMSC 对组织损伤的修复作用可能主要依赖于其分泌的细胞因子和外泌体调节原位细胞生长及抑制急性炎症反应，从而有利于损伤组织中的细胞分裂增殖，因此，UCMSC 实际上可能是一种分泌多种调节因子的信使细胞。

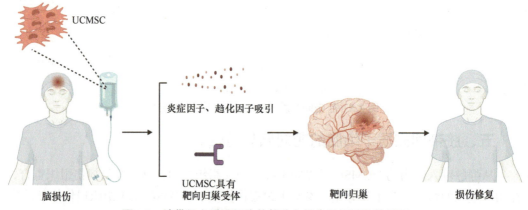

图 3-9　脐带间充质干细胞从静脉向损伤组织迁移的原理

六、脐带间充质干细胞修复组织损伤的机制

UCMSC 直接参与损伤修复只是其在组织损伤治疗中发挥作用的一个方面。基于 UCMSC 的多向分化潜能，临床上将其用于各种涉及组织细胞变性、坏死、缺失导致的组织器官损伤的治疗。UCMSC 除直接参与组织损伤修复之外，还通过分泌细胞因子和外泌体等产生间接作用。UCMSC 对组织损伤的修复作用是其多方面的生物功能协同作用的结果（图 3-10），具体包括以下方面：①向损伤组织归巢和分化为损伤组织的功能细胞而直接参与损伤修复；②通过与免疫细胞直接接触或分泌细胞因子、外泌体等抑制炎症与免疫反应水平而减轻继发性损伤，改善组织微环境，创建有利于组织损伤修复的微环境条件；③分泌细胞因子和外泌体促进原位细胞分裂增殖，促进损伤组织的细胞再生；④其分泌细胞因子还具有抗氧化应激功能，可抑制损伤组织细胞的凋亡和提高自噬能力，减少组织细胞死亡；⑤促进损伤组织微血管再生以改善血液循环，从而为组织损伤修复提供营养条件并及时转运损伤组织中的代谢产物；⑥通过分泌细胞因子间接促进组织细胞的代谢功能，从而有利于组织损伤修复。因此，UCMSC 对组织损伤的修复作用并不主要是 UCMSC 本身直接参与组织损伤修复，而是其多种生物效应协同作用的结果，而且 UCMSC 分泌的细胞因子和外泌体可能在促进组织损伤修复中发挥了决定性作用，因为，外源性输入的 UCMSC 真正到达损伤组织的数量很少，而且是否能够在损伤组织长期存活还值得深入研究。UCMSC 修复组织损伤的机制虽然相对明确，但还有许多深层次机制值得深入研究，特别是 UCMSC 与损伤组织微环境的互作关系、其分泌因子修复损伤组织细胞及调控损伤组织细胞的表观遗传修饰模式、基因表达等。

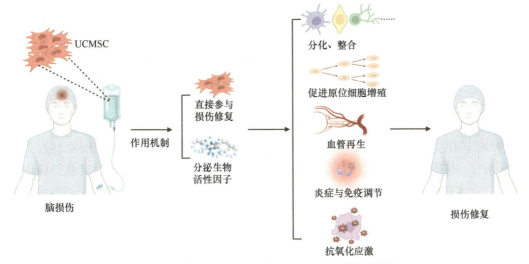

图 3-10　脐带间充质干细胞促进组织损伤修复的原理

七、脐带间充质干细胞用于疾病治疗的优越性

UCMSC 来源方便，体外扩增相对容易，扩增效率较高，免疫原性低，用于患者自身疾病治疗相对安全且没有伦理争论，患者比较容易接受，临床应用的可行性较高，具有明显的成药特征，可以实现标准化、工厂化、大规模生产，因此，其产业化和临床应用比其他来源的干细胞更具有优越性。

与骨髓、脂肪、牙髓等来源的间充质干细胞相比，UCMSC 来源于新生儿脐带，可在体外分离、扩增培养和分析鉴定后进行低温长期储存，这种来源的 UCMSC 可以提供给自己、直系亲属使用，也可以经捐献者知情同意后提供给社会使用。UCMSC 的优越性具体表现在以下方面（图 3-11）：①新生儿脐带属于医疗废弃物，取材方便，原材料来

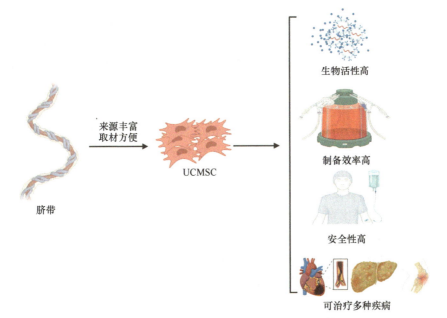

图 3-11　脐带间充质干细胞治疗疾病的优势

源十分丰富；②均一性及生长、分泌和分化等生物活性相对较高，而其他来源的间充质干细胞可能因为年龄、疾病、药物治疗、饮食习惯等因素的影响差异较大，而 UCMSC 则不受上述因素的影响；③制备效率高，脐带组织中的 UCMSC 含量十分丰富，一条脐带可制备出满足成千上万患者治疗需求的 UCMSC 制剂，且具有成药特性，可以实现大规模、标准化生产，便于质量控制。基于以上原因，UCMSC 是目前研究与应用最多的成体干细胞之一，在世界各地已经开始形成产业，具有一定规模的 UCMSC 库建设及 UCMSC 转化应用正在快速发展，临床治疗研究正在广泛开展，预计 UCMSC 将在人类疾病治疗、健康保健和老年医学研究与应用中取得突破性进展，凭借其独特优势成为干细胞产业化和临床治疗中其他干细胞难以取代的重要发展方向，发挥其他干细胞难以取代的作用。

◆ 第三节　脐带间充质干细胞分泌因子与组织损伤修复

一、脐带间充质干细胞分泌的因子及其治疗意义

外源性输入到组织器官损伤患者体内的 UCMSC 可在体内动态分泌多种细胞生长因子和外泌体，这些分泌因子在促进损伤组织的原位细胞生长和组织损伤修复中发挥了重要作用。UCMSC 分泌因子同时还具有抑制炎症反应和调节免疫平衡的作用，可以改善损伤组织的微环境和防止继发性损伤，从而有利于组织损伤修复。细胞生长因子的生物学特点是含量低微，但作用巨大，有启动、放大或瀑布性连锁效应。输入体内的 UCMSC 可能持续分泌细胞因子，在 UCMSC 直接参与损伤修复的同时，通过旁分泌或远程分泌调控机制促进损伤组织的原位细胞生长。UCMSC 可分泌以下细胞生长因子（生物活性物质）（图 3-12）：①生长因子类，如血管内皮细胞生长因子（VEGF）、成纤维细胞生长因子（FGF）、HGF、血小板源性生长因子（PDGF）、胰岛素样生长因子（IGF）、角质细胞生长因子（KGF）、转化生长因子（TGF）、胎盘生长因子（PGF）、神经生长因子（NGF）等；②白细胞介素类，如 IL-6、IL-7、IL-8、IL-11、IL-12、IL-14、IL-15 等；③集落刺激因子类，如粒细胞-巨噬细胞集落刺激因子（GM-CSF）、粒细胞集落刺激因子（G-CSF）、巨噬细胞集落刺激因子（M-CSF）等；④趋化因子类，如中性粒细胞趋化因子（neutrophil chemotactic factor，NCF）、单核细胞趋化因子（MCP）等；⑤干扰素和肿瘤坏死因子类，如 IFN-γ、TNF-α、TNF-β；⑥神经营养因子类，如神经营养因子（BDNF）、胶质细胞源性神经营养因子（GDNF）等；⑦酶类，如金属蛋白酶、纤溶酶、环氧合酶、超氧化物歧化酶等。此外，UCMSC 还可分泌一种包含核酸、活性蛋白和酶类等多种成分的外泌体，外泌体在组织损伤修复中对组织细胞的生长、炎症和免疫调控也发挥了重要作用。外泌体也具有成药的特征，大规模制备和纯化 UCMSC 外泌体的技术已经相对成熟，外泌体制剂已经开始上市，其中包括外泌体注射剂、喷雾剂、皮肤损伤修复膜等，随着 UCMSC 及其外泌体制备与应用技术的发展，UCMSC 来源的外泌体将展现出广阔的产业化前景与临床转化潜力。

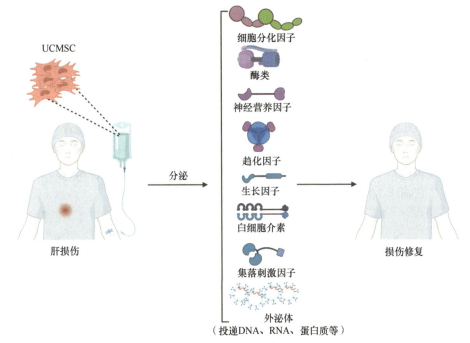

图 3-12　脐带间充质干细胞分泌因子及其在组织损伤修复中的作用

二、脐带间充质干细胞外泌体的生物学特征

外泌体是活细胞释放入细胞外的一种微囊泡，英文名为 exosome（Exo）。外泌体是由活细胞分泌的一种具有脂质双层膜结构的囊泡，呈盘状囊泡样，直径为 30～150nm。外泌体最早于 1983 年在绵羊网织红细胞中被发现，1987 年 Johnstone 正式将其命名为 "exosome"。体外培养的细胞几乎都可分泌外泌体，如干细胞、内皮细胞、免疫细胞、平滑肌细胞等，其中，UCMSC 是分泌外泌体能力最强的细胞之一。外泌体主要来源于细胞内的溶酶体微粒内陷形成的多囊泡体，经与细胞膜融合后释放到细胞外环境中，因此，在血液、唾液、脑脊液和乳汁等体液之中都有外泌体的存在。外泌体的主要生物学意义是执行细胞间的信息传递、细胞内垃圾清理和参与免疫功能调节等。外泌体具有显著的异质性，即不同细胞分泌出来的外泌体在组成成分和功能上有较大的差异性。

UCMSC 分泌的外泌体表面含有丰富的胆固醇、鞘磷脂和神经酰胺、脂筏及信号蛋白，囊泡内部包裹多种 RNA、DNA、蛋白质和脂质等，外泌体主要通过这些活性物质发挥其细胞间信息传递和生物调节的功能。体外培养的同一 UCMSC 分泌外泌体的种类和数量处于动态变化之中，一般随其生物学状态的变化而改变。外泌体的细胞间通信主要是通过外泌体膜与靶细胞膜直接接触、外泌体的膜蛋白与靶细胞的膜受体结合、在细胞外被蛋白酶剪切的外泌体片段作为配体与靶细胞膜上的受体结合 3 种方式激活细胞内的信号通路，进一步调节靶细胞的增殖、分化和生物学功能。UCMSC 分泌的外泌体具有较强的免疫与炎症调节作用，在一些自身免疫性疾病和炎症性疾病环境中，它主要具有抑制免疫细胞的增殖活性、降低炎症反应的强度和诱导免疫细胞凋亡等作用，从而达到抑制炎症、控制疾病发展、减轻临床症状的作用。UCMSC 外泌体还具有促进组织细胞增殖、分化和促进损伤修复等作用，在临床上可用于由创伤、感染、炎症、中毒、缺血、退变等导致的组织细胞变性、坏死而引起的各种疾病的治疗（图 3-13）。目前，国内外已经明确了 UCMSC 的主要生物学特性，建立了 UCMSC 外泌体的大规模制备技术并获得了标准化产品，开展了 UCMSC 外泌体针对炎症、过敏及一些组织损伤性疾病的动物模型治疗研究，并显示出了良好的疗效，其结果与采用 UCMSC 治疗的疗效有一定相似性，说明外泌体可能是 UCMSC 发挥治疗作用的重要机制之一。随着对 UCMSC 外泌体研究的深入和相关技术的发展，UCMSC 来源的外泌体将有望成为一种新型生物药品，不仅可在衰老退变、组织损伤和炎症性疾病的治疗中发挥积极作用，而且可能优先于 UCMSC 在临床上广泛推广应用。

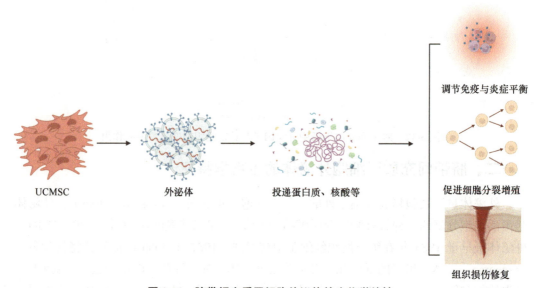

图 3-13　脐带间充质干细胞外泌体的生物学特性

三、脐带间充质干细胞外泌体在疾病治疗中的作用

外泌体（exosome）是一种由真核细胞的多泡体（multivesicular body，MVB）与细胞膜融合后释放到细胞外环境中的纳米量级的膜性小囊泡，其内含有不同种类的蛋白质、脂质、mRNA、微 RNA（microRNA，miRNA）、信号分子等具有生物学活性的物质，较易与邻近细胞的细胞膜发生融合，将生物学活性物质选择性地递送至受体细胞，在不同细胞间进行信息传递，调节细胞间的信号传导并发挥多种生物学功能。有文献报道，移植入体内的间充质干细胞能够通过旁分泌生物学活性物质——外泌体，进而通过促进损伤组织中的细胞分裂增殖，调节炎症与免疫平衡，改善损伤组织的微环境结构与功能等发挥促进组织损伤修复的作用。外泌体发挥组织损伤修复的作用主要体现在以下几方面（图 3-14）：①促进损伤组织中的细胞自噬与增殖能力，抑制组织细胞凋亡；②调节炎症与免疫平衡，改善损伤组织微环境，防止继发性炎症损伤，从而有利于损伤修复；③促进损伤组织的微血管生成，改善损伤组织的营养供应和排出代谢产物，从而有利于损伤组织的细胞再生；④投递和释放 DNA、mRNA、miRNA、蛋白因子等，调节基因

转录与表达、细胞生长、炎症与免疫平衡等，促进损伤组织细胞的分裂增殖。总之，UCMSC 的外泌体作为一种传递介质，在蛋白质、mRNA、miRNA、长链非编码 RNA（lncRNA）等水平，将特定的内容物传递至损伤组织中，激活或抑制某些信号蛋白或信号通路，通过调节细胞增殖、凋亡、血管再生以及免疫等多种途径发挥促进组织损伤修复的功能。因此，外泌体可能是 UCMSC 发挥促进组织损伤修复作用的关键因子。UCMSC 外泌体具有成药性高的特点，可以从大规模制备 UCMSC 的上清液中批量获得，目前国内已经建立了 UCMSC 外泌体的制备技术规范及质量鉴定标准，以 UCMSC 外泌体为主要有效成分的临床型制剂已经在皮肤损伤、骨关节退变、自身免疫性疾病治疗及医学美容研究中证实具有良好的疗效，即将成为一种高效的组织损伤治疗新药。

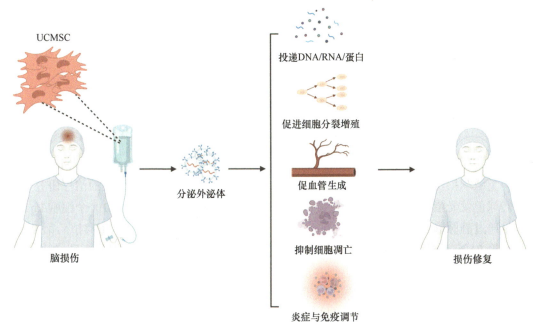

图 3-14　UCMSC 外泌体在组织损伤修复治疗中的应用

四、脐带间充质干细胞与其分泌因子对组织损伤的修复作用

在胚胎发育过程中，UCMSC 的主要作用是组成脐带的血管外成分，分泌胶原蛋白、透明质酸、生长因子等，对脐带内的血管起保护和营养支持作用。从脐带组织中分离获得并大量扩增后的 UCMSC，可用于组织损伤的修复治疗，其机制是直接参与损伤修复、分泌细胞因子促进损伤修复、调节炎症与免疫、促进血管再生等。国内外关于 UCMSC 对人类疾病动物模型的治疗实验和临床研究结果均显示，UCMSC 在组织损伤患者体内的生物效应及机制如下（图 3-15）。

UCMSC 直接参与损伤修复：在一些全身性损伤（放射性损伤、系统性红斑狼疮、创伤性多器官功能不全）和局部创伤等涉及组织细胞变性、坏死、缺失的疾病治疗中发现，不论是通过浅表静脉输入、血管介入、腔隙注射还是定位移植的 UCMSC，都可见部分细胞迁移、归巢至损伤组织中，定植于损伤组织中的 UCMSC 可在组织微环境的诱导下分化为相应组织类型的功能细胞并整合于损伤组织之中，参与损伤组织的结构重

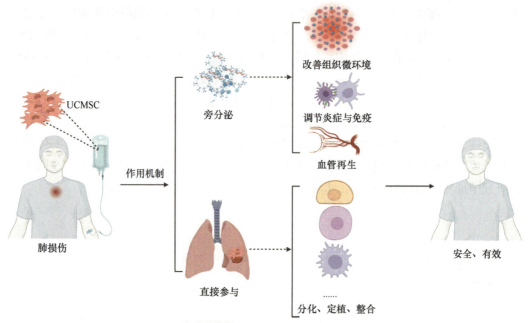

图 3-15　脐带间充质干细胞与其分泌因子对组织损伤的修复作用

建，而没有组织损伤的健康对照动物体内几乎未见 UCMSC 的分布，说明 UCMSC 直接参与了组织损伤修复。在关于 MSC 治疗全身性放射损伤灵长类动物模型的治疗研究中，将转绿色荧光蛋白（GFP）基因标记的自体和异体 MCS 按 $1.7\times10^7\sim3\times10^7$ 个细胞/kg 的剂量通过静脉输入经致死剂量（1000cGy）全身照射的猕猴体内，分别于移植后第 9 个月和第 21 个月时取 16 种组织，利用 PCR 技术检测组织中的 GFP 基因表达量，结果发现，输入的自体和异体的 MSC 均在多种组织有分布，分布模式一致，在肠组织中分布比例最高，在肝、肾、肺、胸腺、皮肤组织中也有较高比例的移植细胞存在，分布比例在 0.1%～2.7%，输入 MSC 的数量越多分布比例越高，而在未照射的对照猕猴体内未见GFP 标记的 MSC 分布。另外，将 UCMSC 输入系统性红斑狼疮小鼠和树鼩模型体内，通过小动物活体成像技术结合免疫组织化学染色分析发现，UCMSC 可分布于肝、肾、皮下等自身免疫损伤组织，同时可见相应组织的结构与功能改善，说明体外输入的UCMSC 不仅可分布于损伤组织，还同时发挥了损伤修复作用。总之，关于 UCMSC 及脂肪、骨髓来源的 MSC 能在体内迁移、分布且定植于损伤组织并分化为损伤组织类型的功能细胞从而促进损伤修复的研究报道较多，有充分的体内研究证据证实，外源性MSC 具有直接参与损伤修复的功能，但是体外输注的 MSC 在体内损伤组织中的分布与定植的数量有限，分化方向决定于组织微环境的组成因素，而且存活时间相对较短，其在损伤组织中的演变过程和规律尚不十分清楚，因此其促进损伤修复的作用到底有多大，还需要进一步证实。

　　UCMSC 分泌因子促进损伤修复：越来越多的研究证据显示，UCMSC 促进组织损伤修复有直接参与和分泌细胞因子、外泌体等促进原位细胞再生两种机制同时存在，二者起协同作用，而且分泌因子的作用至关重要。体外输入到组织器官损伤动物或患者体内的 UCMSC 可分泌多种因子，这些因子包括细胞生长因子、免疫调节因子、外泌体、生物合成与分解酶等，它们在促进损伤组织中的原位细胞生长和促进组织损伤修复中发挥了积极作用。不论是在体外培养条件下，还是输入到体内后，UCMSC 均能分泌 400多种蛋白或多肽类细胞因子，其中包括 20 多种促进细胞生长的因子，这些因子可能对 UCMSC 治疗的疗效发挥了关键作用。对不同来源的 MSC 的分泌功能进行比较分析发现，UCMSC 分泌干细胞生长因子、血管内皮生长因子、神经生长因子等的功能比其他来源 MSC 的分泌功能更强，促进细胞生长的作用更强大。UCMSC 还分泌一种包含核酸、蛋白质及其他多种生物活性成分的外泌体，其对促进细胞的生长、调控炎症和免疫也发挥着重要作用。目前还没有具体的研究证明 UCMSC 直接参与组织损伤修复的功能比分泌因子的作用更强大，但可以肯定的是，UCMSC 通过分泌生长因子、免疫调节因子和外泌体促进组织损伤修复是 UCMSC 治疗许多疾病的关键机制。越来越多的研究证据显示，UCMSC 的分泌因子可能通过促进原位细胞生长、调节炎症与免疫、抑制细胞凋亡、促进细胞自噬等促进组织损伤修复的作用比 UCMSC 本身直接参与组织损伤修复的作用更强大。

五、脐带间充质干细胞治疗的免疫排斥反应

UCMSC 用于疾病治疗具有通用性，理论上可以选择同种异体来源的合格 UCMSC产品对炎症、自身免疫性疾病、组织损伤、中毒、代谢异常和衰老退变等多种疾病进行治疗，甚至对一些原因不明的感染性疾病和脓毒血症也有良好的治疗效果。在临床治疗实践中，采用自体来源的 UCMSC 治疗疾病时，由于其遗传背景完全一致，不会发生免疫排斥反应，而且可能在体内长期存活。采用异体来源的 UCMSC 对疾病进行治疗，一般不会发生明显可见的免疫排斥反应，也就是说使用 UCMSC 治疗疾病，一般不需要像造血干细胞移植那样进行基因配型，只有找到基因型相合或接近的细胞才能进行治疗。在动物疾病治疗实验中，同种异体的 UCMSC 治疗也未见明显的免疫排斥反应，即便是将人的 UCMSC 输入鼠、犬、猴等动物体内，也没有发现明显可见的免疫排斥反应。UCMSC 治疗不出现免疫排斥反应的主要原因在于 UCMSC 呈低免疫原性，低表达或不表达引起免疫反应的抗原分子，即低表达主要组织相容性复合体（MHC）- Ⅰ类抗原人类白细胞抗原-A（human leucocyte antigen，HLA-A）和 HLA-B，不表达 MHC- Ⅱ类抗原 HLA-DR（图 3-16）。有研究通过动物实验观察了经尾静脉多次输入异种和同种异体 UCMSC 后的小鼠活动情况及有关症状，结果显示，实验过程均未发现移植后的急性免疫排斥反应，提示异种和同种异体的 UCMSC 均不刺激初始 T 细胞分泌 IL-2 与 γ 干扰素（IFN-γ），不影响初始 T 细胞表达活化分子及 T 细胞增殖，表明 UCMSC 具有良好的免疫耐受性。另外，UCMSC 分泌的免疫调节因子和外泌体具有抑制 T 细胞活化增殖与炎症反应的功能，这也可能是异基因 UCMSC 治疗不发生免疫排斥反应的重要原因。值得注意的是，外源性 UCMSC 输入未见明显可见的免疫排斥反应不等于完全不发生免疫排斥，因为大部分外源性 UCMSC 在体内难以长期存活，可能被巨噬细胞吞噬，也可能因为免疫排斥反应被清除，只是由于 UCMSC 的低免疫原性，不发生明显可见的强烈免疫排斥反应而已。鉴于 UCMSC 治疗的免疫排斥反应微弱，且其对临床上大多数疾病

的治疗均有一定效果，其应用于疾病治疗具有安全保障，患者更容易接受，因此，目前其已在临床研究中广泛应用。

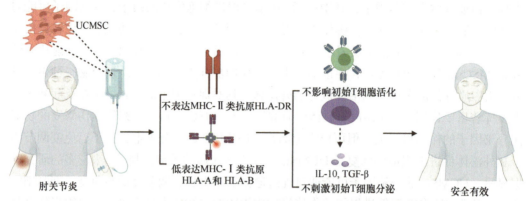

图 3-16　脐带间充质干细胞治疗不发生免疫排斥反应的原因

六、外源性脐带间充质干细胞在体内的存活时间

外源性输入的 UCMSC 在体内的存活时间与所处的组织微环境因素紧密相关。大多数关于 MSC 治疗后在体内存活情况的研究报道主要来源于小动物疾病模型的分析观察结果，因为缺乏高灵敏度、精准、简便可行的体内长期示踪手段，动物实验的观察时间相对较短，不同研究者报道的结果也不尽一致。一般认为，遗传背景基本一致的同品系小鼠同种异体移植 UCMSC 后，其至少可以在体内存活 120 天，同品系的灵长类动物的 UCMSC 异体移植后至少可以存活 70 天（图 3-17），但这些报道都没有进行长期体内追踪研究，实际上在移植后半年还可以在多个器官发现少量 UCMSC。在动物实验中，体内示踪的方法主要是对 UCMSC 进行转入荧光蛋白基因、超顺磁性氧化铁粒子和化学染料标记。常用的方法是预先对 UCMSC 导入绿色荧光蛋白基因进行标记，移植于体内之后可通过荧光蛋白显色动态追踪体内的 UCMSC 的存活与分布情况。在理论上，将荧光蛋白基因导入 UCMSC 后，可以长期示踪 UCMSC 在体内的存活情况，因为外源性荧光蛋白基因可稳定整合于 UCMSC 的基因组中，不会因为细胞分裂增殖而减弱。以病毒载体携带方式导入增强型绿色荧光蛋白（enhanced green fluorescent protein，EGFP）基因的同品系 UCMSC 经尾静脉注射到小鼠体内后，通过活体成像发现，EGFP 标记的 UCMSC 在活体内能够高强度表达 EGFP 并持续数月，而采用质粒载体携带的方式导入 EGFP 基因，EGFP 标记的 UCMSC 能在体内持续表达 1 周以上，表明导入质粒 EGFP 标记的干细胞能够用于短时间追踪 UCMSC 在体内的迁移情况。此外，还有研究发现，移植于小鼠体内的 UCMSC 能够存活 6 个月以上并且广泛表达间充质干细胞表面标志物 CD44，表明部分 UCMSC 可以在体内长期存活，并且可被诱导分化为所在部位相应组织类型的功能细胞。还有研究发现，将 EGFP 标记的人 UCMSC 和食蟹猴的 UCMSC 移植于健康成年食蟹猴体内，通过标记基因示踪，结果发现有少量 UCMSC 能在体内存活半年以上。采用性别错配移植的办法，将雄性动物的 UCMSC 移植到雌性动物的创伤脑组织之内，结果发现移植早期有一个快速增殖过程，之后数量有一定减少，但一年之后

仍有一定数量的 UCMSC 在脑组织中存活，说明移植到脑内的 UCMSC 有部分能够在体内长期存活，但这一结果尚未明确 UCMSC 与受体细胞是否发生了融合导致标记蛋白基因长期表达。还有一些研究结果提示，将 UCMSC 移植于正常动物体内后可以长期存活的数量稀少，而移植入严重组织损伤个体的 UCMSC 可能在损伤组织中的分布更多并可能有个别细胞能够长期存活。关于 UCMSC 在体内的存活时间还需要建立更精准、灵敏的技术方法，才能准确示踪其在体内的分布与存活规律，特别是目前缺乏大动物和人的 UCMSC 无害化标记示踪技术，限制了动态观测 UCMSC 在体内迁移、分布、定植、存活和分化的情况。总之，同种异体移植的 UCMSC 在受者体内的具体存活时间报道不一，其演变过程和规律尚不十分清楚，尽管发现部分 UCMSC 能够长期存活，但是否与受体细胞发生了融合或标记基因发生了转移尚不清楚，外源性 UCMSC 与组织微环境的互作关系及是否真正参与了损伤修复尚有待于深入研究。

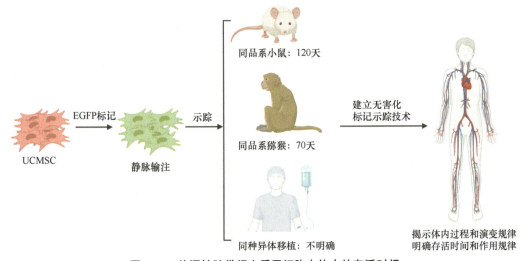

图 3-17　外源性脐带间充质干细胞在体内的存活时间

第四章

脐带间充质干细胞的制备与质量评价

◆ 第一节 脐带间充质干细胞的制备

一、脐带间充质干细胞的制备流程及要求

制备 UCMSC 的原材料是新生儿脐带，而脐带是连接母体与胎儿的纽带，因此用于制备临床使用的 UCMSC 的原材料需要考虑母体和胎儿两个方面的健康状况。在脐带采集阶段，技术人员首先要对产妇进行健康检查，确保脐带无传染性病原携带和母体无遗传性、肿瘤性疾病。一般应在产后立即无菌采集脐带，然后按预定的技术流程和操作规范，在标准化实验室进行体外分离、纯化、扩增、鉴定并获得 UCMSC 中间产品，再利用溶媒、营养物、抗凝剂和冻存保护剂配制成临床型 UCMSC 制剂。根据国家药品监督管理局（国家药监局）和国家卫生健康委员会（国家卫生健康委）关于干细胞制剂及临床试验研究的要求，用于临床治疗的 UCMSC 制剂还需要由第三方权威机构进行质量复核，证明达到临床质量标准，同时还要经过临床前的有效性与安全性评价，证明安全有效后才能用于临床研究与治疗。获取 UCMSC 的基本流程如下（图 4-1）。

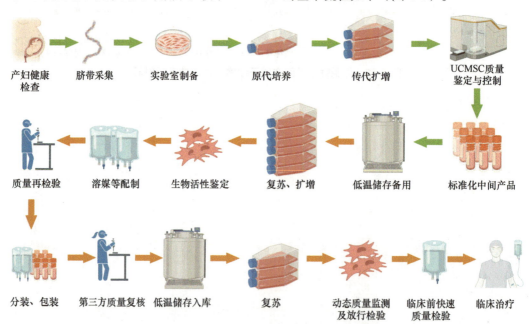

图 4-1 获取脐带间充质干细胞的技术流程

制定技术方案→技术方案伦理审查→签订 UCMSC 捐献知情同意书→产妇健康检

查→无菌采集脐带→转运至制备实验室→分离培养原代 UCMSC→传代扩增→质量鉴定与控制→分装→低温储存备用。在原材料采集和制备过程中的任何条件、操作方法的改变均会影响 UCMSC 制剂的质量，因此，需要制定详细的技术规范，严格技术操作，才能保证其用于临床治疗的有效性和安全性。

以上制备获得并储存的 UCMSC 属于标准化中间产品，在用于临床治疗之前，不仅需要按临床制剂要求进行配制、分装，进行质量检测和第三方质量复核，还需要对合格制剂进行特定疾病治疗的有效性评价和安全性验证，同时还应进行药代动力学分析。UCMSC 制剂与传统药物不同，必要时还需进行活细胞体内示踪和长期存活分析，确保临床使用的安全性。临床适用型 UCMSC 制剂的实验室制备流程如下。

质量检验合格的 UCMSC→复苏、扩增→生物活性鉴定→用溶媒、营养因子、保护剂等配制→质量再检验→分装→包装→第三方质量复核→低温储存→复苏→动态质量监测及放行检验→临床前快速质量检验→临床治疗使用。按照上述技术流程制备出来的 UCMSC 制剂经过临床前快速质量检验合格后可以用于临床治疗，但临床前快速质量检验只能在使用前进行眼观包装损坏、制剂颜色、澄明度状态和简单的细胞活性、污染检查，需要留取少量样本长期储存，以备治疗后的质量追溯。

二、脐带间充质干细胞的制备效率

脐带从妊娠第 5 周开始长出，长至胎儿分娩时约 50cm。脐带的横截面结构分为外被羊膜和内部分化的黏液性结缔组织，结缔组织内除闭锁的卵黄囊和尿囊外，还有脐动脉和脐静脉。脐血管的一端与胎儿血管相连，另一端与胎盘绒毛膜毛细血管续连。脐血管周围被黏蛋白样组织所包裹，后者被称为脐带胶质，或华通胶（Wharton's jelly，WJ）。从华通胶、血管周围组织中可分离获得 UCMSC，不同长度的脐带和不同的分离培养方法获得的原代 UCMSC 的数量级不同。亚洲产妇的新生儿脐带平均长度为 50cm 左右，一般能采集到 40～45cm 长的脐带组织。分离纯化 UCMSC 的方法主要有组织块贴壁培养法、胶原酶消化贴壁培养法和胶原酶/胰蛋白酶消化贴壁培养法。大多数研究者认为，胶原酶/胰蛋白酶消化贴壁培养法能获得更均一的 UCMSC 群，当前大部分研究的 UCMSC 来源于脐带华通胶，通常采用胶原酶消化贴壁培养法，一条长 45cm 的脐带培养 UCMSC 至第 1 代，可以获得 $2×10^8$～$2×10^9$ 个细胞，至少可满足 30 人次的临床治疗使用量。如果采用脐带组织块贴壁培养法培养 UCMSC，培养至第 1 代可以获得 $6×10^8$～$6×10^9$ 个细胞，可满足 50～100 人次的临床使用量。UCMSC 的增殖活性较高，可以在体外多次传代获得大量符合临床要求的 UCMSC 产品，从一条脐带获得的 UCMSC 传代至第 5～8 代，可以生产出满足 5000 人次以上临床使用的标准化 UCMSC 制品。UCMSC 是目前最具有成药性和可实现大规模、标准化、工厂化生产的成体干细胞之一，采用现代封闭式、自动化、智慧化、大规模 3D 制备技术，可以在原代 UCMSC 的基础上进行大规模扩增，一次性获得 10 亿～1000 亿数量级的标准化 UCMSC，这种制备技术不仅实现了 UCMSC 的大规模、工厂化生产，而且减少了人工操作的干扰因素并降低了污染机会，还能大大降低制备成本，使 UCMSC 治疗技术普惠大众成为可能（图 4-2）。UCMSC 新药已经开始上市，UCMSC 库已在全国许多大中城市建成，UCMSC 的自动化、智慧化制备与储存设备已开始应用，其产业链已初步形成并呈快速发展态势。

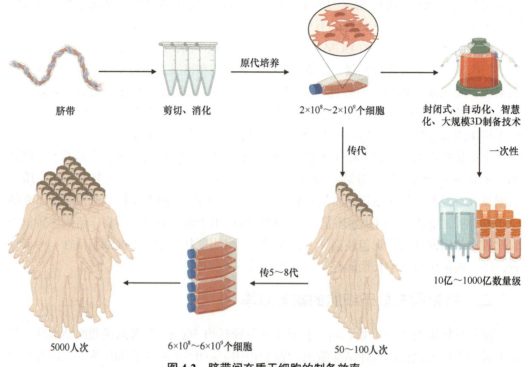

脐带　　　剪切、消化　　　原代培养　　　$2×10^8～2×10^9$个细胞　　　封闭式、自动化、智慧化、大规模3D制备技术

传代

一次性

传5～8代

10亿～1000亿数量级

5000人次　　　　$6×10^8～6×10^9$个细胞　　　　50～100人次

图 4-2　脐带间充质干细胞的制备效率

三、脐带间充质干细胞的持续传代扩增

在体外培养条件下，UCMSC 可以连续生长多少代并保持其生物活性是 UCMSC 大规模、标准化生产中的关键技术问题。UCMSC 的持续传代培养代数需要由分离、扩增的技术方法和条件来决定，而且还与脐带的来源与质量有一定关系。一般来说，按照常规酶消化、贴壁培养方法分离获得的 UCMSC 在体外至少可传代培养 28～33 代且不发生显著的生物特性变化，但传代培养过程中需要添加细胞生长因子和维持干性的相关因子，否则 UCMSC 的生长、增殖及分化潜能等生物活性会随传代次数的增加而呈逐渐降低的趋势。UCMSC 的最佳生长和分裂增殖活性期出现在第 3～8 代。目前，适用于临床治疗的 UCMSC 通常在 1～8 代，随着 UCMSC 扩增培养技术的不断改进和新型干性维持因子的发现，UCMSC 在体外长期培养并维持其生物活性的方法将不断出现，其在体外传代培养并维持其生物特性的代数将不断增加，标准化、工厂化、大规模生产 UCMSC 将成为可能。最新的研究发现，通过模拟 UCMSC 体内生长微环境建立的 UCMSC 体外扩增新技术，可以在不添加细胞生长因子和干性维持因子的条件下，持续传代 10 代以上仍维持较高的生长活性和生物学特性。另外，国内外还建立了基于多孔微载体、中空纤维等新载体的 UCMSC 全封闭、自动化智能扩增培养技术，可以大大缩短大规模获取标准化 UCMSC 的传代次数，一次性扩增可获取满足 16～1600 人次使用的标准化 UCMSC 制品，且能保证 UCMSC 产品的质量（图 4-3）。

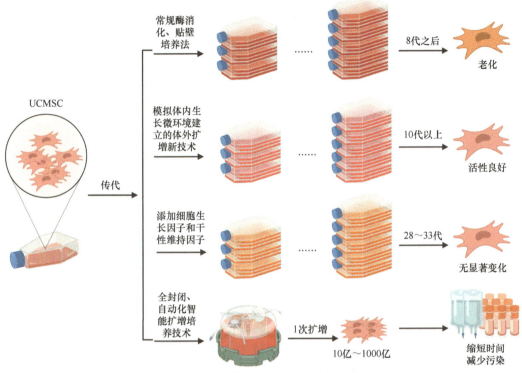

图 4-3 脐带间充质干细胞的体外扩增

四、保存自体脐带间充质干细胞的意义

目前国内外已经建立了许多 UCMSC 库，前期建立的一些造血干细胞库也纷纷扩展了 UCMSC 储存业务。保存自体 UCMSC 的意义有以下几方面（图 4-4）：①用于自体疾病治疗和健康保健，将新生儿 UCMSC 保存下来用于成年后自体疾病治疗，具有完美的组织相容性，不需配型，移植后细胞更容易存活，用自己的干细胞治疗更安全可靠；②提供给直系亲属使用，具有直接亲缘关系的 UCMSC 用于疾病治疗和健康保健是否比其他来源的 MSC 更好尚缺乏临床对照研究，但从遗传的角度讲，可能比其他来源的 MSC 更容易在体内存活和发挥疗效；③可降低成本和风险，购买商业化的异体 UCMSC 用于疾病治疗存在成本高、体内存活时间短和可能传播未知病原等风险，如果使用自体来源的 UCMSC 治疗疾病，则可降低成本及规避遗传突变、病原传播等风险；④用于其他人的疾病治疗，长期储存的 UCMSC 除可以满足自体和直系亲属使用外，还可以捐献给其他疾病患者使用，也可以以商业模式出售给其他人使用，这是 UCMSC 新药研发机构和 UCMSC 库建设与发展的主流方向，这些机构通过收集新生儿脐带并大规模制备成 UCMSC 制剂进行储存和提供给研究、医疗机构使用。UCMSC 库的运行管理和发展模式已在不断创新，个性化、家庭化甚至家族化的 UCMSC 库已经开始在许多 UCMSC 库中形成定制化私人干细胞分库并呈快速发展趋势，许多公益化和定制化私人干细胞库相结合的模式也开始在 UCMSC 库中推行。

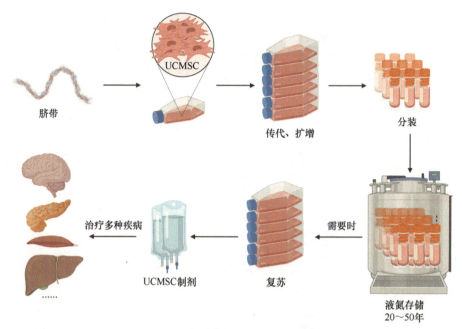

图 4-4　保存脐带间充质干细胞的意义

UCMSC 可以长期保存在-196℃的液氮罐中，在此低温条件下，它可以处于休眠状态，并保持其生长活性和分化潜能，目前的 UCMSC 库一般要求保存 20～50 年，但在理论上，UCMSC 保存百年以上仍有一定的生长活性与分化潜能。低温保存的 UCMSC 在需要使用时，只需要从保存系统中取出，在 40～42℃的温水中迅速复苏即可。人脐带来源的间充质干细胞有相似于骨髓来源间充质干细胞的多系分化能力、免疫调节活性、炎症组织趋向性，储存新生儿 UCMSC 已经成为储存家庭健康和财富的新时尚，也是 UCMSC 库生存和发展的关键要点。长期低温储存的人 UCMSC 不仅可用于骨关节疾病、缺血脑损伤、急慢性肺病、肝疾病和心肌梗死等疾病治疗，还可以促进造血功能，其与造血干细胞联合移植应用于白血病和再生障碍性贫血等疾病的治疗，可显著提高移植成功率和治疗效果，因此储存 UCMSC 受到了社会的广泛关注。

五、新型脐带间充质干细胞的发现

目前，按照常规方法制备获得的 UCMSC 存在均一性和生物活性均不足、对疾病疗效不高等问题。对脐带组织细胞、体外制备获得的 UCMSC 进行单细胞转录组测序和分泌蛋白组分析发现，根据其转录特征可以将 UCMSC 细分为 20 多个细胞亚群，其中每一个亚群的生长特性、表型标志和生物学功能均存在一定差异，个别亚群显示出高增殖和分化活性。随着单细胞分析与筛选技术的发展，人们可以从 UCMSC 亚群中筛选出生长特性和生物活性更高的单个 UCMSC 进行克隆扩增，获得均一性更好、生物活性更高的 UCMSC 制品，从而可以显著提高 UCMSC 的质量和临床治疗的疗效。人们还可以从 UCMSC 亚群中分离获得在调节炎症与免疫、代谢功能和促进组织损伤修复等方面功能相对特异的 UCMSC，通过克隆扩增后，其用于相应疾病的治疗具有一定特异性并可提高临床疗效。对 UCMSC 亚群进行功能基因注释发现，UCMSC 中还存在免疫耐受性强的亚群和向骨细胞分化潜能强大的亚群，通过筛选和扩增获得免疫耐受性强的 UCMSC 亚群用于疾病治疗，其可能在体内存活和发挥作用的时间更长，而向骨细胞分化潜能强的 UCMSC 亚群则可能对骨损伤的修复疗效更好。另外，还可以通过基因编辑方法，对 UCMSC 进行特定的功能基因修饰，使其对疾病治疗具有靶向性和精准性。通过模拟体内胚胎发育微环境建立起来的 UCMSC 分离扩增体系可以获得高活性 UCMSC，这种 UCMSC 比常规方法获得的 UCMSC 具有更高的生长活性、分化潜能，可高表达某些分裂增殖和免疫耐受相关分子，提示这类细胞可能具有更好的促进组织损伤修复的能力，同时还说明体外培养条件对维持 UCMSC 的干性具有重要影响。此外，利用 UCMSC 具有向炎症组织归巢的特性，可以把某些抗肿瘤药物装载到 UCMSC 上，使其能够精准到达肿瘤组织并杀灭肿瘤细胞，从而显著提升恶性肿瘤的治疗效果。利用基因编辑技术，可以对 UCMSC 进行基因修饰，使其对特定组织损伤的修复具有靶向性、特异性，进而使 UCMSC 治疗更精准、高效。总之，UCMSC 在多种疾病治疗中的疗效与安全性已经得到证实，提高 UCMSC 的生物活性和临床疗效，获得对特定疾病治疗具有精准性、高效性、靶向性的 UCMSC 并研发出相应的细胞新药是未来 UCMSC 研究与应用发展的主流方向（图 4-5）。

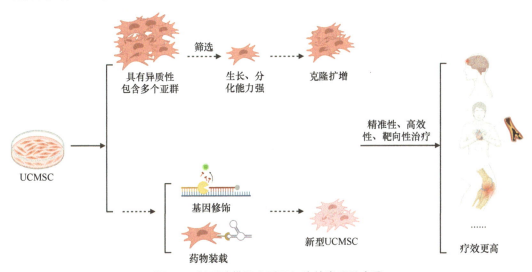

图 4-5　新型脐带间充质干细胞的发现及应用

◆ 第二节　脐带间充质干细胞的质量评价

一、脐带间充质干细胞制剂的质量控制流程

临床适用型 UCMSC 制剂的质量是其用于临床治疗的有效性与安全性的基础，因此必须对其材料来源、制备过程和制剂质量进行严格控制。临床级干细胞制剂的生产和管理应遵循国家药监局与行业协会发布的《药品生产质量管理规范》（GMP）、《人体细胞治疗研究和制剂质量控制技术指导原则》、《干细胞制剂制备质量管理自律规范》、

《细胞制品研究与评价技术指导原则》等法规和行业标准。UCMSC 制剂的生产过程应严格遵守以下标准：①预先制定新生儿脐带采集及 UCMSC 分离纯化、原代培养、传代扩增、细胞鉴定、细胞系建立、冷冻保存、干细胞制剂配制和储存、放行检验等技术规范与质量管理要求，建立相应的质量控制指标体系，并在符合 GMP 要求的基础上严格执行；②新生儿脐带样本的采集条件应达到一般洁净手术室的要求，保证无菌环境，采集前选择健康、足月产妇，保证产妇的乙型肝炎病毒（HBV）、丙型肝炎病毒（HCV）、人类免疫缺陷病毒（HIV）、EB 病毒（EBV）、巨细胞病毒（CMV）、梅毒螺旋体、支原体、衣原体、霉菌等病原体均为阴性，产妇本人及其家族成员无遗传病、传染病、精神病、恶性肿瘤或其他重大疾病史；③采集脐带时，待胎儿娩出并剪断母体连接端后，立刻用蘸有 75%酒精的纱布擦拭脐带，剪断脐带与胎盘连接端，截取至少 15cm 以上的脐带，脐带两端用手术线结扎，放入事先添加了脐带保存液的容器中，将其置于转运装置内，在 4h 内运送至制备实验室；④UCMSC 的制备可以采用组织块贴壁培养法或酶消化贴壁培养法分离获取原代 UCMSC，也可选用添加胎牛血清的培养体系和无血清培养方法进行扩增培养，以研发 UCMSC 新药为目标的 UCMSC 分离培养最好采用无血清培养养法，培养过程中涉及的消化酶、培养基和添加物的来源，应符合临床制剂制备的要求，应要求供应商提供合法生产资质、产品合格证及说明书等信息，还应检测以排除病原生物；⑤UCMSC 传代培养要有明确的细胞鉴别特征，细胞纯度和活性达到临床级要求，并且无内外源微生物污染；⑥经传代和扩增培养后的 UCMSC 储存，应在程序降温条件下递进式降温，再置于–196℃的液氮条件下长期储存；⑦UCMSC 制备机构应建立三级细胞库，包括材料库、中间产品库和临床制剂库，尽量减少不同制备批次 UCMSC 在操作过程中的干扰因素以保持 UCMSC 的稳定性，应对细胞库中的细胞进行动态质量监测；⑧应设置单独的技术资料管理场地，配备专人进行技术资料管理，应建立健全 UCMSC 制备与储存信息管理机制，对 UCMSC 制备及制剂配制的相关重要信息，诸如 UCMSC 供者的个人信息、健康检查、制备批次、制备与质量控制信息等，应录入计算机系统进行管理，并对重要信息进行备份和留存纸质资料；⑨高度重视过程管理，在从脐带采集到终产品使用的整个过程中，应分工明确，相互衔接，每一环节均有监督和交接，避免差错事故发生。

UCMSC 制剂是一种新型的细胞治疗产品，其制备过程中的任一操作环节都可能影响制剂的质量，必须对其进行质量检验和质量标准控制。在临床适用型 UCMSC 制备与使用过程中的质量控制环节主要包括中间产品质量检测、临床制剂质量检测、质量复核和放行检验（图 4-6）。

UCMSC 中间产品质量检测：①通过对细胞的生长形态、增殖活性、表面标志物、特定基因表达产物等进行检测，对 UCMSC 进行初步认定。方法是在倒置显微镜下观察，采用组织块贴壁培养法培养的原代 UCMSC 在第 6～8 天开始有少量细胞从组织块中"爬出"，沿组织周围向外呈放射状延伸生长，吹打去除组织块后呈旋涡状生长。细胞呈梭形，与皮肤成纤维细胞类似，形态均一。传代培养的 UCMSC 在 3 天左右可见大多数呈梭形，部分呈多边形或多角形，长满瓶底后基本呈梭形，旋涡状生长，呈正常二倍体核型。CD29、CD44、CD73、CD105、CD90 阳性率大于 95%，HLA-DR、CD34、CD31、

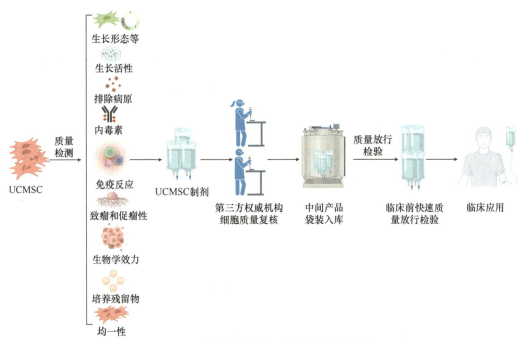

图 4-6 脐带间充质干细胞制剂的质量控制

CD45 阳性率小于 2%。②细胞生长活性分析：体外培养的 UCMSC 存活率不低于 95%，生长潜伏期为 1～2 天，对数生长期为 3～7 天，第 8 天以后长满瓶底转入平台期，生长停滞；人 UCMSC 有 85% 以上处于 G0/G1 期，G2/M 期占 5% 以下，S 期占 10% 以下。③排除病原：依据《中华人民共和国药典》中的生物制品无菌试验规程和支原体检测规程进行检测，结果应无菌生长；细菌、支原体、真菌、梅毒螺旋体检测为阴性，病毒检测结果为 HBV、HCV、HIV、EBV、CMV、人类嗜 T 淋巴细胞病毒（HTLV）、牛海绵状脑病病毒、猪病毒等均为阴性，排除使用动物血清导致的病毒污染的可能性。④内毒素检测：参照《中华人民共和国药典》中内毒素检测规程中的凝胶法进行检测，内毒素检测结果应≤50EU。⑤免疫学反应检测：检测 UCMSC 对淋巴细胞及其亚群增殖能力的影响，测定 UCMSC 对免疫相关因子分泌的影响，对 T 淋巴细胞增殖抑制率不低于 50%。⑥致瘤和促瘤性检验：将 UCMSC 注入正常和荷瘤免疫缺陷动物，观测动物体内肿瘤形成和肿瘤生长情况，实验结果应为阴性。⑦生物学效力分析：检测 UCMSC 分化潜能、诱导分化后细胞的结构和生理功能，评估其对免疫细胞的调节能力，定量分析其分泌的特定细胞因子及特定基因的表达水平，通过自身免疫性疾病、骨关节炎等模型治疗实验观察其对体内炎症与免疫调节的功能，结果应符合 UCMSC 的生物学功能要求。⑧培养残留物检测：牛血清残留量低于 50ng/mL，抗生素残留为阴性，人表皮生长因子残留量低于 100pg/mL。⑨均一性分析：通过肉眼观察、表面标志物和遗传多态性分析及特定生物学活性检测等，对制剂细胞纯度或均一性及是否为人源性 UCMSC 进行鉴别。

临床级 UCMSC 制剂质量检测：临床适用型 UCMSC 制剂是用 0.9% 的生理盐水或复方电解质注射液、L-谷氨酰胺或腺苷、N-乙酰半胱氨酸或亚硒酸钠、胰岛素、肝素钙、甘油或二甲基亚砜、人血白蛋白或葡聚糖等溶媒将 UCMSC 中间产品悬浮配制而成的终产品。临床适用型 UCMSC 制剂的质量检测指标、方法和质量标准与中间产品的要求一致，主要包括 UCMSC 的形态、生长活性、均一性、病原微生物、内毒素、异常免疫学反应、致瘤和促瘤性、生物学效力等，制剂的最低分装量应为（20±2）mL，制剂成品的外观用肉眼观察应为白色均匀混悬液，无明显的沉淀和异物。

放行检验：放行检验包括细胞库放行检验和临床使用前的快速放行检验两个环节，应针对 UCMSC 制剂的特性，制定放行检验指标和标准。放行检测指标应能在较短的时间内，反映 UCMSC 制剂的质量和安全信息。临床使用前应对 UCMSC 制剂进行快速放行检验，检测合格后方可投入临床使用。一般应在 UCMSC 制剂使用机构内设置放行检验实验室和留样储存室，重点观察包装和标签信息的完整性，制剂的均一性、颜色、澄明度，检测细胞活性、形态及有无污染情况，以确保临床使用 UCMSC 制剂的安全性。

UCMSC 制剂质量复核：专业机构制备出来的 UCMSC 制剂，经本机构检验合格后，需要委托第三方细胞质量检验权威机构或实验室按细胞新药或临床级细胞制剂的要求，进行 UCMSC 制剂的质量复核检验，并出具标明编号的检验报告，同时按照相关流程纳入国家干细胞资源库，为干细胞相关科技创新活动提供资源。

对采用标准化工艺流程制备的临床级 UCMSC 制剂进行质量检测与复核，可全面、可靠地判断细胞制剂的安全性，减少临床应用风险，不仅可为 UCMSC 制剂的临床应用提供质量保证，也是 UCMSC 制剂从基础向临床顺利转化的保障。

二、脐带间充质干细胞制剂的安全性评价

UCMSC 制剂研究的最终目的是用于临床疾病治疗，因此必须把制剂的安全性作为实现临床应用的前提条件。UCMSC 制剂可广泛用于涉及组织细胞变性、坏死和缺失的各种损伤、退变性疾病的治疗，对自身免疫性疾病、继发性炎症反应、创伤性多器官功能不全、移植免疫排斥反应等疾病的治疗有重要意义，但在用于临床应用与研究之前，必须进行安全性评价（图 4-7）。

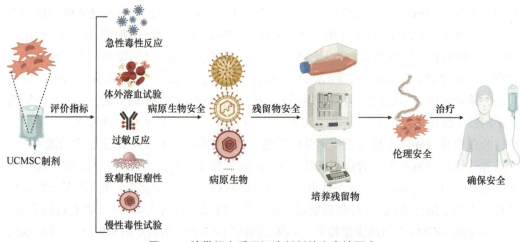

图 4-7　脐带间充质干细胞制剂的安全性要求

UCMSC 制剂的安全性评价内容包括急性过敏、溶血、异常免疫原性、病原微生物

污染、有害物质残留、慢性毒性、致瘤性、促瘤性和伦理争议等。依据细胞制品的安全性评价要求，UCMSC 制剂的评价指标如下：①急性毒性反应，将适宜剂量的 UCMSC 制剂通过静脉输入小鼠体内，系统性观察小鼠的临床表现、血液细胞学指标、血液生化指标、主要器官病理组织学指标等，实验结果应未见与 UCMSC 制剂输入相关的异常表现；②体外溶血试验，将 UCMSC 制剂与红细胞在体外混合，观察结果应不出现溶血现象；③过敏反应，通过反复输入不同剂量的 UCMSC 制剂至健康小鼠体内，观察结果应不出现过敏相关临床表现；④致瘤性，将 UCMSC 接种于免疫缺陷动物皮下，连续观察 1 个月以上，大体解剖观察接种部位及全身脏器和组织不出现异常生长现象，病理组织学观察接种局部无结节生长；⑤促瘤性，将 UCMSC 输入荷瘤免疫缺陷动物体内，动态观察 1~2 个月，测量肿瘤体积大小并进行病理组织学观察，结果应不促进肿瘤生长；⑥慢性毒性试验，多次对灵长类实验动物静脉注射不同剂量的 UCMSC 制剂，各剂量组动物的临床观察、体重、体温、心电图、凝血功能、血液细胞学和生化学、重要组织器官病理学观察不出现异常改变。依据上述指标进行检测，UCMSC 制剂输入后应无急性毒性、过敏、溶血和慢性毒性反应，无致瘤和促瘤现象，长期、反复多次注射无明显慢性毒性，以明确临床级 UCMSC 制剂的安全性范围，为临床治疗提供参考依据。

　　UCMSC 制剂的病原生物安全主要是指携带和传播细菌、病毒、支原体、衣原体、真菌、寄生虫的风险和内毒素残留等。针对一些常见的病原体，如 HBV、HCV、HIV、EBV、CMV、HTLV、梅毒螺旋体、支原体、霉菌、内毒素等，已经建立了相应的实验室检测方法和质量标准，基本可以满足临床要求，但目前的检测指标尚不能完全排除所有病原体，因此可能存在携带和传播未知病原的可能，需要随着病原生物学研究技术的发展，不断研发高通量病原生物检测新技术，扩展病原生物检测范围。

　　在 UCMSC 制剂制备过程中，涉及多种器材和试剂，其中的某些环节可能导致有害物质残留，包括消化酶和血清携带动物源病毒、血清蛋白残留、内毒素残留等，要严格依据《中华人民共和国药典》的要求，进行 UCMSC 制剂的有害物质残留检测，残留量应低于要求，以保证临床治疗不发生过敏、中毒等异常损害。

　　关于伦理合规性，由于脐带属于医疗废弃物，一般不存在 UCMSC 制备与应用相关的伦理学争论，但必须与捐献者签订知情同意书，明确捐献者和采集方的权利与义务，告知采集脐带的目的和制备、储存及应用 UCMSC 相关的主要内容，最大限度地保障捐献者的个人信息保密和利益。UCMSC 制剂的安全性还包括生产、储存、运输和使用过程中存在的安全隐患，需要建立全方位的标准化技术流程、操作规范和质量检测方法及评价标准，进行严格的全程质量管理，并不断完善这些质量标准、检测方法和管理流程。迄今为止，国内外大量临床研究表明，经过严格质量控制的 UCMSC 制剂用于临床治疗具有较好的安全保障，除极少数患者出现轻度腰部酸痛、低热、头昏、头痛外，无其他严重不良反应。

三、脐带间充质干细胞在常温下的保存时间

　　常温是指 15~25℃的室内外温度条件。一般情况下，用生理盐水或平衡液（勃脉

力A）配制的UCMSC悬液在室温条件下保存4h以内，其生长活性和分泌细胞因子的活性无显著变化，保存12h后上述活性有一定下降，保存24h后虽然还有一定的生长功能、分化功能和分泌功能，但生长能力明显下降，传代生长的形态和分化潜能也发生了较大改变。如果在保存液中添加一定浓度的脐血血清、人血白蛋白、细胞生长因子或10%～20%的胎牛血清等，则常温保存24h后虽然其生长活性有所下降，但仍然可以用于传代培养，甚至保存更长时间还有一定生长能力。因此，在常温保存条件下，UCMSC的保存时间不宜过长，一般最好不要超过4h，如果因为长途运输或者特殊情况需要在常温条件下保存2～3天的话，最好在保存液中添加人血白蛋白、脐带血清等细胞营养物。对于冻存条件下长期保存的用于临床治疗的UCMSC制品，建议复苏后应立即使用，不能在常温条件下保存时间过长，因为其中的低温保护剂（二甲基亚砜）在常温下对UCMSC的生物活性有较大影响，如果需要短期保存，最好去除低温保护剂并添加人血白蛋白或者脐带血清。用于临床治疗的UCMSC制品最好现配现用，这种做法不仅可以减少添加营养物质和保护因子，同时还可以避免UCMSC的生物活性下降而降低临床疗效（图4-8）。

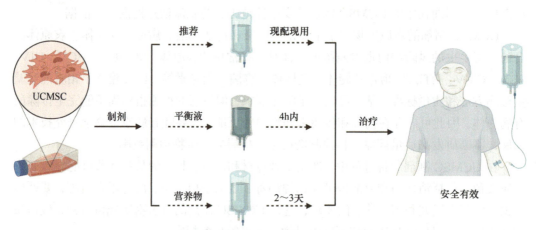

图4-8　常温保存脐带间充质干细胞的条件与时间要求

四、脐带间充质干细胞库的建设要求

UCMSC库是专门收集和存储脐带、UCMSC中间产品与临床级UCMSC制剂并提供临床、教学和科研使用的细胞存储库。UCMSC库的设置一般要求分为材料库、中间产品库和临床制剂库，专门在低温条件下储存原材料及制备完成并经检验合格的UCMSC种子细胞、中间产品和临床制剂。一个完整的UCMSC库建设，是一个系统化、规范化的工程体系，涵盖从脐带组织采集到UCMSC制备、UCMSC制剂生产、质量检测和存储的各个环节，并需配备专业设施设备、经验丰富的技术团队以及科学高效的管理体系。

UCMSC库应建立在远离噪音、灰尘污染的地方，最好选择在相对安静、人流较少、周围环境绿化较好的生物技术产业园区内。目前，国内UCMSC库要求设置相对独立的三级细胞库，包括材料库、中间产品库和临床细胞库（图4-9），材料库主要用于储存脐带组织和粗制 UCMSC；中间产品库主要用于储存经过分离、扩增和质量鉴定合格的 UCMSC 中间产品；临床细胞库主要用于储存以 UCMSC 中间产品为主成分，利用溶媒配制并经过质量检验合格的临床级 UCMSC 制品，临床细胞库的 UCMSC 制剂可以直接用于临床治疗。UCMSC 库一般应包括细胞制备实验室、细胞质量检测实验室、细胞存储库和信息管理系统，其中，细胞存储库最好建立在地面一楼，以方便添加液氮和避免楼层承重不足。UCMSC 库应建立切实可行的运行管理机制，制定详细的技术流程和操作规范，实施全程监督管理。UCMSC 库运行的基本流程是接收采自妇产机构的新生儿脐带，在实验室进行 UCMSC 分离、扩增、鉴定、质量检验，然后将检验合格的 UCMSC 传送至存储库，并进行详细信息登记、编码，随后按照程序冻存 UCMSC，输入存储定位信息，并建立实时监控系统对存储环境（如液氮液位、温度等）实施动态监管，在出库环节严格执行登记核查制度，确保 UCMSC 发放的可追溯性。UCMSC 的长期存储需要用含有特殊保护剂的溶媒稀释，必须保存于超低温（–196℃）状态下，主体设备是液氮冻存系统，所选用的液氮储存罐（箱）应配备有液面和温度检测、记录、显示、控制、报警功能的智能装置，并最好将智能系统接入物联网，以便动态监控和管理。管理人员应定期对 UCMSC 库内的 UCMSC 进行稳定性抽检，动态掌握 UCMSC 的质量变化情况。

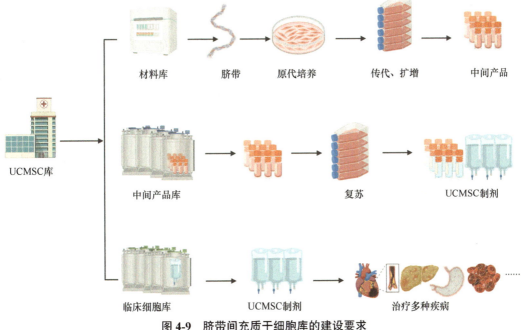

图 4-9 脐带间充质干细胞库的建设要求

目前，越来越多的 UCMSC 库已经建立了基于物联网技术的智能化管理系统，这一系统可将细胞库内所有设备与耗材、细胞样本、环境参数、安全设施与人员行为等信息关联在一起，可以提供安全可靠与个性化的实时在线监测、定位追溯、报警联动、调度指挥、预案管理、进程控制、远程维护、统计分析、决策支持、领导桌面、在线升级等管理和服务功能，实现对 UCMSC 细胞库内的所有人、物和数据信息的"高效、节能、安全、环保"的"管、控、营"一体化服务，能安全、高效、精准地管理 UCMSC 库保存的 UCMSC。UCMSC 的制备储存已经开始进入智慧化时代，全封闭、大规模、自动化、智慧化、标准化 UCMSC 扩增与储存一体化设备已经进入细胞库使用，极大地推动了 UCMSC 库的建设和发展。

五、脐带间充质干细胞的放行检验

UCMSC 的放行检验包括对细胞库储存的 UCMSC 进行出库检验和对临床治疗使用的 UCMSC 制品进行使用前快速检验。目前，对 UCMSC 的放行检验缺乏快速、准确的检验方法，检验内容（图 4-10）一般主要包括：①核对基本信息，详细核对 UCMSC 来源、批次、规格、检验合格报告、入库信息等；②检查包装完整性，详细观察外包装有无破损、裂痕，以及密封状况等；③内溶物检查，复苏后的临床级 UCMSC 应观察悬液的颜色与澄明度，一般呈灰白色透明悬液状，应无沉淀或絮状物，细胞分散均匀；④活细胞计数，采用涂片和台盼蓝染色法计数活细胞，其比例应大于 90%；⑤病原、有害物污染检查，取样进行短期培养并染色观察有无细菌、支原体、衣原体等病原生物污染和杂质、沉渣等异物；⑥在临床治疗前放行检验的同时应留样进行培养观察和留样长期储存备检。临床前放行检验的时间不宜过长，以免将 UCMSC 制剂长期置于普通环境下导致生物活性下降，一般应在 4h 内完成。放行检验是保证 UCMSC 使用的安全性和有效性的关键步骤，一般应由具有 UCMSC 专业知识和有质量放行检验经验的专业人员执行。建立快速检验方法是进行 UCMSC 放行检验的关键，应不断研发新型快速检验技术和进一步补充完善快速检验内容。

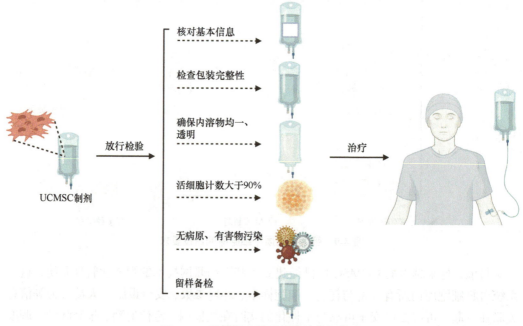

图 4-10　脐带间充质干细胞的放行检验

◆ 第三节　脐带间充质干细胞的异质性

一、脐带间充质干细胞的鉴别方法

目前，鉴别 UCMSC 的公认方法和标准（图 4-11）是：①细胞形态呈纤维细胞样，在体外培养条件下呈旋涡状克隆生长；②表达 CD29、CD44、CD71、CD90、CD106、CD105、SB10、SH3、SH4 等系列表面抗原，不表达造血干细胞的表面标志如 CD34、单核细胞/巨噬细胞的表面标志 CD14、抗原呈递细胞的表面标志 HLA-DR 等；③在塑料培养瓶中贴壁生长良好，细胞形态相对均一，生长速度快，细胞透光度高，胞内颗粒样沉积物较少；④体外使用专用诱导剂诱导培养可分化为脂肪细胞、骨细胞、软骨细胞、神经细胞、胰岛细胞等成熟细胞样细胞；⑤呈细胞密度和免疫细胞因子浓度依赖性对 T 细胞的免疫功能有双向调节作用；⑥体内实验发现具有显著抗炎症反应能力，如显著抑制关节炎。

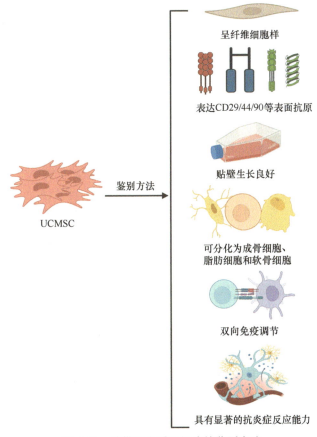

图 4-11　脐带间充质干细胞的鉴别方法

二、脐带间充质干细胞的亚群多样性

从细胞形态、表型、分化能力和炎症与免疫调节功能等方面分析，不同来源的 UCMSC 具有一定的差异性，通过单细胞转录组测序分析，体外培养的人 UCMSC 具有

异质性，存在多种细胞亚群。通过 UCMSC 生长形态、表型标志和转录特征分析，结果发现用常规方法制备的 UCMSC 包含 20 个以上的细胞亚群，其异质性主要表现在以下几个方面（图 4-12）。

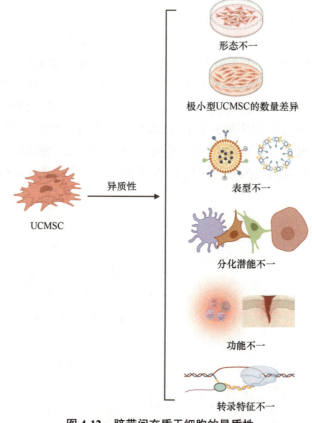

图 4-12　脐带间充质干细胞的异质性

1）形态异质性：原代或低密度传代培养的人 UCMSC 至少包含纺锤形、大而扁平形和小而扁平形 3 种形态的细胞，传代培养后的人 UCMSC 有 90% 以上属于前两种，属于相对成熟的 UCMSC。随着传代次数的增加，纺锤形细胞逐渐减少，但在常规传代培养第 5 代之后，诱导分化为骨细胞、神经细胞等细胞的能力减弱。

2）极小型 UCMSC 数量的差异：体外分离培养的 UCMSC 中通常可见到一种体积较小、表面光滑、生长能力和分化能力较强的极小型 UCMSC，这类细胞仅占总量的 5%～10%，属于真正具有快速自我更新能力的 UCMSC。不同来源、不同培养方法和不同传代次数的 UCMSC 中，极小型 UCMSC 的数量有较大差异。根据细胞内的颗粒密度，还可将体积小的 UCMSC 分为 RS-1、RS-2 两个亚群，两者形态相似，其中，RS-2 细胞内的颗粒密度较高，可能是处于有丝分裂期的 RS 细胞，RS 细胞有丝分裂后呈纺锤形贴壁生长，进一步分化为扁平状细胞。通过改进分离培养技术和克隆扩增技术获得的均一性高的极小型 UCMSC，可显著提高 UCMSC 制剂的质量和临床疗效。

3）表型标志差异：体外培养的人 UCMSC 是一群不表达造血干细胞和内皮细胞表面抗原的间充质干细胞，其鉴定方法主要依赖于细胞表面的系列标志分子，但目前尚未发现特异性的人 UCMSC 标志分子。目前常见的表型有阳性表达 CD105（SH2）、CD73（SH3/4）、CD44、CD90（Thy-1）、CD106、CD166、ICAM-1 和 CD29，阴性表达 CD45、CD34、CD14、CD11b、CD31、CD80、CD86、CD40、CD18、CD56，同时表达 CD105、CD73、CD90 的细胞为 RS 细胞群，扁平细胞只表达 1 个或 2 个抗原。不同来源、不同传代次数的 UCMSC 在表型上也可能存在差异，这种差异主要体现在其表面阳性标志抗原的表达丰度上。

4）分化能力的异质性：体外培养的同一脐带来源的 UCMSC 实际上有一部分已经进入分化过程，特别是传代培养后的 UCMSC，可看作一群处于不同分化系的杂合细胞，这些不同状态的 UCMSC 可能都存在一定的可塑性，但在诱导分化效率上存在较大差异。

5）功能差异性：体外传代培养的 UCMSC 存在归巢特异性和向炎症组织集聚能力的差异，其中含有一些缺乏靶向归巢或归巢能力弱的 UCMSC。体外输入的异体 UCMSC 在短时间内首先大多数被肺组织截留，一般不参与定植、分化，大部分可能被免疫系统清除，只有部分能够迁移到炎症组织或损伤组织，说明 UCMSC 的生物学效应复杂多变。不同来源、不同实验室及不同培养方法获得的 UCMSC，在调节免疫与炎症、促进损伤修复等功能方面也可能存在一定的差异。

6）基因转录特征的差异性：通过对常规方法制备获得的 UCMSC 进行单细胞转录组测序分析发现，UCMSC 中存在多种不同转录特征的细胞亚群，对这些细胞亚群的转录基因进行功能和信号通路富集分析发现，各细胞亚群的转录基因在炎症与免疫调节、骨分化、细胞增殖、生物发育、细胞自噬与凋亡等方面存在一定差异，这种转录差异可能是 UCMSC 存在一定功能差异的原因。

三、脐带间充质干细胞群中的高活性干细胞

在体外培养的 UCMSC 中尚没有发现胚胎干细胞样细胞，但有一群培养形态呈短小梭形、增殖速度快、表达多种胚胎干细胞和间充质干细胞的标志分子，即具有部分胚胎干细胞特征的 UCMSC 亚群（图 4-13）。由于这类细胞的分化潜能大于传统定义的 UCMSC，但又不如胚胎干细胞强大，而且端粒长度与 UCMSC 相似，移植于免疫缺陷动物体内不会形成畸胎瘤，因此将其称为高活性 UCMSC。这类细胞表达胚胎干细胞相关标志分子 SSEA-3 和转录因子 Nanog，同时表达 UCMSC 的标志分子 CD73、CD90、CD105 等，但 SSEA-3、Nanog 的表达水平明显低于胚胎干细胞，其 mRNA 的表达量分别为胚胎干细胞的 20%、10%左右，可以被诱导分化为外胚层来源的神经细胞，中胚层来源的成骨细胞、脂肪细胞、血管内皮细胞及内胚层来源的肝细胞、肾细胞等三个胚层来源的组织类型的成熟细胞，具有胚胎干细胞的部分表型标志物，但不是真正意义上的胚胎干细胞。表达部分胚胎抗原的高活性 UCMSC 在原代体外培养的 UCMSC 中数量相对较少，但生长能力强大，随着体外培养代次数的增加，可自动向前分化为不表达或低表达胚胎抗原的 UCMSC。UCMSC 中的高活性 UCMSC 亚群可能才是真正意义上的脐带干细胞，因为把它移植于体内后，其可快速分裂增殖并向所在类型的成熟细胞分化，用于修复急慢性组织损伤的疗效也比传统意义上的 UCMSC 好。从脐带和骨髓来源的间充质干细胞中分离获得

的高活性 UCMSC，其形态、亚细胞结构、表型和分化潜能等有别于传统的间充质干细胞，通过单细胞转录组测序和分泌蛋白组分析，这类细胞还在转录水平和分泌水平上特异性高表达 FABP-4，不表达或低表达 EGR-1，其中，高表达 FABP-4 可能是其呈现高增殖活性的重要机制。另外，这类细胞的免疫调节和向骨细胞分化的能力不如传统的 UCMSC，但其诱导免疫耐受和促进组织损伤修复的能力远高于传统的 UCMSC。从治疗疾病的角度讲，分离扩增获得的 UCMSC 中的高活性 UCMSC 亚群可显著提升 UCMSC 促进组织损伤修复的能力，其临床应用前景比现有 UCMSC 更好。

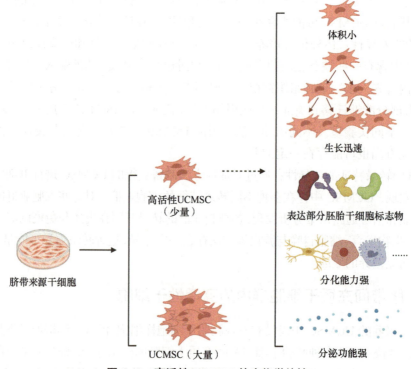

图 4-13　高活性 UCMSC 的生物学特性

第五章

脐带间充质干细胞修复组织损伤的原理

◆ 第一节　外源性脐带间充质干细胞在体内的命运

一、外源性脐带间充质干细胞靶向归巢

　　通过静脉输入的 UCMSC 进入体内后的迁移、分布、定植、分化、存活的基本过程和规律尚不十分清楚。大量的研究结果证实，UCMSC 具有向急性损伤组织和炎性组织归巢的特性，即体外输入的自体或异体 UCMSC 在损伤组织微环境产生的炎症因子吸引下，可以从血管内经内皮细胞间的间隙迁移出血管，然后定向迁移至炎症组织或者受损伤的靶组织并促进组织损伤修复。通常情况下，UCMSC 输入体内后的 2～4h，80%的 UCMSC 被肺截留，其余主要分布在血液循环系统和脾组织之中，之后在肝、肾等组织中有一定分布，并逐渐迁移进入损伤组织和炎症组织，2 天以后在骨髓、脾、肝、肾组织中有一定数量的 UCMSC 分布，但迁移至炎症组织和损伤组织的 UCMSC 数量相对较多（图 5-1）。向炎症组织、缺血或损伤组织归巢是 UCMSC 的重要特性之一，它定向"归巢"到靶组织的过程分 3 步：①进入血液循环系统中的 UCMSC 首先识别靶组织中的微血管内皮细胞并沿血管内皮滚动；②通过内皮细胞间的间隙迁移出血管；③在特定的组织微环境因素吸引下迁移并进入靶组织。"归巢"是一个多步骤协调的过程，描述了 UCMSC 迁移的特点，涉及 UCMSC 迁移的组织微环境因素包括细胞因子、化学因子、黏附因子和细胞外基质降解蛋白酶等，其中，炎性趋化的吸引作用是最重要的特征。在

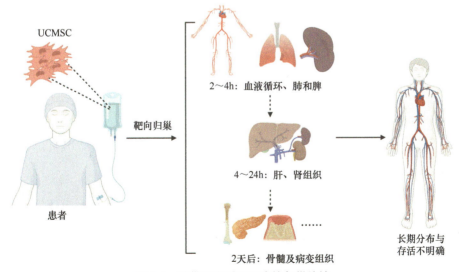

图 5-1　脐带间充质干细胞的归巢特性

组织损伤时，损伤组织局部会释放多种趋化因子、黏附因子、生长因子，这一系列的微环境改变是吸引 UCMSC 定向归巢的始动因素，损伤组织微环境中的多种趋化因子是 UCMSC 膜受体的配体，因此能够与 UCMSC 膜上的相应受体相互作用，从而引导 UCMSC 特异性向趋化因子浓度最高的病损组织归巢。

利用基因编辑技术对 UCMSC 进行靶向基因修饰可增强其向特定病变组织归巢的能力。有人将人肝细胞生长因子基因转染至 UCMSC 后，再经静脉移植于缺血再灌注诱导的急性肾损伤大鼠模型体内，经荧光标记发现肝细胞生长因子基因修饰的 UCMSC 迁移至损伤肾的数量明显增多，损伤肾细胞表面肝细胞生长因子受体 c-met 上调，与未修饰的 UCMSC 移植组相比，急性肾损伤大鼠肾功能明显改善，表明 UCMSC 虽然喜欢归巢到受损伤或有炎症反应的组织中，但通过特定基因修饰可以提高 UCMSC 到达靶组织的数量并提高疗效。

二、外源性脐带间充质干细胞向损伤组织集聚的关键诱导因素

驱动 UCMSC 在体内向某些组织归巢的因素包括多个方面。首先，因为 UCMSC 具有迁移、游走特性；其次，与血液循环和组织结构特点有关，如肺、脾等器官的血液循环丰富，毛细血管网密集，有利于 UCMSC 滞留或进入组织；再次，损伤组织早期通常有大量炎性细胞浸润并释放炎症因子，这些因子对 UCMSC 具有吸引作用，因此，损伤组织微环境有利于 UCMSC 迁移进入；最后，损伤组织中的微血管受损伤也有利于 UCMSC 迁移进入受损组织（图 5-2）。

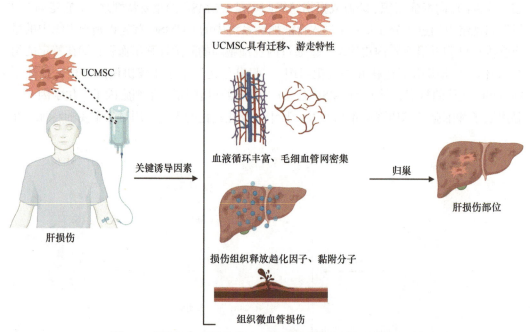

图 5-2 损伤组织吸引脐带间充质干细胞聚集的关键诱导因素

吸引 UCMSC 向损伤组织集聚的关键因素是损伤组织的炎症反应刺激内皮细胞表达趋化因子和黏附分子，而 UCMSC 表面有相应受体。UCMSC 表面的炎性趋化因子和黏附分子受体可以和损伤组织的炎症反应所释放的趋化因子、黏附分子结合，进而驱动

UCMSC 向趋化因子、黏附分子浓度较高的炎症组织和损伤组织迁移。在损伤部位，通常由巨噬细胞/单核细胞产生炎性细胞因子，并且刺激损伤区域血管内皮细胞表达一系列趋化因子和黏附分子，使得进入血管系统中的 UCMSC 减速并牢固黏附在该处内皮细胞上，然后通过内皮细胞间的间隙穿过血管，进一步在炎症组织和损伤组织释放的因子诱导下继续向损伤组织迁移。

三、外源性脐带间充质干细胞进入体内的命运

UCMSC 移植于体内后的命运是 UCMSC 治疗研究中的一个重要科学问题，也是间充质干细胞研究者、临床医师和患者共同关心的问题。UCMSC 在体内的去向相对具有靶向性，一般主要迁移至损伤组织并参与和促进组织损伤修复，迁移至正常组织的 UCMSC 极少，不会因为 UCMSC 治疗导致正常组织无序生长和形成增生性肿瘤，即便有个别 UCMSC 分布在正常组织中，也可能受组织微环境的诱导向相应组织类型的成熟细胞分化，不会在一种组织中向其他类型的组织细胞异常分化。例如，其在肺组织中只向肺细胞分化，而不会分化为骨细胞、神经细胞等。根据国内外现有的研究结果，UCMSC 进入体内后的去向（图 5-3）主要有：①从血液循环穿过微血管迁移至损伤组织并在损伤组织中定植、分化，整合于组织之中参与、促进组织损伤修复；②有少部分可能迁移分布至肝、脾、肾、骨髓等组织中，少量可能长期存活，但证据不足，可能是与这些组织中的细胞融合致使示踪结果阳性；③有可能在组织微环境中分化表达免疫排斥抗原而被排斥，或因为自然凋亡、焦亡等而消失；④被受者体内的巨噬细胞吞噬、分解而消失，但此方面的证据尚不充分。UCMSC 在体内的命运的示踪难点在于技术受限，难以在活体内长期动态追踪 UCMSC 的分布与分化，现有的荧光基因标记技术仅适用于小动物活体成像观察，但灵敏度不高，受被毛和皮肤组织的影响较大，难以示踪其在深部组织中的分布，更难以示踪其

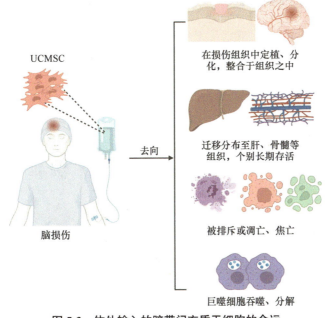

图 5-3　体外输入的脐带间充质干细胞的命运

在大动物和人体中的迁移、分布。其他化学标记、放射标记和超顺磁性氧化铁粒子标记等技术只能用于短期示踪，长期示踪 UCMSC 的技术仍有待于深入研究，特别是临床治疗后的人体内示踪需要建立高灵敏度的无害化标记与成像示踪技术。

四、外源性脐带间充质干细胞在体内的演变过程

通过静脉输入的 UCMSC 在体内的基本演变过程尚不完全清楚。主要过程包括进入血液循环、沿损伤组织微血管内壁滚动、沿内皮细胞间隙迁移出血管、向炎症组织和损伤组织归巢、分布定植于损伤组织等，定植于损伤组织的 UCMSC 通过分化和分泌因子促进组织损伤修复。UCMSC 的体内演变包括迁移途径和生物学过程两个方面，其中，迁移途径包括体内循环、迁移、分布、定植、存活，生物学过程包括分化、整合并修复损伤、分泌细胞因子和外泌体等。

依据绿色荧光蛋白标记、红色萤光素酶基因标记、化学标记和染色体标记的 UCMSC 体内追踪结果，UCMSC 在体内的迁移途径如下：①随血液循环流经全身各个组织器官；②部分细胞依次进入肺、脾、肝、骨髓及其他组织；③归巢于炎性反应组织、缺血性损伤组织等；④定植于组织之中，分化、整合及修复损伤组织；⑤大部分 UCMSC 死亡，被吞噬降解。UCMSC 主要的生物学过程为：①释放生长因子、炎症与免疫调节因子、外泌体等进入血液循环，远程调控相关生物学反应；②迁移、归巢于靶组织并通过多种机制与靶组织细胞进行信息交流和相互作用；③分泌生长因子、炎症与免疫调节因子、外泌体等调控损伤组织微环境以促进损伤修复，这些因子也可以远程调控全身其他组织的再生修复；④在组织微环境诱导下增殖、分化为成熟的功能细胞，其表型、功能向所在组织类型的功能细胞转变，修补、替代损伤细胞；⑤直接接触或分泌因子调节炎症与免疫平衡，挽救组织细胞死亡，促进原位细胞生长；⑥间接促进受者的神经、内分泌、代谢及抗氧化应激功能，调节人体内环境的平衡与稳定，从而有利于组织损伤的修复（图 5-4）。

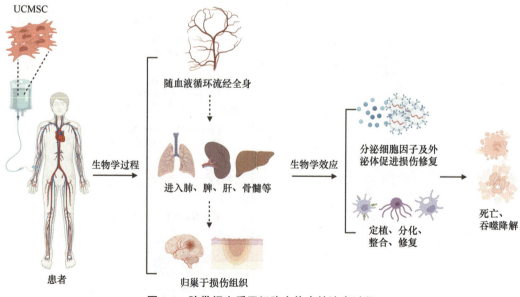

图 5-4 脐带间充质干细胞在体内的演变过程

◆ 第二节 脐带间充质干细胞修复组织损伤的体内调控机制

一、脐带间充质干细胞修复 DNA 损伤

基因是由 4 种脱氧核苷酸按照一定的顺序排列组合而成的一段核苷酸序列，基因是人类编码遗传信息的功能单位，是人类遗传的核心，以基因为模板可以转录为 mRNA，再以 mRNA 为模板翻译为蛋白质进而发挥生物学功能。人类有两万多个功能基因序列，可以编码并转录翻译为数以万计的蛋白质。DNA 是由编码蛋白质的基因序列和大量非编码序列有序排列组成的，位于细胞核的染色体上。DNA 作为生物体内最重要的遗传物质，能够保持其自身一定的结构稳定性，但由于自发突变、复制错误和细胞代谢异常等，人类细胞每天都会发生 DNA 损伤和突变。人体内外的多种因素变化均可引起 DNA 损伤，外源性因子如电离辐射、化学物质、抗癌药物和有害环境等，内源性因子如细胞代谢过程中产生的活性氧也可导致 DNA 损伤。DNA 损伤的形式有断裂、缺失、原癌基因激活、核酸序列插入、碱基错位和碱基替代等。DNA 损伤会加速细胞的衰老和凋亡，引起恶性肿瘤等。生活中最常见的引起 DNA 损伤的因素是辐射，现已有用 UCMSC 来治疗辐射伤的报道，研究发现 UCMSC 可通过分泌细胞因子和外泌体等，调节炎症因子的释放、抑制免疫细胞增殖和免疫逃逸等途径，从而有效地修复 DNA 损伤，减少辐射损伤后多脏器衰竭和基因突变的发生。在 UCMSC 对放射性肺损伤的治疗中，UCMSC 对 DNA 损伤具有修复功能，但依赖于细胞修复能力和细胞所处的分裂周期。UCMSC 分泌因子能够快速、高效地识别辐射引起的 DNA 损伤（24h 内），通过启动同源重组（HR）、非同源末端连接（nonhomologous end-joining，NHEJ）修复途径进行 DNA 双链断裂的迅速修复（图 5-5）。丝氨酸/苏氨酸激酶共济失调毛细血管扩张症突变蛋白（ATM）

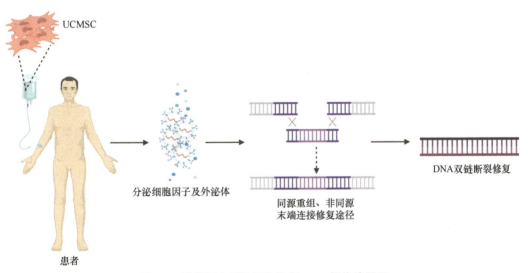

图 5-5 脐带间充质干细胞修复 DNA 损伤的原理

能招募和激活多个下游 DNA 损伤识别与修复蛋白质，启动同源重组修复通路，即使在大剂量辐射（60Gy 全身辐照）后 ATM 的表达都能保持相对稳定，表明其 DNA 修复能力仍然存在。研究发现，无论何种剂量的电离辐射均会增加细胞的 ATM 自动磷酸化及活化，同时提高 p53、Chk2、RPA 等 ATM 依赖性的调节蛋白的表达，从而发挥对 DNA 损伤的修复作用。此外，DNA 依赖的蛋白激酶催化亚单位在 DNA 损伤修复中也发挥着重要作用，磷酸化组蛋白 γH2AX 的表达水平可以作为 UCMSC 修复辐射伤导致的 DNA 双链断裂能力的指标。外源性 UCMSC 对人体内 DNA 的修复作用主要依赖于其分泌的细胞因子及外泌体，在严重辐射伤和大批量辐射伤员出现的场景下，UCMSC 治疗不失为其他药物难以替代的新方法，大量制备和储存 UCMSC 及其分泌因子对辐射伤的防治具有战略意义。

二、脐带间充质干细胞对衰老细胞端粒长度的干预作用

端粒是存在于细胞内染色体末端的由一小段 TTAGGG 的 DNA 重复序列及 TRF1、TRF2、TIN2、Rap1、POT1 和 TPP1 蛋白组成的特殊结构。端粒的功能是保护染色体免受降解和损伤，参与染色体的复制并维持其稳定性。在细胞不断分裂增殖过程中端粒会随着细胞分裂次数的增加而逐渐缩短，在人体生长发育与衰老过程中，大多数人类组织细胞中的端粒会随着年龄的增长表现出不可逆的缩短，并且端粒损耗与衰老相关疾病（包括癌症、糖尿病和认知障碍）之间存在着紧密联系，因此，端粒的长短可以作为评价细胞和人体衰老程度的精准指标之一。人们普遍认为，端粒缩短程度是衡量人体衰老进程的"生物钟"，同时也是衰老相关疾病发生发展的主要原因之一。端粒缩短的关键因素是端粒酶活性降低或者缺乏，导致细胞分裂次数增多而端粒进行性缩短和不可逆的细胞周期停滞。在正常人体细胞中，端粒酶的活性受到严密的调控，只有在必须不断分裂克隆增殖的造血干细胞和生殖细胞中，端粒酶基因才持续处于高表达状态，以维持它们的端粒长度和染色体稳定性，保证这些细胞的自我更新能力。一般只能在具有多向分化潜能的干细胞或前体细胞中才能检测到具有活性的端粒酶，当细胞分化成熟后，端粒酶的活性就会逐渐消失。

关于 UCMSC 治疗对内源性细胞端粒长度及端粒酶活性影响的报道较少。有研究发现，在对衰老猕猴进行大剂量 UCMSC 治疗后，UCMSC 可以促进胸腺、卵巢和肺细胞再生，对改善老年性胸腺萎缩、卵巢功能退变和肺结构与功能衰退均具有良好效果。该研究同时检测了衰老猕猴输入大剂量 UCMSC 后的外周血中的端粒酶活性和单个核细胞中的端粒长度变化，结果发现端粒明显延长，且持续时间为 3~4 个月，外周血中的端粒酶活性也有所提高，提示 UCMSC 可能促进了端粒酶及端粒相关蛋白基因的表达。在对多次接受 UCMSC 治疗的老年人的外周血单个核细胞端粒长度进行测定时也发现端粒有所延长。关于外源性输入 UCMSC 对人体细胞内端粒长度延长的研究尚缺乏大样本的研究资料，特别是端粒延长的机制尚需深入研究，但初步的研究结果已经显示 UCMSC 治疗具有一定延长端粒的作用，进一步开展深入研究具有必要性（图 5-6）。

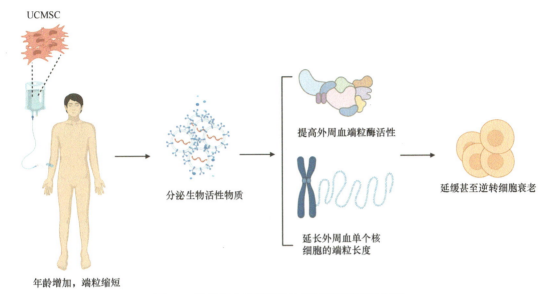

UCMSC

提高外周血端粒酶活性

分泌生物活性物质

延长外周血单个核
细胞的端粒长度

延缓甚至逆转细胞衰老

年龄增加，端粒缩短

图 5-6　脐带间充质干细胞治疗延长衰老细胞端粒

三、脐带间充质干细胞提高损伤组织细胞的自噬能力

自噬是一种细胞内自我消化的过程，其中细胞通过形成双层膜结构的自噬小体来包裹细胞质内需要降解的成分，如细胞器和蛋白质等。这些自噬小体随后与溶酶体融合，形成自噬溶酶体，在溶酶体酶的作用下降解所包裹的内容物，以满足细胞的代谢需求和更新某些细胞器。发现细胞自噬现象并阐明机制的研究者获得了 2016 年的诺贝尔生理学或医学奖。

自噬是人体细胞内广泛存在的一种自我保护机制，在调节细胞生存和死亡的过程中起着重要作用。人体细胞通过自噬作用降解和回收利用自身成分，以维持和提高自我生存能力，从而维护细胞内环境的平衡与稳定。自噬过程是由大量蛋白质和蛋白质复合物所调控的，每种蛋白质或蛋白质复合物负责调控自噬启动与形成的不同阶段，自噬还能清除受损的蛋白质和细胞器。自噬是细胞对抗恶劣环境因素刺激的重要方式，在营养缺乏或高温等恶劣环境条件下，人体细胞可以启动自噬机制，对有害刺激产生保护性应激反应，以维持自身及其组织器官的功能。自噬也是人体细胞对抗衰老的一种措施，在衰老过程中，人体细胞通过自噬机制清除细胞内的衰老和有害成分，提高其生物活性，减少细胞凋亡，从而避免细胞进入衰老状态。

UCMSC 治疗能显著提高衰老和损伤组织细胞的自噬能力并促进细胞分裂增殖，减少细胞凋亡，提高组织细胞的抗氧化应激能力，进而维护衰老细胞自身的稳定与功能，促进组织损伤的修复。有研究发现，UCMSC 治疗还可以通过分泌细胞因子和外泌体来激活内源性干细胞的自噬活性，提高衰老和受损伤组织中的干细胞自噬能力，促进内源性干细胞的分裂增殖，从而促进组织细胞的再生和损伤修复能力。有研究发现，人体造血干细胞也利用这种方式维持自身的年轻化，进而使人体的造血与免疫功能维持在相对平衡的水平。人体内的多种组织中存在有不同类型的干细胞，它们对维持各种特定组织的稳态十分关键，自噬是干细胞维持干性的重要机制，从激活组织中干细胞自噬活性的角度可能研发出有效对抗衰老的新方法（图 5-7）。

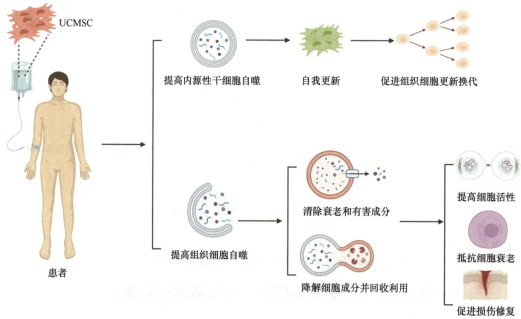

图 5-7 脐带间充质干细胞提高损伤组织细胞的自噬能力

四、脐带间充质干细胞的抗氧化应激功能

氧化作用是在生物体内或体外将物质分解释放出能量的过程。于人体而言，氧化作用时时刻刻都在发生，其释放的能量一部分被细胞利用，另一部分则以热的形式释放出来。当人体处于正常生理状态时，机体的氧化能力与抗氧化能力处于动态平衡过程中，一旦人体遭到各种有害因素的强烈刺激，体内产生自由基[如活性氧类（ROS）和活性氮类（RNS）]的能力超出其抗氧化能力时，过量的自由基就会在组织或细胞内累积，进而引起氧化还原平衡失调，诱发氧化应激反应，最终导致细胞氧化损伤。氧化应激反应是人体应对各种内源性和外源性有害因素刺激而产生的适应性反应，氧化产物能直接或间接地与 DNA、蛋白质及脂质等物质发生氧化反应，造成 DNA、线粒体、蛋白质损伤和细胞衰老甚至死亡，从而导致细胞或组织的病理性改变。人体内的氧化应激反应通常伴随着组织细胞损伤、炎症和代谢失调等病理现象。氧化应激被认为是人体衰老的重要原因和多种疾病发生发展的共同机制，已有大量研究发现，氧化应激几乎参与了所有疾病的发展进程，如癌症、哮喘、心血管疾病、神经退行性变性疾病等。因此，对人体细胞氧化应激反应的深入研究是对抗衰老和治疗疾病的重要方向。

越来越多的研究证据显示，外源性输入的 UCMSC 在体内可动态分泌生长因子、炎症调节因子和外泌体等，这些因子能显著提高组织细胞的抗氧化应激能力、激活细胞自噬、抑制组织细胞凋亡，进而改善组织微环境、调节免疫平衡、促进组织再生（图 5-8）。氧化应激与炎症反应互为因果关系，炎症刺激可诱发组织细胞的氧化应激反应，而过强的氧化应激反应也可引发炎症反应，氧化应激和炎症反应均可导致细胞凋亡、自噬能力下降。UCMSC 的作用是抑制炎症反应和提高细胞的自噬能力，从而可以减少细胞凋亡，这是 UCMSC 促进组织损伤修复的关键机制。有研究表明，UCMSC 还可以直接缓解线粒体功能障碍，阻断线粒体产生氧自由基等氧化产物，从而减轻氧化应激诱导的组织损伤。在体外将 UCMSC 与衰老的成纤维细胞共培养，可显著提高过氧化物酶的表达量，降低氧自由基的含量，降低氧化应激反应水平，从而提高衰老成纤维细胞的自噬能力和生存能力。还有研究证明，UCMSC 治疗具有直接清除自由基、阻断线粒体产生氧自由基和调节炎症与免疫平衡等抗氧化应激功能，这些功能的发挥可能主要依靠其旁分泌作用。UCMSC 的抗氧化应激功能不仅有助于组织细胞的生存与再生，可能还是其发挥抗衰老、美容作用的重要机制，这也是许多美容机构采用干细胞疗法改善容颜的重要理论基础。

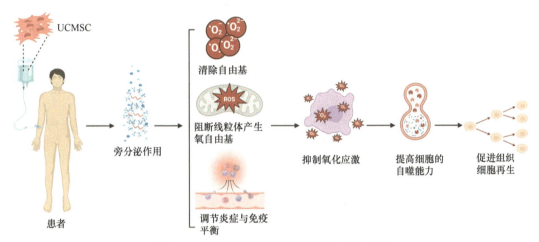

图 5-8　脐带间充质干细胞的抗氧化应激功能

五、脐带间充质干细胞治疗炎症性疾病的原理

在 UCMSC 治疗的所有适应证中，UCMSC 对炎症性疾病的疗效相对最为显著，特别是对急性反应期的炎症性疾病的治疗，可显著减轻局部红、肿、热、痛症状，减少炎症细胞浸润和炎症因子释放，对自身免疫性疾病导致的局部和系统性炎症可达到治愈的目的。UCMSC 治疗炎症性疾病的主要机制是通过直接接触或分泌细胞因子和外泌体抑制炎症细胞的活性，减少炎症因子释放。UCMSC 的抗炎原理（图 5-9）如下：①抑制炎症细胞释放炎症启动因子，阻断炎症因子的瀑布效应，减轻炎症反应强度，阻止炎症性疾病的发生发展；②抑制 T 淋巴细胞的分裂增殖和分泌活性，调整 Th 细胞亚型的平衡，减少炎性反应组织的炎症细胞浸润；③上调 Treg 细胞的比例，调节炎症组织的免疫耐受性及患者自身的免疫网络平衡；④降低自身免疫性疾病患者的 B 淋巴细胞增殖活性和自身抗体的滴度，减轻对结缔组织的损害，缓解患者的炎性症状；⑤抑制自身免疫性疾病患者的白细胞介素-17（IL-17）表达水平，从而调控 Th17/Treg 细胞的平衡。有研究表明，给予类风湿性关节炎患者 UCMSC 治疗后 Th1/Th2 亚型趋于平衡，Treg 细胞的比例升高且其变化程度与临床试验指标及症状的缓解水平呈正相关，使类风湿性关节炎患者的临床症状明显缓解。炎症是许多疾病发生发展过程中的共同表现，自身免疫性疾病以局部或全身性炎症反应及炎症性损害为主要特征，严重创伤通常伴发细菌感染并导

致局部或全身性疾病，人体衰老也与慢性炎症导致的氧化应激反应紧密相关。UCMSC对这些疾病的治疗是一种优选方案，它既可以抑制强烈的免疫与炎症反应，又可以增强免疫功能低下患者的免疫功能，将患者的免疫与炎症反应维持在相对合理的平衡状态，同时还可以避免由激素和某些免疫抑制剂治疗导致的代谢和免疫功能失调，降低诱发肥胖、感染等并发症的风险。

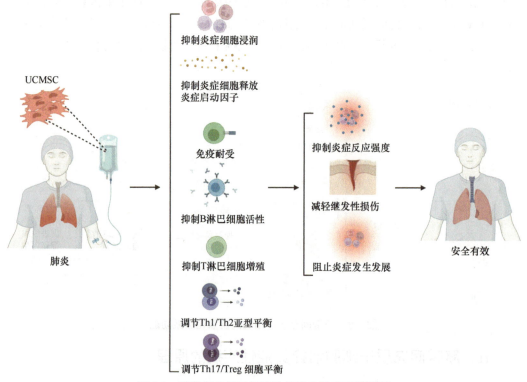

图 5-9　脐带间充质干细胞治疗炎症性疾病的原理

六、脐带间充质干细胞对免疫细胞的作用及机制

　　UCMSC 对免疫细胞功能的平衡调节作用是其对多种自身免疫性疾病、炎症及感染性疾病治疗的共同机制，而对免疫细胞的平衡调节是 UCMSC 发挥治疗作用的重要方面。已有研究报道，UCMSC 对 T 淋巴细胞（T 细胞）、B 淋巴细胞（B 细胞）及其他多种炎症细胞的分裂增殖和分泌功能均具有双向调节作用，而且这种调节作用具有干扰素浓度依赖性（图 5-10）。

　　对 T 淋巴细胞的作用：T 淋巴细胞来源于骨髓的造血干细胞，在胸腺内分化成熟，在没有抗原激发的情况下，效应 T 细胞是以不活化的静息型细胞形式存在的。当抗原进入机体后，在抗原呈递细胞或靶细胞的作用下，静息型 T 细胞活化增殖并分化为效应 T 细胞而发挥细胞免疫作用。UCMSC 能抑制 T 细胞的分裂增殖，阻断 T 细胞周期，使 T 细胞停留在 G0/G1 期，在分子层面上可使细胞周期相关基因表达升高，而抑制细胞周期的 *P27* 基因表达降低。UCMSC 对 T 细胞凋亡有抑制作用，同时还可以抑制 T 细胞的活化。UCMSC 对 T 细胞的作用主要通过可溶性细胞因子实现，其中包括转化生长因子 β

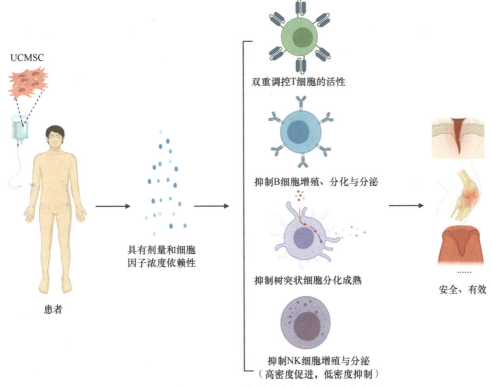

图 5-10　脐带间充质干细胞对免疫细胞的作用与机制

（TGF-β）、肝细胞生长因子、前列腺素 E2、白细胞介素-10（IL-10）、吲哚胺 2,3-双加氧酶、一氧化氮、血红素氧合酶 1、HLA-G 等。吲哚胺 2,3-双加氧酶参与色氨酸代谢并导致色氨酸缺乏，从而抑制 T 细胞活性。一氧化氮主要通过抑制树突状细胞（DC）成熟和肿瘤坏死因子 α 分泌来抑制 T 细胞的活性。HLA-G 通过与相应受体结合并向细胞内传递抑制细胞分裂增殖的信号进而抑制 T 细胞活性。在细胞层面上，UCMSC 对 T 细胞的活性起双重作用，主要通过程序性死亡受体配体 1（PD-L1）与相应受体结合而抑制 T 细胞增殖，且呈剂量依赖性，即 T 细胞的浓度越高，抑制作用越强，当 T 细胞比例降低（10∶1）时，UCMSC 的作用相反，主要对 T 细胞分裂增殖起促进作用。

对 B 淋巴细胞的作用：B 淋巴细胞也来源于骨髓的造血干细胞，在抗原刺激和 T 淋巴细胞辅助下，大量增殖并分化发育为能够分泌抗体的终末细胞，即浆细胞。UCMSC 通过与 B 淋巴细胞的相互接触和分泌可溶性细胞因子两个方面发挥对 B 细胞的调控作用。UCMSC 主要调节 B 淋巴细胞的增殖和分化，其机制是呈 IFN-γ 依赖性调节 B 淋巴细胞活性，当 IFN-γ 的浓度较高时主要对 B 淋巴细胞的分裂增殖起抑制作用，而当 IFN-γ 浓度较低或缺乏时则对 B 淋巴细胞分裂增殖起促进作用。UCMSC 还对 B 淋巴细胞分泌抗体和表达趋化因子受体 CXCR4、CXCR5、CCR7 的功能有抑制作用，B 淋巴细胞共刺激分子和细胞因子的分泌不受 UCMSC 的影响。UCMSC 对 B 淋巴细胞的作用通过细胞接触实现，其中，程序性死亡受体 1（PD-1）与 PD-L1 结合传导程序性死亡信号是主要机制。

对 NK 细胞的作用：NK 细胞是自然杀伤细胞的简称，对靶细胞的杀伤不需要特异性抗体参加，也不需要特异性致敏，属于非特异性固有免疫细胞，主要通过识别靶细胞上的相应活化受体和抑制性受体的配体来区分正常与异常细胞并发挥免疫监视及杀伤作用。UCMSC 能够通过抑制 NK 细胞激活受体的表达而抑制其杀伤活性，从而抑制 NK 细胞的增殖和分泌功能。IFN-γ 在 UCMSC 对 NK 细胞的抑制作用中起关键作用，当 IFN-γ 浓度升高时，对 NK 细胞的作用降低，当 IFN-γ 浓度降低时，对 NK 细胞的作用升高。UCMSC 对 NK 细胞的抑制作用也有剂量依赖性，但与其他免疫细胞不同，在体外共培养条件下，NK 细胞/UCMSC 的值越大，对 NK 细胞增殖的抑制作用越弱。

对树突状细胞（抗原呈递细胞）的作用：树突状细胞来源于造血干细胞，未成熟的树突状细胞具有极强的抗原摄取、加工和处理能力，在摄取抗原或受到某些抗原刺激之后，非成熟的树突状细胞则分化为成熟的树突状细胞，树突状细胞在分化成熟后，摄取、加工和处理抗原的能力降低，而抗原递呈和激发免疫应答的能力增强。树突状细胞通过其膜表面丰富的抗原肽-主要组织相容性复合体 Ⅰ（MHC Ⅰ）类分子复合物、抗原肽-MHC Ⅱ类分子复合物将抗原递呈给 CD8$^+$T 细胞和 CD4$^+$T 细胞，从而激活 T 细胞的免疫应答反应和活化 T 细胞。UCMSC 能够抑制造血干细胞和单核细胞向树突状细胞分化成熟，其作用主要与 UCMSC 和单核细胞的比例有密切关系，当 UCMSC 与单核细胞的比例为 1：10 时，主要通过可溶性细胞因子抑制单核细胞向树突状细胞分化，而当比例在 1：20 或 1：40 时，主要通过细胞接触发挥抑制作用。UCMSC 对树突状细胞的作用，可间接导致 T 细胞的活化受抑制，从而抑制 T 细胞的适应性免疫应答反应。

值得关注的问题：①不同来源的 MSC 对免疫细胞的作用有一定差异，胚胎来源的 MSC 作用最强，其次是脐带和骨髓来源的 MSC，也有 UCMSC 作用最强的报道。采用不同制备方法获得的 MSC 也可能因为其质量差异而影响对免疫细胞的调节活性；②UCMSC 对免疫功能的调节具有双向性，对免疫细胞的作用包括细胞直接接触和分泌某些可溶性细胞因子调节两个方面，总体趋势是在高密度时起抑制作用，而在低密度时起刺激作用，而对 NK 细胞的作用则相反，密度越高，抑制作用越弱；③UCMSC 对免疫功能的调节是一种平衡调节，与现有的免疫增强剂、免疫抑制剂完全不同，其双向调节的意义在于使人体免疫功能处于相对平衡的水平，避免过强的免疫反应对人体造成伤害，同时又不至于导致免疫功能过低而使人体抗病能力下降。

七、脐带间充质干细胞对炎症反应的双向调节作用及原理

根据人体正常的炎症反应水平和对感染、自身免疫性疾病、创伤等引起的炎症反应强度变化，可将炎症反应水平分为超临床级、临床级和亚临床级炎症反应三种级别。超临床级的炎症反应是一种过强的免疫反应，是人体对病原感染等外来刺激的强烈保护性反应，但过强的持续性炎症反应本身会对人体带来伤害，包括诱发组织细胞变性、坏死等。临床级的炎症反应是一种合理的健康状态，而亚临床级的炎症反应是指炎症反应水平低于健康状态，持续过低的炎症反应则可能导致人体抗病能力减弱，诱发感染、肿瘤等疾病。UCMSC 对炎症反应的双向调节是指其通过直接接触和分泌某些可溶性细胞因

子两种调控机制来调节炎症反应强度，对亚临床级的炎症反应主要起促进作用，可以促进 T 细胞、NK 细胞、DC 细胞等免疫细胞分裂增殖和炎症因子分泌，从而提高人体的炎症反应水平，增强清除外来病原的能力，使机体不至于因为炎症反应水平过低而导致抗病能力下降，诱发感染、肿瘤等疾病。UCMSC 对超临床级的过强炎症反应则主要起抑制作用，可以抑制上述免疫细胞的分裂增殖和炎症因子的分泌，使炎症反应维持在相对平衡的临床级水平，不至于使人体炎症反应水平持续过强而对机体造成危害。UCMSC 对炎症反应的调节是一种相对理想的免疫平衡调节模式，有助于人体内免疫系统的平衡和稳定，使人体的炎症反应水平维持在相对合理的水平。UCMSC 对炎症反应的双向调节作用，使其既可用于炎症性疾病的治疗，也可以用于免疫功能低下相关疾病的治疗，兼具现有免疫增强剂和免疫抑制剂的双重作用，有可能成为各种免疫异常性疾病治疗的新型细胞药（图 5-11）。

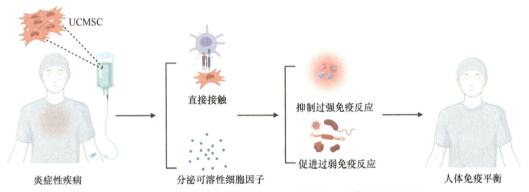

图 5-11　脐带间充质干细胞对炎症反应的双向调节作用及原理

八、脐带间充质干细胞对免疫与炎症的双向调节的依赖因素

从目前国内外的一些研究报道看，UCMSC 对炎症和免疫反应的调节作用依赖于多个方面的因素（图 5-12），主要有：①UCMSC 与炎症细胞、免疫细胞的比例，一般情况下，在一定的比例范围内免疫细胞与炎症细胞的比例越高，UCMSC 的抑制作用越强，比例越低则抑制作用越弱，在高比例状态下起抑制作用，而在低比例状态下起促进作用；②取决于某些可溶性细胞因子的浓度，如 UCMSC 对免疫细胞的作用有干扰素浓度依赖性，IFN-γ 的浓度较高时，对免疫与炎症细胞功能的抑制作用较强，IFN-γ 浓度较低或缺乏 IFN-γ 时可能对免疫与炎症细胞功能起刺激作用；③依赖于炎症反应的强度，在强烈炎症反应条件下，UCMSC 主要起抑制作用，在炎症反应较弱时，则主要起促进作用；④UCMSC 对免疫和炎症反应的双向调节作用还依赖于 M1-型巨噬细胞和 M2-型巨噬细胞的平衡，在组织炎症条件下，UCMSC 主要促进单核细胞向 M2-型巨噬细胞分化，甚至可促使 M1-型巨噬细胞向 M2-型巨噬细胞转化，M2-型巨噬细胞及其分泌因子主要对炎症和免疫反应起抑制作用，而在组织低免疫与炎症条件下，UCMSC 则可能主要促进 M2-型巨噬细胞向 M1-型巨噬细胞转变，进而促进炎症细胞与免疫细胞活性。炎症是人体的一种保护性反应，需要维持在合适的水平，反应过强会引起组织器官损伤，而过弱则可能诱导感染性疾病的发生。UCMSC 为维护免疫与

炎症反应的平衡提供了一种全新的有效措施，对保护免疫与炎症反应、维护人体健康具有积极作用。

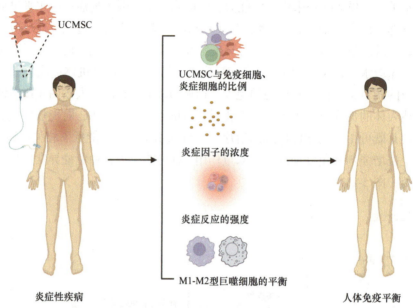

图 5-12　脐带间充质干细胞调节免疫与炎症的关键因素

九、脐带间充质干细胞与免疫耐受

在临床治疗中，UCMSC 对组织损伤、衰老退变、缺血缺氧、自身免疫性疾病和中毒性疾病等均具有一定疗效，表明 UCMSC 治疗在一定范围内具有通用性，而且同种异体 UCMSC 治疗一般不会引起明显可见的移植免疫排斥反应，所以实施 UCMSC 治疗不需要像造血干细胞移植那样通过基因配型选择合适的供体，理论上可以采用任何来源的合格 UCMSC 产品做治疗。在临床上，采用 UCMSC 治疗造血干细胞移植或器官移植后的免疫排斥反应，取得了良好的治疗效果且不增加感染并发症的风险，这表明 UCMSC 与造血干细胞联合移植可显著提高移植成功率，提高造血干细胞的成活率，显著降低移植物抗宿主病（GVHD）的发生发展。在人类疾病动物模型治疗实验中，同种异体移植甚至是异种移植均未见有明显的免疫排斥反应，我们把人 UCMSC 移植于健康、衰老模型、关节炎模型及糖尿病模型的猴体内，把人或猴的 UCMSC 移植给创伤犬、小鼠等，都没有发生明显的移植免疫排斥反应。这些研究结果提示，实施 UCMSC 治疗可以忽略免疫排斥的问题，同种异体来源的 UCMSC 治疗的安全性较高。

关于 UCMSC 移植相关免疫排斥的研究报道显示，UCMSC 不产生免疫排斥反应的原因是其不表达或低表达免疫排斥相关抗原，同时本身还可以通过直接接触与分泌免疫调节因子抑制免疫和炎症反应（图 5-13）。对人 UCMSC 及其诱导分化为男性生殖细胞样细胞的免疫学特性的研究结果显示，UCMSC 在体外定向诱导为男性生殖细胞样细胞后，与 UCMSC 一样不会引起免疫排斥反应，但诱导后获得的生殖细胞样细胞不能抑制 T 细胞的增殖，该结果显示 UCMSC 或其来源的功能细胞具有一定的免疫耐受性。

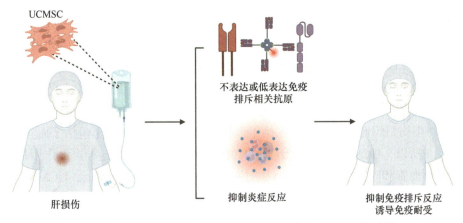

图 5-13　脐带间充质干细胞同种异体移植不发生免疫排斥的原理

移植排斥主要是受者 T 细胞对同种异体细胞表面的人类白细胞抗原 HLA-ABC 及 HLA-DR 的识别、启动宿主对移植物的免疫反应。T 淋巴细胞识别 HLA-DR 并介导外源性免疫应答，是构成移植免疫应答的主要分子基础。另外，宿主 T 淋巴细胞的活化至少需要两个独立的信号刺激，其中，B7 家族分子（如 CD80、CD86）在 T 细胞活化中扮演着协同刺激因子的角色。鉴于以上机制，有人观察了体外培养的人 UCMSC 的生物学特性、成骨分化潜能及移植免疫学特征，结果表明，UCMSC 低表达 HLA-ABC，不表达 HLA-DR 和 B7（CD80、CD86），经过 γ 干扰素刺激后的 UCMSC 只增加对 HLA-ABC 的表达，而 HLA-DR、CD80、CD86 的表达未见明显变化，仍呈阴性。以往对 UCMSC 的免疫学研究也证实，其低表达 HLA-ABC，不表达 HLA-DR，但通过 γ 干扰素刺激后的细胞呈 HLA-DR 阳性表达，因此认为 γ 干扰素刺激后的 UCMSC 具有免疫原性。由此，UCMSC 本身不表达免疫排斥相关抗原而具有低免疫原性，而在某些微环境因素的影响下，特别是一些免疫调节因子的作用下，可能表达免疫排斥抗原而导致移植后的 UCMSC 难以在受者体内存活。对体外制备获得的 UCMSC 进行单细胞转录组测序发现，UCMSC 具有一定的异质性，其中包含高表达免疫耐受相关基因而不表达免疫排斥抗原的 UCMSC 亚群，而这群细胞可能是真正的免疫耐受型 UCMSC。同种异体 UCMSC 移植到体内后有逃避免疫应答的可能，因而不会发生明显可见的排斥反应。在一些 UCMSC 治疗动物疾病模型的实验中，发现有少量植入细胞能够在体内损伤组织或器官中长期存活，这些长期存活的外源性 UCMSC 可能是上述免疫耐受型 UCMSC，但缺乏充分的证据。

十、脐带间充质干细胞促进血管再生与新生

血管的再生与新生是两个不同的概念，血管新生是从无到有，在组织中新生出原来没有的新血管，而血管再生则是从有到无再到有，是组织损伤导致血管破坏之后再生出与原有血管相似的新血管，也就是说血管新生是组织中原本没有的血管无中生有，再生是由组织损伤导致血管缺失、闭锁或者受损害而消失后重新生长出新血管。有诸多的研究结果显示，外源性输入 UCMSC 可以促进损伤组织的微血管生成，增加损伤组织的微血管密度，改善血液循环，促进损伤组织的营养和代谢功能，从而改善损伤组织的微环

境，使其有利于损伤组织细胞的再生与组织损伤修复。UCMSC 治疗到底是能够促进血管再生还是新生，至今尚缺乏明确的定义，但不管是新生还是再生都有利于改善损伤组织的营养供应和有害代谢产物的排出。UCMSC 促进损伤组织的血管再生是指人体以损伤组织内残存的血管细胞为基础，通过出芽的方式修复因受损伤而失去的微血管的过程，而新生血管则是组织中的血管向损伤组织延伸而生长出新的血管。从这个意义上讲，UCMSC 对损伤组织血管的作用首先是促进其再生，再生过程实际上包括了血管的发生、新生过程。所以，UCMSC 促进组织损伤中的微血管再生，而且这种再生作用是基于组织中的残存血管和内皮细胞，通过出芽的方式长出新的血管。事实上，UCMSC 也能促进损伤组织微血管新生，在一些严重受损的肝、肾等组织微环境中可以看到新生的微血管，它们与残存的血管连接形成新的毛细血管网。

　　UCMSC 可能主要通过旁分泌作用促进血管内皮细胞的分裂增殖，进而形成新的血管，恢复受损伤组织的微血管网和血液供应。UCMSC 促进血管再生的机制（图 5-14）主要如下：①UCMSC 移植入体内后，部分植入细胞可能整合于受损的血管组织中，参加缺血组织的血管形成；②通过旁分泌作用产生外泌体和多种生长因子，如血管内皮生长因子、碱性成纤维细胞生长因子、肝细胞生长因子、缺氧诱导因子 1α、白细胞介素-8、白细胞介素-6、肿瘤坏死因子 α 等，诱导微血管的生成，抑制血管细胞凋亡，刺激损伤组织周围正常组织血管中的成熟内皮细胞分裂增殖和迁移，并在缺血组织微环境中参与血管新生。

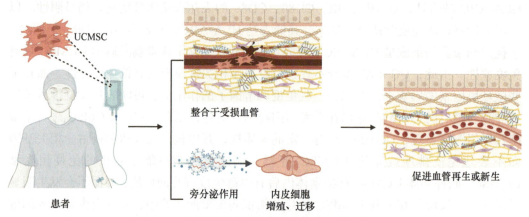

图 5-14　脐带间充质干细胞促进损伤组织血管生成

十一、脐带间充质干细胞迁移出血管的机制

　　外源性输入体内的 UCMSC 能够在血液循环中穿过血管壁并迁移到损伤组织中发挥治疗作用，其中迁出血管是 UCMSC 发挥治疗作用的关键环节，而 UCMSC 如何从血管内迁出是其应用研究中的重要内容之一。UCMSC 迁出血管的机制主要与某些趋化因子、黏附因子及某些酶的作用有关，这些因子可使 UCMSC 活化，增强其在特定组织器官的血管中沿血管壁的滚动、黏附，同时还能调节内皮细胞的基膜以及下调细胞外基质的相关表达水平，创造有利于 UCMSC 迁出的血管微环境（图 5-15）。具体机制如下：①黏附因子（如 P 选择素）可促进 UCMSC 沿血管壁滚动、黏附，从而促进其跨过血管内皮

细胞，在遗传性 P 选择素缺陷的小鼠中，UCMSC 在血管内沿血管壁滚动的行为及迁出血管的数量明显减少，说明 P 选择素在 UCMSC 迁出血管中发挥了重要作用；②趋化因子（如 SDF-1）与特定 UCMSC 表面相应受体（CXCR4）结合后，可使其活化，产生趋化作用，并向趋化因子浓度高的地方定向迁移；③UCMSC 可分泌多种蛋白酶[如细胞膜型基质金属蛋白酶-1（membrane-type matrix metalloproteinase-1，MT1-MMP）、基质金属蛋白酶 2（MMP2）]，这些酶可以调节内皮细胞的基膜及下调细胞外基质的相关表达水平，从而有利于 UCMSC 迁移出血管。目前，研究人员对 UCMSC 从血管中迁出的过程和分子机制已经有所认识，但详细机制仍有待进一步探讨。

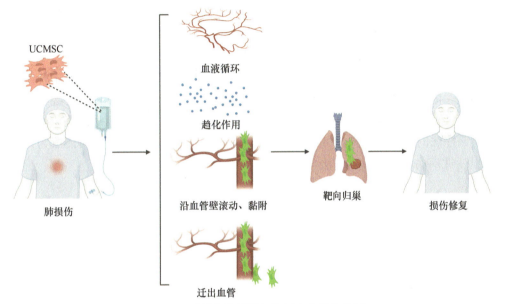

图 5-15 脐带间充质干细胞迁出血管的机制

十二、脐带间充质干细胞治疗神经损伤的机制

目前，关于 UCMSC 在神经损伤组织中转化为神经细胞并与正常神经细胞建立连接和传递信号的报道较少。UCMSC 在体外合适的诱导培养条件下可以被诱导分化为神经元样细胞、胶质细胞样细胞并表达相应的标志物，提示它可能在受损伤的神经组织内向神经细胞分化，但体内环境与体外培养条件差距较大，UCMSC 能否在损伤组织的微环境中定向分化为神经细胞并发挥治疗作用尚需要进一步研究。外源性输入体内的 UCMSC 能否向神经细胞分化取决于神经损伤组织的微环境因素、神经损伤程度、UCMSC 的治疗时机及迁移到神经损伤组织的数量等。即便 UCMSC 能够被特定的神经损伤组织微环境诱导分化为神经元样细胞，但其是否能够与正常的神经细胞整合在一起并建立神经网络连接和传导信号尚缺乏充分的证据。UCMSC 在体外可以定向分化为神经元样细胞，提示它有释放神经介质和传递信号的可能。有研究进行了 UCMSC 治疗大鼠和树鼩的脑撞击伤、坐骨神经挤压伤实验，发现定位注射至神经损伤组织的 UCMSC 能够在神经损伤组织微环境的诱导下主要分化为胶质细胞，但仅见个别 UCMSC 分化而来的神经元样细胞出现，表明 UCMSC 在合适的神经损伤微环境中有向神经细胞分化的

可能。对 UCMSC 治疗坐骨神经挤压伤的研究发现，定位注射于局部的 UCMSC 可进一步迁移至坐骨神经内，促进神经损伤修复，但 UCMSC 是否直接参与了神经损伤修复尚不清楚。通过静脉输入的 UCMSC 能否向神经细胞分化的关键在于其能否迁移出血管并迁移到神经损伤组织，同时还取决于神经损伤组织的微环境因素。进入脑损伤组织的 UCMSC 一般首先经历一个快速增殖的过程，然后大部分分化为胶质细胞，这种胶质细胞可能通过分泌神经营养因子促进损伤神经元生长，也有少部分可以分化为神经元样细胞，这可能与 UCMSC 所处微环境中的某些特定因素有关，也可能与 UCMSC 的异质性有关，UCMSC 中可能存在个别分化能力更强大的亚群细胞。通过标记 UCMSC 的活体成像观察发现，大部分定位注射于脑损伤组织中的 UCMSC 在注射后 3 个月内消失，但在注射后 1 年左右仍能观察到部分标记细胞存在，这些细胞是否分化为神经元样细胞并发挥神经传导功能尚不清楚。实际上，UCMSC 促进神经损伤修复的关键不完全在于向神经细胞分化并建立神经网络连接及传递信号，主要机制应该是通过动态分泌外泌体和细胞因子，促进神经损伤组织内残存的原位神经细胞生长，进而发挥修复神经损伤的作用（图 5-16）。UCMSC 治疗缺血性脑损伤、帕金森病、阿尔茨海默病的临床研究结果显示，该疗法的安全性较高并可明显改善临床症状，提示 UCMSC 治疗可能成为神经损伤与退变性疾病治疗的有效方法。

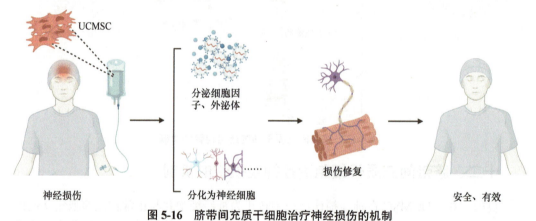

图 5-16 脐带间充质干细胞治疗神经损伤的机制

十三、脐带间充质干细胞进入脑组织的途径

在解剖结构上，脑组织中的血脑屏障是阻止大分子物质、病原生物进入脑组织的一道保护性屏障，一些分子量比较大的药物难以穿过血脑屏障进入脑内发挥治疗作用。静脉输入的 UCMSC 的直径远远大于大分子物质，但它却可以穿过血脑屏障进入脑组织。血脑屏障是一种多细胞血管结构，将中枢神经系统与外周血液循环分开，严格控制血液和大脑之间离子、分子的运输，以维持大脑微环境的稳态，保证大脑的正常结构与功能。血脑屏障的核心元件是内皮细胞，与其他血管内皮细胞相比，血脑屏障的内皮细胞具有以下三大特性：①以紧密连接结合在一起，极大地限制了细胞旁通路；②转胞吞噬活性极低，极大地限制了囊泡介导的溶质跨细胞运动；③表达两种转运蛋白，一种是将代谢废物从大脑转运至脑血管内的外排转运蛋白，另一种是高度特异性

的营养转运蛋白。从理论上讲，UCMSC 是很难通过血脑屏障进入脑组织的，但有诸多研究结果证明，UCMSC 可以迁移至脑内，在脑内存活并向神经细胞分化，特别是在脑损伤的情况下会有更多 UCMSC 进入脑组织并发挥修复作用。UCMSC 进入脑损伤组织的原因是 UCMSC 具有黏附于血管内皮和游走、迁移的特性。在脑损伤时，脑组织释放的炎症因子、趋化因子信号吸引 UCMSC 接近脑血管内皮细胞，并沿血管内壁滚动、黏附，然后从血管内皮细胞之间的间隙穿过血管壁，一路沿炎症因子、趋化因子浓度从低到高的方向迁移，直至趋化因子浓度最高的脑组织内，进而发挥分泌、分化和修复作用（图 5-17）。脑损伤组织中的微血管结构破坏或炎性刺激导致血管内皮细胞死亡、间隙增宽，也可能是 UCMSC 容易进入脑组织的重要原因。UCMSC 进入脑损伤组织的数量还与脑组织的血流量及输入途径有关，在影像学引导下，通过动脉血管将介入导管插入脑损伤组织附近的血管，可以缩短 UCMSC 进入脑组织的路径，大大提高其进入脑组织的机会。将 UCMSC 注入脑损伤组织附近的脑室也可以增加 UCMSC 进入脑组织的数量。严重脑损伤的 UCMSC 治疗优选策略是在影像学引导下，利用套管针穿刺方法将 UCMSC 直接注射到损伤部位，可显著提高其治疗作用。

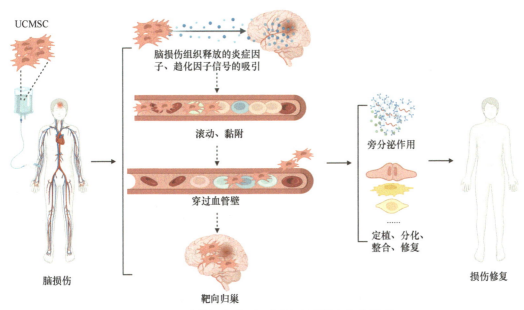

图 5-17　脐带间充质干细胞进入脑损伤组织的原理

十四、内源性间充质干细胞动员及修复组织损伤的机制

内源性间充质干细胞是存在于皮下、骨髓、骨膜等结缔组织和器官间质中的成体干细胞，具有自我更新和向多种成熟细胞分化的能力。在组织间质中的间充质干细胞具有一定的组织特异性，主要向所在组织类型的基质细胞分化，对维护组织器官的稳态发挥营养和支持作用。在正常的生理条件下，内源性干细胞的微环境能使组织中的干细胞保持长久的自我更新能力，机体通过组织干细胞的动员、增殖和分化不断更新各组织中的衰老死亡细胞，维持着人体内环境的稳态及各组织器官结构和功能的稳定。在轻度组织

损伤时，通过组织内干细胞的动员即可使组织损伤得到修复。在严重组织损伤时，需要动员其他组织中的内源性干细胞或补充外源性干细胞才能使严重组织损伤得到良好修复（图 5-18）。目前，动员内源性干细胞修复组织损伤的研究已经取得了较大进展，该策略有望成为未来组织损伤修复的重要手段。

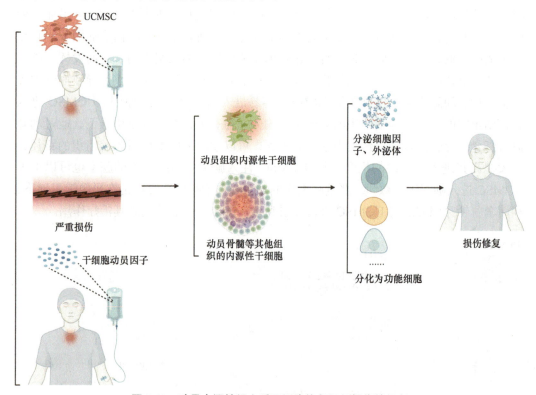

图 5-18　动员内源性间充质干细胞修复组织损伤的机制

在体内组织损伤条件下，MSC 能否向所在组织或其他组织的功能细胞分化取决于其微环境的变化特征。越来越多的研究表明，严重组织损伤的微环境可快速动员组织内的 MSC 和其他干细胞快速增殖分化为相应组织的成熟细胞，以补充损伤组织的缺失细胞，维护组织器官的平衡与稳定，同时还可以动员损伤组织以外的内源性干细胞并使其迁移至损伤组织进行组织损伤修复，如动员骨髓干细胞迁移至肌肉损伤组织。损伤组织以外的内源性干细胞动员可能与损伤组织释放的可溶性细胞因子、信号分子有关，这些分子犹如损伤组织发出的求救信号，通过血液循环到达其他组织，呼唤这些组织中的干细胞进入血液循环并迁移到损伤组织，参与组织损伤的修复。同时，外源性输入的UCMSC 分泌的外泌体和细胞因子等，不仅可能具有激活和动员内源性干细胞的作用，还可能创造适合组织修复的微环境，从而有利于内源性干细胞的分裂增殖和分化。研究发现，严重创伤患者血液循环内的多系分化持续应激细胞（Muse cell）数量显著增加并从血液循环进入损伤组织，发挥了促进组织损伤修复的作用，这种细胞不仅来源于非损伤组织，而且可能是体内真正的应激反应性干细胞。脂肪组织中也有丰富的内源性干细胞，能在体内或体外环境下分化为多种类型的成熟细胞，但脂肪组织的微环境不利于脂肪干细胞的迁出。在严重组织损伤条件下，组织损伤可能导致脂肪组织结构破坏并释放出其中的干细胞参与组织损伤修复，这一新发现的生物学现象值得深入研究。

动物实验证实，脑组织中的内源性神经前体细胞能够被动员并参与神经损伤修复，在严重神经损伤时，损伤本身也能刺激成体神经干细胞分化成所需的神经细胞类型，在一定程度上修复神经损伤，但内源性神经干细胞动员远远满足不了严重神经损伤修复的需求，需要使用特定细胞因子或某些药物招募更多的内源性干细胞或输入外源性干细胞才能有效修复神经损伤。此外，人体内的组织特异性干细胞数量有限，增殖分化能力相对较弱，通过动员内源性干细胞的方法治疗组织损伤不是严重组织损伤修复治疗的理想选择，需要补充外源性干细胞。

在临床上，干细胞动员因子已成功用于造血干细胞的动员，造血干细胞和间充质干细胞已被成功用于血管缺血性疾病的治疗，并可恢复缺血区的正常生理功能。随着基因工程技术的日趋成熟，通过人工基因重组获得的一些生物活性因子已在造血系统疾病治疗中取得很大成功，比如，促红细胞生成素和粒细胞集落刺激因子在临床上已经用于激活造血前体细胞以促进红细胞的生成，达到治疗贫血等疾病的目的。甲状旁腺激素能调节成骨细胞的功能，促进骨的形成，现已成功应用于骨质疏松的治疗和骨再生。由此可见，通过某些生物活性因子动员和招募损伤组织以外的内源性干细胞参与组织损伤修复，也是一种组织损伤修复治疗的有效方法。

十五、脐带间充质干细胞与骨髓间充质干细胞治疗的特点

UCMSC 和 BMMSC 均属于成体间充质干细胞，只是组织来源不同，二者具有相似的形态、表型和功能，但二者的某些生物学特性有一定差异。UCMSC 的增殖能力和分泌功能强于来源于青年人的 BMMSC，比中老年人来源的 BMMSC 更强大，但其抑制炎症与免疫和向软骨细胞分化的能力不如 BMMSC，其原因是 UCMSC 表达和分泌的炎症与免疫调节因子相对不足。UCMSC 向软骨细胞和骨细胞分化的能力也不如青少年来源的 BMMSC，但其向肌肉细胞、神经细胞、胰岛细胞分化的能力比 BMMSC 强大。单细胞转录组和分泌蛋白组分析结果显示，UCMSC 表达细胞生长与分化因子、细胞生长相关转录因子、免疫耐受和促代谢酶类相关基因的水平较高，提示外源性 UCMSC 在体内的存活时间比 BMMSC 更长，调节代谢的功能更强大。尽管 UCMSC 和 BMMSC 具有相似的生物学特性与功能，但用于某些疾病治疗的疗效可能有一定差异（图 5-19）。

目前，关于 UCMSC 和 BMMSC 这两种间充质干细胞在多种疾病动物模型实验和临床研究方面的报道较多，二者在疾病治疗的适应证、治疗原理和疗效上相似，但对于不同的人群、不同的疾病可能会呈现出疗效上的差异，这主要是二者的生物活性、分化潜能、异质性等的差异所致。UCMSC 的增殖能力强大，可以体外规模化、标准化制备，不同来源的 UCMSC 的生物活性差异相对较小，生长、分化、分泌功能相对稳定，用于疾病治疗的疗效也相对稳定。成人 BMMSC 存在较大的个体差异，来源于不同人的 BMMSC，其增殖、分化和分泌功能差异较大，受年龄、疾病、药物、饮食等因素的影响较大，从老年人、某些疾病患者、接受化疗和抗生素治疗的患者骨髓中分离获得的间

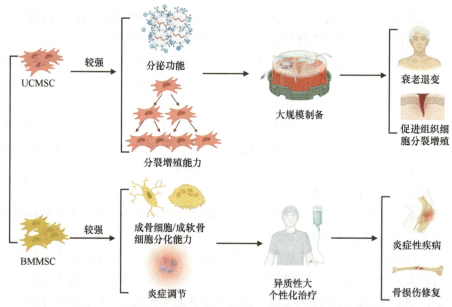

图 5-19　脐带间充质干细胞和骨髓间充质干细胞治疗的特点

充质干细胞的生长活性均相对较低，因此，不同来源的 BMMSC 用于疾病治疗的疗效具有较大差异。此外，BMMSC 的特点是可以实现个性化治疗，即用自体来源的 BMMSC 治疗自身疾病，无免疫排斥反应，在体内的存活时间更长且患者更容易接受，而大部分外源 UCMSC 可能在体内随着异体抗原的表达而被清除，存活时间相对较短。

MSC 主要通过直接参与组织修复过程、分泌外泌体和细胞因子促进原位细胞分裂增殖、分泌炎症调节因子调节免疫平衡、通过细胞间直接接触进行信号传递等方式参与和促进组织损伤修复。外源性输入体内的 UCMSC 和 BMMSC 均能归巢到损伤组织，归巢到靶器官后的两种 MSC 均能分泌生物活性因子，进而改善所在组织的微环境以利于组织细胞的更新换代，从而维护组织器官在结构与功能上的稳态并促进组织损伤修复。UCMSC 和 BMMSC 在疾病治疗上的疗效差异，关键在于其分泌细胞因子、外泌体功能的强弱，特别是外泌体的数量和质量、内含物以及持续分泌的时间等。有研究表明，MSC 分泌外泌体的量与细胞增殖速度呈正相关，而 UCMSC 的增殖能力更稳定、强大，提示其在疾病治疗中的疗效更可靠。总之，UCMSC 治疗衰老退变等的疗效和组织细胞分裂增殖的能力优于 BMMSC，而 BMMSC 用于骨损伤修复和自身免疫性疾病、炎症性疾病治疗更具有优势，但差异大小还与两种 MSC 的来源有关，自体 BMMSC 治疗的优势是可以实现自体细胞治疗，完全排除了免疫排斥的可能性。

◆ 第三节　脐带间充质干细胞的生长分化调控

一、脐带间充质干细胞生长与分化的调控因素

UCMSC 的分裂增殖和分化受到内源性与外源性两个方面的多种因素的共同调节，

其中内源性因素是决定性因素，外源性因素是诱导因素（图 5-20）。内源性调节是指不同基因阵列在一定时间、空间的开启与关闭及转录因子的表达模式调节，不仅涉及不同基因的修饰模式的改变和转录水平、转录后的 RNA 剪切差异等，也涉及蛋白质的结构与功能调节，是一个相对复杂的细胞外信号转导、基因修饰、基因开放与关闭、转录与表达的系统性联动过程。外源性因素如细胞外的物理、化学因素，细胞与细胞之间的接触，细胞外基质，细胞因子及其他因子介导的信号传导对 UCMSC 的生长分化均具有调控作用，其中任何因素的变化都可能影响 UCMSC 的生长与分化能力。外源性因素是诱因，其主要通过诱导内源性因素的改变影响 UCMSC 的生长、分裂增殖与分化，通过影响遗传基因的表观遗传修饰模式从而调节基因表达模式和水平，最终调控 UCMSC 的分裂增殖能力和分化方向。外源性因素是调控 UCMSC 生长、分裂增殖和分化的关键因素，在体内外条件下均可通过改变外源性因素来调节 UCMSC 的生长与分化，例如，选择特定的培养体系可诱导 UCMSC 分化为神经细胞、肌肉细胞、骨细胞等，添加某些细胞因子可以促进 UCMSC 生长并维持干性，在体内特定的组织微环境中可以向相应组织类型的功能细胞分化。UCMSC 的分裂增殖是在不受外源性因素影响下的复制和数量增加，也就是在维持其干性和生物学特征的情况下一分为二，需要特定的微环境。维持 UCMSC 干性的任何因素变化都可能引起其分裂增殖和分化能力的改变，人们可以通过模拟体内微环境减少环境因素对其基因修饰与表达模式的影响，使其维持干性并分裂增殖，借助这种方法可以从脐带组织中获取不受环境因素影响的高活性 UCMSC。由于外源性因素的改变可以影响 UCMSC 的基因修饰与表达模式，人们可以通过改变外源性因素来调节增殖分裂相关基因的表达，促进其分裂增殖活性，如在分离培养过程中添加碱性成纤维细胞生长因子等。根据 UCMSC 的基因表达调控机制，在体外培养条件下，通过添加诱导剂或导入特定的转录因子基因可以改变 UCMSC 的 DNA 甲基化修饰模式，使其按照

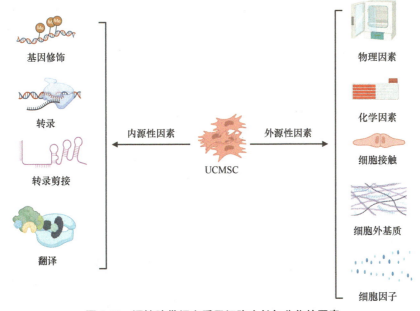

图 5-20　调控脐带间充质干细胞生长与分化的因素

预期的目标分化为特定的功能细胞，制备出临床治疗所需的 UCMSC 衍生细胞。外源性因素对基因修饰与转录模式的干预可以在基因修饰、转录、转录剪接和翻译环节进行，调节靶点也具有多样性，因此选择调节 UCMSC 的分裂增殖和分化的方法，需要明确其作用环节和靶点。

二、脐带间充质干细胞分化谱系

细胞分化谱系是指卵裂球从第一次卵裂起，直到最终分化为成熟组织细胞的过程中，遗传基因转录表达谱的时序变化。人类受精卵向成熟细胞分化遵循精确的时空调控程序，分化谱系是从受精卵分裂开始，按细胞分化的世代、位置和特征给予系统的符号和名称，借以表明它们彼此之间和前后代细胞之间的相互关系，这种细胞间在发育中世代相承的亲缘关系犹如人类家族的谱系，故称为细胞谱系（cell lineage）。细胞谱系的研究对于了解干细胞的分化状态和命运，比较干细胞与成熟细胞发育之间的演化关系具有重要作用。UCMSC 是未分化成熟的成体干细胞，其分化谱系位于从受精卵分化而来的胚胎干细胞向成熟细胞演变的过程之中，UCMSC 的分化谱系已经进入中胚层分化方向，进一步分化的方向主要是基质细胞，但它还具备一定的分化能力，通过改变微环境条件，可以定向诱导其分化为多种类型的成熟细胞。

UCMSC 及其谱系分化程度：最早的干细胞是受精卵在受精后 36h 开始分裂为 2 个细胞，之后大约每隔 12h 分裂一次，72h 后分裂为 16 个细胞，形成类似桑椹的细胞团，因此被称为桑椹胚。受精卵在发育至第 6～8 天开始形成囊胚并着床，至第 11～12 天完成着床过程。从受精卵发育至囊胚形成前的胚胎中分离获得的干细胞分化能力最强大，不仅可发育成个体，而且可形成滋养层。胚胎发育到囊胚后，从内细胞群中分离获得的干细胞仍具有发育成完整个体的潜能，但失去了形成滋养层和胎盘的能力，因此不能生长发育成完整个体，这种细胞被称为胚胎干细胞。从胚胎发育形成组织器官到出生之后的生长发育和衰老死亡过程中，各组织器官中仍有干细胞的存在，这类细胞仍具有多向分化潜能，但分化潜能不如胚胎干细胞强大，一般仅能向所在组织的成熟细胞分化，不能发育成完整个体，这类细胞被称为成体干细胞或组织干细胞。UCMSC 属于组织干细胞，在体内一般只能向脐带组织细胞分化，但在体外特定的培养诱导条件下，也具有向三个胚层来源的组织细胞分化的潜能。UCMSC 的分化谱系位置尚未见报道，从谱系分化的时序上讲，它低表达部分胚胎干细胞相关的抗原标志，如 Nanog，同时表达多种胚胎发育早期的抗原标志，如干细胞生长因子（SCF），也表达许多成熟细胞的抗原标志，总体来讲，它是一类在谱系分化上处于从胚胎干细胞向成熟细胞分化过程中的中间体，更接近于器官间质细胞或基质细胞。要明确其谱系分化位置，需要对其基因表达谱进行深入分析，弄清其基因表达谱的时序关系及相对特异的抗原标志，才能对其进行谱系分化定位。UCMSC 实际上是脐带基质细胞的前体细胞，它主要来源于胚胎发育期的中胚层，是远离胚胎干细胞分化谱而接近于成熟基质细胞的一种成体干细胞，其在体内的分化方向已经相对明确，但在体外特定的诱导培养条件下能够向三个胚层来源的组织细胞分化，说明其谱系分化位置已接近于分化完全的成熟细胞（图 5-21）。

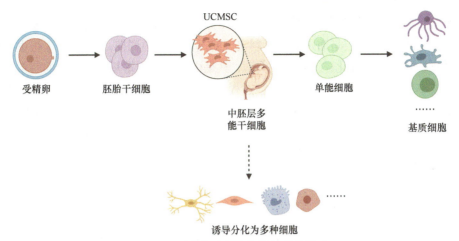

图 5-21 脐带间充质干细胞的分化谱系

三、表观遗传修饰对 UCMSC 生长分化的调控作用

UCMSC 的干性维持与生长分化受基因组表观遗传修饰的调控，其中 DNA 甲基化修饰模式的变化引起基因转录与表达的改变是诱导 UCMSC 分化的关键因素。表观遗传（epigenetic inheritance）是指在遗传基因的 DNA 序列没有发生改变的情况下，由细胞内外环境变化诱导的基因表达谱发生改变，从而导致细胞的表型及功能发生变化。一直以来，人们都认为基因组 DNA 序列的组成和结构决定着生物体的全部表型，但逐渐发现有些现象无法用经典遗传学理论解释，比如基因组成与结构完全相同的同卵双胞胎出生后，在不同的地理、社会和生活环境中长大，他们在性格、健康甚至是某些外貌特征方面会有较大的差异。这种现象说明，在 DNA 序列没有发生变化的情况下，生物体的一些表型改变是遗传基因以外的因素所导致的。随着表观遗传分析技术的发展，科学家发现，基因组含有两类遗传信息，一类是传统意义上的遗传信息，即基因组 DNA 序列所提供的遗传信息，另一类则是表观遗传学信息，即基因组 DNA 的修饰，它的作用是调节 DNA 遗传信息何时、何地、以何种方式表达。表观遗传的特点是：①可遗传，即 DNA 甲基化修饰模式可通过有丝分裂或减数分裂，能在细胞或个体世代间遗传；②表观遗传修饰模式具有可塑性、可逆性，可通过环境、药物、生活方式或生物活性因子诱导修饰模式改变而导致基因表达谱和个体的表型特征发生改变；③生物体或细胞的表型特征和功能发生了变化，但没有 DNA 序列的改变或不能用 DNA 序列变化来解释。

表观遗传修饰对 UCMSC 生长分化的影响主要体现在通过基因修饰干扰基因表达，进而影响 UCMSC 的干性维持、分化方向和分化状态（图 5-22）。表观遗传修饰对 UCMSC 生长分化的调控方式如下：①DNA 共价结合一个修饰基团，使具有相同序列的等位基因处于不同修饰状态，进而导致基因开放或关闭表达，从而调控 UCMSC 的生长活性和分化方向；②组蛋白修饰，UCMSC 的 DNA 被由组蛋白组成的核小体紧密包绕，组蛋白上的许多位点都可以被修饰，尤其是赖氨酸，组蛋白修饰可影响组蛋白与 DNA 双链的亲和性，从而改变染色质的疏松和凝集状态，进而影响转录因子等调节蛋白与染色质的结合，从而影响 UCMSC 的基因表达；③非编码 RNA 调控，非编码 RNA 是指不能翻译为蛋白质，但具有调控作用的功能性 RNA 分子，在调控基因表达过程中发挥着重要作用，非编码 RNA 调控是通过某些机制实现对基因转录的调控，如 RNA 干扰也可以调控 UCMSC 的干性及分化；④染色质重塑，其是由染色质重塑复合物介导的一系列以染色质上核小体变化为基本特征的生物学过程，是一个重要的表观遗传学机制，主要通过染色体的结构变化调控转录因子、DNA 聚合酶等与 DNA 的结合，进而影响 UCMSC 的基因表达；⑤核小体定位，核小体是基因转录的障碍，被组蛋白紧密缠绕的 DNA 无法与众多转录因子以及活化因子结合，因此，核小体在基因组位置的改变对调控 UCMSC 的基因表达有着重要影响。在 UCMSC 的 DNA 复制、重组、修复以及转录调控等生命活动中，染色质上的核小体定位一直处于相对稳定状态，如果这种稳定状态被打破，就会通过一系列染色质重塑复合物的作用使 UCMSC 的干性发生改变。此外，体内外环境的变化、心理因素、生活方式等均可能引起 UCMSC 的表观遗传修饰谱发生改变，进而影响其分化方向。

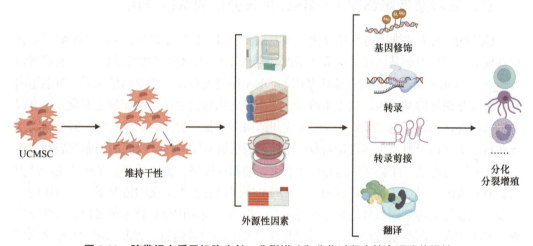

图5-22 脐带间充质干细胞生长、分裂增殖和分化过程中的表观遗传调控

　　表观遗传修饰是所有细胞生长分化的共同特征，在从胚胎干细胞的发育分化到组织器官的形成、生命的诞生、个体生长发育及衰老死亡的整个过程中，一直伴随着包括干细胞在内的组织细胞的表观遗传修饰模式的动态变化，这种变化是干细胞分裂增殖和分化方向的决定性因素。人体衰老也与表观遗传修饰导致的基因表达方式发生改变有关，表观遗传修饰模式的改变，导致某些衰老相关基因开放表达，而与生长发育相关的基因关闭表达，进而导致人体衰老细胞累积，从而使人体逐渐进入衰老状态。一些疾病的发生和发展也与表观遗传修饰密切相关，例如，恶性肿瘤生长是肿瘤干细胞的某些突变基因或肿瘤相关基因激活表达的结果，通过改变表观遗传修饰模式可以抑制肿瘤基因表达从而控制肿瘤生长。遗传基因的表观遗传修饰变化可以改变细胞的表型特点，这也是干细胞具有可塑性的根本原因，可以通过诱导表观遗传修饰模式的变化，重塑人的行为能力和生命体的某些特征，如使胚胎发育早期的基因开放表达可以延缓甚至逆转衰老。

四、表观遗传修饰在诱导脐带间充质干细胞生长与分化中的应用

在表观遗传学研究方面，干细胞的发育分化与表观遗传修饰关系密切。在成人体内分布的各种组织中的细胞种类有 270 多种，不同组织中、不同类型的细胞在形态学、生长特性、表型、结构、功能等方面千差万别，但在遗传基因的组成和结构上是完全一致的，只是它们所处的组织微环境不一致而已。其遗传基因一致但功能各异的原因是表观遗传修饰导致基因关闭与开放模式、基因表达谱差异。表观遗传修饰是 UCMSC 干性维持、分裂增殖和分化的关键因素，特别是对其分化方向起决定作用。一般来说，UCMSC 中的表观遗传修饰有利于发育早期基因开放表达，而基因甲基化修饰使衰老相关基因处于关闭表达状态，但在分化成熟后，发育早期开放表达的一些基因，由于基因甲基化修饰而关闭表达，一系列与谱系相关的基因则因去甲基化而开放表达。导入胚胎发育早期开放表达的转录因子基因、添加某些小分子化合物或生物活性因子共培养，可以改变 UCMSC 的基因修饰模式，如甲基化、磷酸化或组蛋白修饰状态，诱使胚胎发育相关的基因重新开放表达，结果会使 UCMSC 重编程而逆向分化为胚胎干细胞样细胞。同样，经诱导关闭发育早期基因表达，使谱系分化相关基因开放表达，则可诱导 UCMSC 定向分化为特定的功能细胞。表观遗传修饰是胚胎发育、细胞分化、组织器官形成和干细胞可塑性的分子基础，是同一个体不同组织类型间细胞表型与功能差异的调控机制，通过诱导 UCMSC 的表观遗传修饰状态改变，可以使其逆向分化为更具潜能的胚胎干细胞，也可将其诱导分化为特定的功能细胞，维持其表观遗传修饰状态可以使其保持原有的干性（图 5-23）。

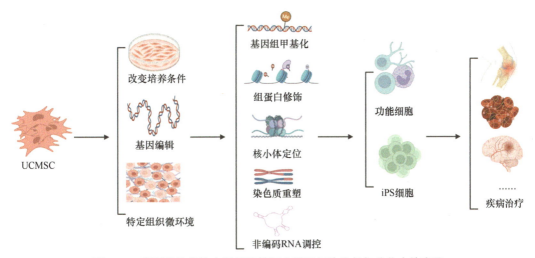

图 5-23　表观遗传修饰在诱导脐带间充质干细胞生长与分化中的应用

五、脐带间充质干细胞的可塑性

干细胞的可塑性包括全能性、多能性、专能性，也有人将着床前的受精卵分裂而来的细胞称为"万能细胞"，因为它可以发育为完整个体，还有人将胚胎干细胞称为"万能细胞"，因为它可以分化为人体所有类型的功能细胞。全能干细胞是指能够向人体所

有组织类型的270多种细胞分化的干细胞，主要是指胚胎干细胞和诱导性胚胎样细胞。多能干细胞是指能够向两种以上组织类型的成熟细胞分化的干细胞，一般来源于骨髓、脐带、脂肪等成体组织，UCMSC属于来源于脐带的多能干细胞。按表型标志和分化潜能分类，还有一类介于全能干细胞和多能干细胞之间的中间干细胞，我们暂时称之为亚全能干细胞。UCMSC是一群在形态、表型和功能上有一定异质性的成体多能干细胞，其中包含少量亚全能干细胞，这类细胞表达间充质干细胞的标志性抗原，同时还表达部分胚胎干细胞的标志性抗原，其分化潜能不如胚胎干细胞强大，但其生长活性和分化潜能比间充质干细胞强大，可以在体外调节下被诱导分化为三个胚层来源的组织细胞，这种细胞可能是脐带组织中的真正干细胞，在谱系分化时序上属于脐带组织中处于发育分化上比经典UCMSC更早期的脐带干细胞。用常规方法制备的UCMSC大部分属于多能干细胞，其分化潜能不如上述干细胞，但仍然能够向软骨、脂肪、神经等多种组织类型的成熟细胞分化。UCMSC处于胚胎干细胞向成熟细胞分化过程中的某一阶段，体外制备获得的UCMSC中包含10多种亚群细胞，这些细胞的基因表达谱具有相似性，但也表达一些不同的抗原标志物，在生长与分化能力方面有一定差异，其中包含一类具有快速自我更新和增殖能力，且具有向多胚层组织细胞分化能力的UCMSC，其他大多数UCMSC的生长和分化潜能相对有限，虽然在特定的条件下也具有多向分化和跨胚层分化的潜能，但对诱导分化的条件要求更高。在体外培养过程中，不同形态、表型和分化潜能的UCMSC之间可能会发生相互转化，特别是具有高增殖和分化能力的UCMSC可以进一步分化为常规UCMSC。为保证临床治疗的有效性，应在体外制备过程中尽量维持UCMSC的干性和均一性，具体而言，应分析清楚UCMSC的异质性和亚群组成，建立针对不同表型和功能亚群的UCMSC制备技术，以获得具有高增殖和高分化能力的UCMSC，并进一步探索制备对临床疾病治疗更具有实用价值的具有特定生物学功能的UCMSC亚群（图5-24）。

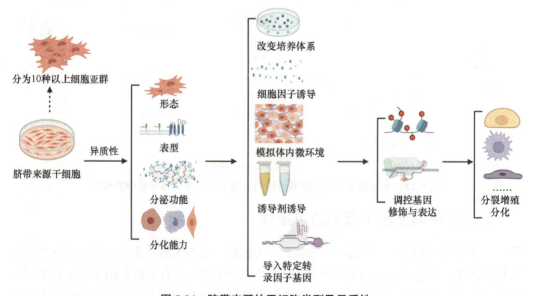

图5-24　脐带来源的干细胞类型及异质性

六、脐带间充质干细胞转化为红细胞的可能性

红细胞一般是由骨髓造血干细胞分化而来的，UCMSC 是否能够转分化为红细胞尚缺乏科学实验资料。从理论上讲，包括 UCMSC 在内的所有干细胞不仅可以纵向分化为多种类型的组织细胞，还可以逆向分化为发育谱更早的干细胞。1996 年，体细胞核移植克隆羊多莉的出现颠覆了人们对细胞分化的传统认知，将已经完全分化成熟的成纤维细胞移植于去核的卵母细胞中，可以把发育时钟拨回零点，使其逆向分化为与受精卵相似的最原始干细胞，从成熟细胞开始重新发育生长出新的生命个体。该重大技术突破提示，干细胞可以正向分化为成熟的功能细胞，已经去分化的成熟细胞也可以逆向分化为干细胞。UCMSC 和造血干细胞均来源于胚胎干细胞，属于胚胎干细胞向成熟细胞分化过程中的中间细胞，但其进一步的分化方向相对明确，造血干细胞只能分化为各种血液细胞，而 UCMSC 只能分化为基质细胞，在组织中主要发挥营养和支持作用。越来越多的证据显示，UCMSC 具有向多种组织类型的成熟细胞分化的潜能，还有一些报道认为，UCMSC 具有跨胚层分化的潜能，可以分化为三个胚层来源的组织类型的成熟细胞，其中包括成骨细胞、神经细胞、肌肉细胞、皮肤细胞、胰岛细胞等，但诱导 UCMSC 分化为红细胞和免疫细胞未见报道。

根据现有关于体细胞核移植、小分子化合物诱导体细胞重编程和干细胞分化及成体细胞转分化的研究进展，定向诱导 UCMSC 分化为红细胞具有可能性，只是目前还没有找到有效的诱导方法。直接将 UCMSC 诱导分化为红细胞的技术难度较大，可以通过基因编辑、诱导重编程等技术将 UCMSC 诱导分化或转分化为造血干细胞，或者诱导分化为造血干细胞向红细胞分化过程中的中间体，然后再进一步诱导分化为红细胞。将 UCMSC 转化为红细胞主要有以下技术策略（图 5-25）：①采用 DNA 甲基化化学诱导剂

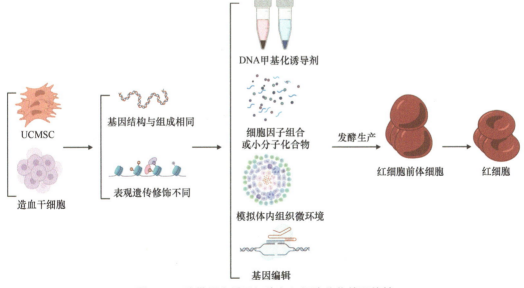

图 5-25 脐带间充质干细胞向红细胞分化的可能性

诱导基因转录模式重编程，使其向红细胞分化相关的基因开放表达；②采用细胞因子组合或小分子化合物促使 UCMSC 转分化为造血干细胞或红细胞的前体细胞；③模拟体内组织微环境，建立适宜 UCMSC 向红细胞分化的环境条件，同时添加诱导剂；④模拟红细胞的前体细胞的基因表达模式，通过基因编辑技术促进 UCMSC 向红细胞分化的系列基因表达，促使其定向分化为红细胞的前体细胞，然后再诱导其分化为红细胞。UCMSC 向红细胞分化虽然具有可能性，但要以 UCMSC 为基础大批量获得红细胞并满足临床治疗的需求，在建立诱导技术的基础上还需要大规模细胞发酵技术才能建立规模化生产红细胞的技术。总之，同一个体来源的 UCMSC 与造血干细胞在基因组成和结构上完全一致，只是因为表观遗传修饰模式的不同，导致两种细胞的表型特征和功能不同，诱导 UCMSC 向造血干细胞或红细胞分化的关键是要发明使 UCMSC 的表观遗传修饰模式向红细胞方向转变的新技术。

七、诱导脐带间充质干细胞定向分化

在体外实验条件下，UCMSC 已经被诱导分化为数十种类型的成熟细胞（图 5-26），其中包括：①在体外培养体系中添加神经组织提取液和特定诱导剂、导入特定细胞因子基因等可以诱导人 UCMSC 向神经元样细胞分化；②肝匀浆上清液可诱导人 UCMSC 分化为肝细胞样细胞，诱导后的细胞具有肝细胞特异性标志物，并具有肝细胞合成和分泌

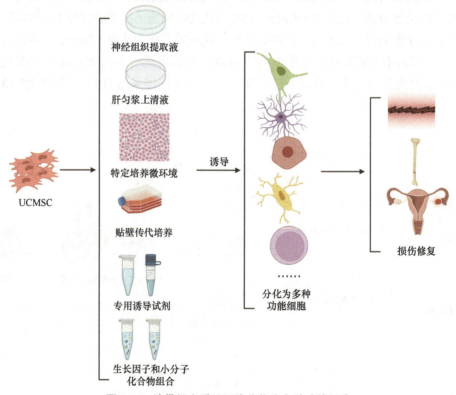

图 5-26　脐带间充质干细胞分化为多种功能细胞

白蛋白的功能,从骨髓与脐带中分离获得的间充质干细胞不仅可在多种细胞因子的"鸡尾酒式"诱导下分化为肝细胞样细胞,还可以在正常肝细胞共培养的微环境中向正常肝细胞分化;③在体外特定的培养微环境和体内胰腺组织微环境中,人 UCMSC 可被诱导分化为胰岛样细胞;④UCMSC 在贴壁传代培养过程中,不需要特殊条件诱导,可随传代次数增加而自动向脂肪细胞分化;⑤已有商业化的专用试剂可以诱导 UCMSC 向脂肪细胞、成骨细胞、成软骨细胞和骨细胞分化,该方法已经成为鉴定 UCMSC 分化潜能的经典方法;⑥某些生长因子和小分子化合物组合可诱导 UCMSC 向成纤维细胞分化。

目前,国内外文献报道的诱导人 UCMSC 定向分化成的细胞种类至少有 18 种,还有一些研究正在改进诱导方法以提高诱导效率和技术方法的稳定性,另一些研究正在开拓人 UCMSC 分化的新方向。UCMSC 来源的成熟细胞可用于人体各种组织细胞的替代与组织损伤修复治疗,随着 UCMSC 诱导分化技术的发展,UCMSC 及其衍生的功能细胞、细胞与材料结合的复合物将成为组织器官损伤修复的新材料,这将给许多目前难以治愈的组织器官损伤与残缺的治疗带来新的希望。

八、脐带间充质干细胞转化为血小板的可能性

血小板是血液中的有形成分之一,是骨髓巨核细胞脱落下来的细胞质碎片,呈圆盘状,直径和体积差异很大,直径在 $1\sim8\mu m$,体积在 $5\sim12\mu m^3$,有变形和运动能力,数量一般为 $100\times10^9\sim300\times10^9$ 个/L。血小板的主要功能是凝血和止血,血小板减少会导致凝血、止血功能障碍,血管损伤时则可能出血不止,单纯血小板减少会导致慢性出血和皮肤出血点、瘀、疹等。目前血小板的来源远远满足不了临床需要,急需开拓新的血小板来源和研发新的血小板制品。如果能够实现将 UCMSC 分化为巨噬细胞并产生大量的血小板,这将是人类历史上的重大技术突破。

关于 UCMSC 转化为血小板,特别是将其用于大量制备血小板的研究尚未取得成功,但在理论上具有可实现性,值得科技工作者进一步开发研究。未来可能通过特定的环境培养诱导和基因编辑技术插入或删除某些特定基因序列等诱导 UCMSC 先分化为巨噬细胞,进而通过在体外大规模生产巨噬细胞,再通过模拟体内环境诱导巨噬细胞产生血小板(图 5-27)。从理论上讲,还可通过某些化学物质诱导表观遗传修饰改变,进而诱导 UCMSC 转化为产生血小板的巨噬细胞,但要实现从 UCMSC 到规模化产出血小板,还需要科学家艰苦而细致的努力。要实现 UCMSC 向血小板方向转变,首先要揭示 UCMSC 向巨噬细胞分化过程中的谱系分化基因表达规律,发现能够诱导 UCMSC 分化为巨噬细胞的关键调控基因,解析清楚 UCMSC 和巨噬细胞的表观遗传修饰模式,明确 UCMSC 分化为巨噬细胞的环境条件,找到巨噬细胞转化为血小板的诱导方法,才能建立行之有效的技术方法。目前,UCMSC 与血小板的相关研究主要是用 UCMSC 治疗血小板减少性紫癜或特发性血小板减少,它可以促进造血功能恢复和血小板生成。UCMSC 还可促进造血干细胞定向分化形成原始的巨核细胞,原始巨核细胞进一步成为成熟的巨核细胞和血小板。相信随着科学技术的发展,利用 UCMSC

制备出血小板的技术一定会取得成功。

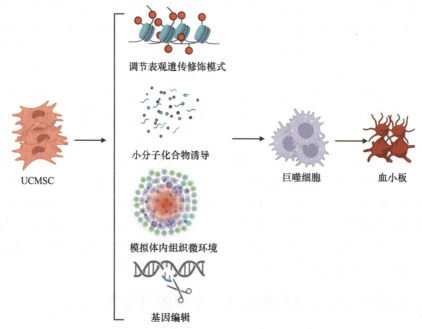

UCMSC

调节表观遗传修饰模式

小分子化合物诱导

模拟体内组织微环境

基因编辑

巨噬细胞　　血小板

图 5-27　脐带间充质干细胞用于大量制备血小板的可行性

九、脐带间充质干细胞转化为生殖细胞的可能性

生殖细胞又称配子，是人体内能繁殖后代的细胞的总称，包括从原始生殖细胞到最终已分化的生殖细胞（精子和卵细胞）的系列细胞。生殖细胞均为单倍体细胞，其中包含一条性染色体。生殖细胞由胚胎干细胞发育分化而来，胚胎干细胞在母体内具有迁移入胎儿生殖腺的能力，同时具有减数分裂及产生原始生殖细胞的能力，其衍生的精子或卵细胞可通过有性生殖机制发育成个体。

从细胞发育分化的角度分析，UCMSC 具有逆向分化为生殖细胞或转分化为生殖细胞的潜能，利用体细胞核移植、诱导 UCMSC 重编程和基因编辑技术等可诱导 UCMSC向生殖细胞转化，但直接诱导 UCMSC 转变为生殖细胞需要建立诱导其特定基因表达的方法和环境诱导条件。一般来说，诱导 UCMSC 分化为骨、软骨、脂肪、胰岛等组织的成熟细胞相对容易，符合其正向发育分化方向，但要逆向分化为生殖细胞则相对困难。预计诱导 UCMSC 转化为生殖细胞的方法（图 5-28）有：①通过基因编辑技术促使基因表达谱向生殖细胞转化；②模拟建立生殖细胞的特定细胞微环境可能诱导其逆向分化为生殖细胞；③导入特定基因诱导 UCMSC 重编程为胚胎干细胞样细胞，再进一步利用细胞融合或再编程技术使其转化为生殖细胞；④利用某些特定的生物活性因子或小分子化合物组合可能诱导 UCMSC 的表观遗传修饰重编程而将 UCMSC 直接重编程为生殖细胞，但难度较大，目前正在研究之中，需要发现特定的诱导因子。

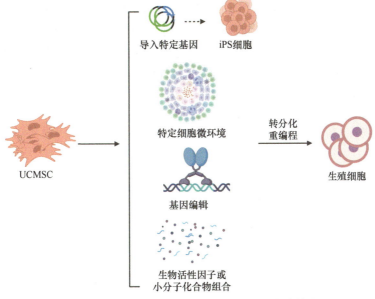

图 5-28　脐带间充质干细胞转变为生殖细胞的策略

◆ 第四节　外源性脐带间充质干细胞与组织微环境的互作关系

一、脐带间充质干细胞的表面受体与功能

细胞表面受体（cell surface receptor）是指位于细胞膜上的具有识别细胞外分子并向细胞内传递信号的蛋白质分子。细胞表面受体主要识别周围环境中的活性物质或被相应的信号分子所识别，并与之结合，将外部信号转变成内部信号，以启动一系列反应而产生特定的生物效应。表面受体多为膜上的功能性糖蛋白，也有由糖脂组成的表面受体，如霍乱毒素受体、百日咳毒素受体等；有的受体是糖脂和糖蛋白组成的复合物，如促甲状腺素受体。若为由一条多肽链组成的受体，称单体型受体；若为由两条或两条以上的多肽链组成的受体则称聚合型受体。表面受体主要是同大的信号分子或小的亲水性信号分子作用并向细胞内传递信息。

体外分离培养获得的 UCMSC 表面有多种抗原标志分子和表面受体（图 5-29）。UCMSC 表达表面抗原标志分子较为稳定，主要表达的抗原标志分子有 CD10、CD13、CD29、CD44、CD73、CD90、CD105、CD166 及 MHC-Ⅰ等，少量表达移植相关的表面抗原标志分子，如 CD80、CD86 和 HLA-ABC，不表达或低表达 CD14、CD31、CD33、CD34、CD45、CD56 及 HLA-Ⅱ类分子，也不表达共刺激分子。UCMSC 的表面受体主要有整合素受体 CD29、CD51 及间充质干细胞受体 SH2、SH3，还表达趋化因子、生长因子和黏附分子受体，这些受体能够识别损伤组织、炎症组织释放的多种生物活性因子并与其结合。UCMSC 的表面受体是其接受生长因子、黏附因子等细胞外信息及能够向炎症组织和损伤组织归巢的重要原因。UCMSC 不表达或低表达移植免疫排斥相关的抗原分子，因此可以逃逸异体的 T 淋巴细胞和 NK 细胞的识别而在异体甚至异种移植中不发生明显可见的免疫排斥反应。UCMSC 所具备的表型特征，赋予了其作为组织工程种子细胞的潜力，同时也使其在自身免疫性疾病治疗、器官移植排斥反应干预以及各类替代治疗中展现出潜在应用价值。

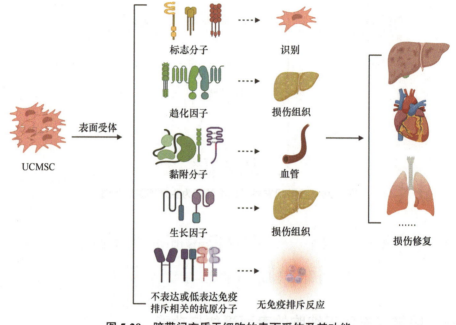

图 5-29　脐带间充质干细胞的表面受体及其功能

通过不同途径进入体内的 UCMSC 均具有向损伤组织与炎症组织迁移和归巢的特性，这一特性源于其本身表达于其表面的趋化因子、生长因子和黏附分子受体，这些受体能够识别损伤组织、炎症组织释放的多种生物活性因子并与其结合，从而驱动外源性输入的 UCMSC 与血管内皮的黏附分子结合，穿越血管壁并向损伤组织迁移。UCMSC 的表面受体是其接收外源信号、促进其增殖分化的关键因素，也是驱动 UCMSC 定向归巢于损伤组织和炎症组织的导航分子。

二、脐带间充质干细胞内的亚细胞结构特征

亚细胞结构是比细胞更细化的细胞内超微结构，主要是指细胞器及细胞核等细胞内骨架结构，通常叫细胞超微结构。亚细胞结构需要进行超薄切片后在电子显微镜（EM）或者超分辨光学显微镜下才能看清楚，新型超高分辨显微镜如量子显微镜、原子力显微镜、双光子显微镜等也可以清晰地观察细胞的超微结构。常见的亚细胞结构有线粒体、中心体、高尔基体、内质网、细胞核、核糖体等。

在体外分离、传代扩增培养获得的 UCMSC，在光学倒置显微镜下呈细小梭形，呈平行排列或旋涡状排列生长，有细胞质凸起，核大，传代生长迅速，3～4 天达到 85% 以上融合。在扫描电镜下观察，细胞多呈长条状纤维样，表面光滑，细胞无明显凸起，

细胞间无网络状连接。透射电镜观察显示，UCMSC 的细胞膜完整，细胞表面可见散在的类似微绒毛结构，细胞间连接可见点状桥粒与带状桥粒，紧密连接形成复合体。细胞多为单核，偶见双核，细胞核位于细胞的中央，核仁明显，核质比大，细胞核大，呈不规则圆形或椭圆形，核膜清晰，外膜表面附有核糖体，有一个或多个核仁，核仁由核仁丝缠绕形成海绵球体状，少量的核仁分布在核周边区，常染色质占多数，是间期和生长期的染色体，部分细胞可见核仁边集现象。细胞质丰富，细胞质内可见散在的粗面内质网，具有丰富的游离核糖体，部分细胞可见自噬泡（图 5-30）。

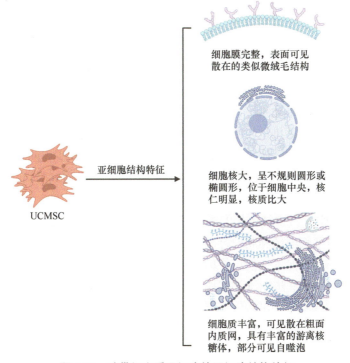

图 5-30 脐带间充质干细胞的亚细胞结构特征

三、脐带间充质干细胞对器官纤维化的治疗作用

器官纤维化（fibrosis）是指炎症导致器官实质细胞发生坏死，组织内细胞外基质异常增多和过度沉积的病理过程，可发生于多种器官。器官纤维化的主要病理改变为器官内纤维结缔组织增多，实质细胞减少，持续进展可致器官结构破坏和功能减退，乃至衰竭，严重威胁人类健康和生命。人体器官由实质和间质两部分构成。实质是指器官的主要结构和功能细胞（如肝的实质就是肝细胞）。间质由间质细胞和细胞外基质（主要有胶原蛋白、糖胺聚糖、糖蛋白和弹性蛋白）构成，分布在实质细胞之间，主要起机械支撑和连接作用，间质中包含少量间充质干细胞，其分泌因子对实质细胞具有营养作用。此外，细胞外基质构成的维持细胞生理活动的微环境，是细胞之间信号传导的桥梁，参与多种病理过程，并在组织损伤修复和纤维化过程中起重要作用。

任何能引起组织细胞损伤的因素，均可导致组织细胞发生变性、坏死和炎症反应。如果损伤很小，损伤细胞周边正常的实质细胞将通过分裂增殖使组织损伤得到修复，这种修复可完全恢复正常的结构和功能。如果组织损伤较严重或反复损伤超出了损伤周围实质细胞的再生修复能力时，间质纤维结缔组织（细胞外基质）将大量增生对缺损组织进行修复，即发生纤维化的病理改变。因此，纤维化在本质上是组织遭受严重损伤后的修复反应，其作用是维护组织器官在形态和结构上的相对完整性，增生的纤维结缔组织虽然修复了缺损，但却不具备原来器官实质细胞的结构和功能。如果纤维化修复反应过度、过强和失控时，就会引起器官的纤维化并导致器官功能下降。

UCMSC 干预猕猴衰老的实验结果显示，将新生猕猴的 UCMSC 和幼年猕猴的 BMMSC 或体外诱导培养的多能干细胞以 1×10^7 个细胞/（kg·次）的剂量输入 20 岁以上并伴有肺纤维化的老年猕猴体内，每日 1 次，连续 3 次输入，在治疗后 3 个月检测发现，肺纤维化程度明显减轻，胸腺、卵巢、肝、肾等器官中的纤维化面积和纤维沉积量均明显减少，而且还发现脑血流灌注量增加，肾小球滤过率提高，同时还可见外周血中的超氧化物歧化酶（SOD）、端粒酶含量升高。该研究结果表明，UCMSC 治疗能够显著降低衰老猕猴的器官纤维化水平，有效改善组织器官功能。采用同种异体 UCMSC 治疗全身性放射损伤和创伤感染诱发的系统性炎症树鼩模型发现，UCMSC 可显著抑制全身性炎症反应和器官纤维化，使多个器官中的纤维化面积占比减少，同时发现，实质细胞再生和组织器官的结构与功能显著改善。上述结果表明，UCMSC 具有显著抑制器官纤维化的作用。

UCMSC 治疗组织器官纤维化的主要机制（图 5-31）是：①抑制损伤组织的炎症反应，减少器官间质细胞增殖和胶原纤维产生，阻止器官纤维化的发生发展；②通过分泌细胞因子和外泌体等，促进损伤组织的实质细胞生长、分裂增殖，提高受损实质细胞的抗氧化能力和自噬能力，进而维护实质细胞组织微环境的正常结构与组成，从而抑制器官间质增生和器官纤维化；③部分进入损伤组织的 UCMSC 可能在损伤组织微环境的诱

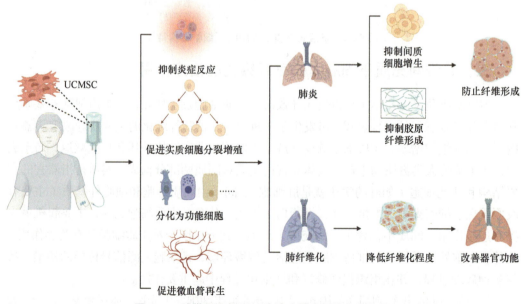

图 5-31 脐带间充质干细胞治疗器官纤维化的作用

导下定向分化并整合于损伤组织之中，起到替代缺失细胞的作用，从而维护器官结构与功能的稳定，减少间质细胞增生和胶原纤维产生；④通过分泌细胞生长因子和免疫调控因子等机制，促进微血管再生，改善组织器官的代谢功能、炎症等微环境条件，使之有利于实质细胞分裂增殖并发挥促进损伤修复的作用，而不利于间质细胞增殖和胶原纤维形成。

四、脐带间充质干细胞与损伤组织微环境的关系

UCMSC 具有自我更新和多向分化潜能、归巢特性、旁分泌功能等生物学特征，在外伤修复、组织再造和延缓衰老等临床医学领域呈现出较好的应用前景。已有研究发现，UCMSC 可靶向迁移到损伤组织，可分泌多种因子，改善损伤组织的局部组织微环境，促进血管、神经或多种组织细胞再生，降低炎症反应和免疫反应，从而增强受损组织的再生修复能力。组织微环境是指特定组织中由细胞、微血管、神经、细胞外基质、生物活性因子、可溶性营养物质、金属离子和水分等组成的具有特定生物物理特性的组织结构单元，人体组织微环境的结构与组成成分处于动态平衡之中。组织器官内细胞与其周围环境中各类组成成分之间的相互作用，构成了组织微环境结构与功能的基础，微环境中的任何因素变化均会导致细胞的表型、功能和细胞与细胞间、细胞与细胞外成分的通信改变，导致组织微环境甚至是器官的结构与功能失调。

外源性输入 UCMSC 的方法对许多疾病均具有治疗作用，其中最重要的机制就是促进损伤组织微环境改善，维护组织微环境的稳态，修复组织微环境的结构与功能。通过血液循环迁移到损伤组织或定位注射到损伤部位的 UCMSC 可与周围组织细胞直接作用，一方面，周围环境可为 UCMSC 提供生存所需的营养物质和环境条件；另一方面，迁移入损伤组织的 UCMSC，甚至是还处在血液循环或进入其他组织器官中的 UCMSC，可通过分泌细胞因子和外泌体等促进血管生成、组织细胞新陈代谢、抑制炎症、抗氧化应激等而改善损伤组织的微环境，提高损伤组织细胞的自噬能力和分裂增殖能力，促进组织损伤的修复。此外，组织微环境对 UCMSC 的分裂增殖和分化也具有诱导作用，UCMSC 可通过定向分化为损伤组织中的功能细胞而发挥直接参与组织损伤修复的作用。因此，迁移到损伤组织中的 UCMSC 与组织微环境之间存在相互调节作用，阐明 UCMSC 与微环境之间的相互作用关系对 UCMSC 治疗疾病极其重要。

UCMSC 促进组织损伤修复的作用取决于微环境对 UCMSC 的诱导作用和自身向损伤组织定向迁移、分化与分泌细胞因子、外泌体的数量和质量（图 5-32）。组织微环境对 UCMSC 的作用主要包括：①驱动 UCMSC 向损伤组织归巢，急性组织损伤并伴有炎症和细胞坏死的组织微环境可导致多种细胞因子释放和微血管损伤，进而导致血管通透性增加、巨噬细胞和中性粒细胞浸润，炎性细胞在吞噬坏死细胞的过程中会释放促炎介质于微环境中，如 γ 干扰素、肿瘤坏死因子 α、白细胞介素-1、趋化因子、自由基等，这些因子也是驱动 UCMSC 迁入损伤组织微环境的关键因素；②诱导 UCMSC 分化，损伤组织的微环境可直接诱导 UCMSC 分化为相应组织类型的功能细胞并整合于组织中，参与组织损伤修复；③刺激 UCMSC 释放细胞因子和外泌体，损伤组织的

微环境可刺激 UCMSC 分泌多种调节炎症与免疫、促进细胞生长和抗氧化应激的因子。UCMSC 对损伤组织微环境的作用主要包括：①分化为组织细胞参与损伤修复；②分泌细胞因子促进损伤组织细胞的分裂增殖，分泌活性蛋白酶使组织细胞免受氧自由基的氧化损害；③分泌免疫活性因子发挥免疫调控作用，抑制损伤部位的炎症反应，减轻炎症继发损伤；④UCMSC 可分化为血管内皮细胞，同时还可分泌生物活性因子促进血管再生，改善损伤组织的血液循环和代谢微环境；⑤分泌促代谢酶促进损伤组织细胞的代谢功能，从而有利于损伤组织的细胞再生。UCMSC 与损伤组织微环境的相互作用关系尚不完全清楚，由于 UCMSC 促进组织损伤修复的功能发挥不仅依赖于自身特有的生物特性和功能，更取决于组织微环境的趋化和诱导作用，因此，选择 UCMSC 的治疗时机、治疗途径对其发挥组织损伤修复作用特别重要。

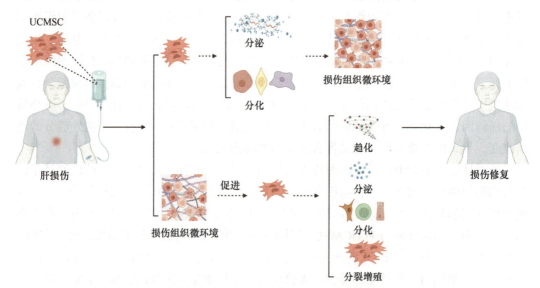

图 5-32　脐带间充质干细胞与损伤组织微环境的相互作用关系

五、脐带间充质干细胞与损伤组织的实质细胞的互作

在生理条件下，机体通过细胞增殖和细胞凋亡机制维持着内环境及各组织器官结构与功能的稳定。在人体生长发育和衰老死亡过程中，细胞凋亡事件无处不在、无时不有，组织器官中的组织特异性干细胞通过动员、增殖和分化及时更新与补充组织器官中损伤、衰老、凋亡的细胞，不断维持组织器官的稳态及人体结构与功能的健康状态。例如，皮肤损伤后，皮肤干细胞及时参与了皮肤细胞的更新换代，促进了毛发生长及伤口愈合。损伤组织能够刺激其内的干细胞动员和分化成成熟细胞，在一定程度上使组织损伤得到及时修复，但是，组织特异性干细胞的数量有限，增殖分化能力相对较弱，对于严重的组织损伤，依赖内源性干细胞难以达到良好的修复效果，需要补充外源性干细胞才能使组织损伤获得有效修复。越来越多的研究证据表明，UCMSC 促进组织损伤修复的作用优于某些传统药物，尤其在严重组织损伤治疗中独具优越性，因此，在创伤、炎症损伤和中毒性组织损伤的治疗中应用前景广阔。外源性输入体内并迁移入损伤组织的 UCMSC 与组织微环境中的多种组成细胞具有通信联系和相互作

用关系，这种在空间和时间上以直接接触与分泌因子介导的互作关系是 UCMSC 促进组织损伤修复的本质和基础。

外源性 UCMSC 迁移到特定损伤组织后可与组织微环境中各种细胞相互作用，这种作用依赖于两种细胞间的直接接触和分泌因子介导的信息交流。首先是局部组织微环境中的功能细胞通过直接接触或分泌因子向 UCMSC 传递信号，这种信号具有同化作用，可诱导 UCMSC 的基因修饰与表达模式改变，使其表型、形态和功能向损伤组织细胞转变，从而使 UCMSC 直接分化为功能细胞参与损伤修复；其次是 UCMSC 分泌的多种生物活性因子可与损伤组织中的实质细胞表面的受体结合，向实质细胞内传递信号，通过调节基因表达、修复 DNA 损伤、提高细胞自噬能力、激活分裂增殖信号通路等促进损伤组织内残缺的组织细胞及周边细胞生长和分裂增殖，从而促进损伤组织内的细胞再生及损伤修复（图 5-33）。为研究 UCMSC 与损伤组织的实质细胞的互作规律，研究者建立了类似于体内环境的细胞共培养技术体系，将 UCMSC 与其他细胞系放在同一培养环境中培养，通过检测各细胞的功能来揭示 UCMSC 与损伤组织的实质细胞的互作关系。有研究在体外建立了人卵巢颗粒细胞衰老模型，再将其与 UCMSC 共培养，结果发现，人卵巢颗粒细胞的衰老标志物——β-半乳糖苷酶表达水平显著降低，衰老颗粒细胞的自噬能力提高，衰老细胞数量明显减少。将 UCMSC 与衰老胸腺上皮细胞共培养发现，胸腺上皮细胞衰老标志分子表达水平下降，分裂增殖相关基因表达水平提高，全基因组甲基化修饰模式向年轻化方向漂移，表明 UCMSC 具有诱导衰老细胞的某些分子重编程的作用。将 UCMSC 与衰老皮肤成纤维细胞共培养，可观察到衰老皮肤成纤维细胞形态改变，细胞宽大扁平，可见细胞质出现空泡、颗粒等，与 UCMSC 共培养后细胞透明度增大，折光性增强，轮廓清楚，衰老细胞进入分裂期。上述研究结果表明，UCMSC 对衰老组织的实质细胞具有明显的调节作用，可通过直接接触和分泌因子调节基因修饰与表达模式，从而诱导衰老细胞年轻化。在许多研究中也发现，衰老组织细胞通过其分泌的衰老相关分泌表型诱导 UCMSC 衰老，说明 UCMSC 和衰老的组织细胞之间存在相互调控关系，可以通过分泌因子诱导对方的表型与功能向 UCMSC 衰老或衰老细胞年轻化方向转变。迁移至损伤组织中的 UCMSC 与损伤组织中的实质细胞之间也存在着在三维空间及多维组学上的相互调节关系，UCMSC 及其分泌因子可向损伤组织的实质细胞传递信号，诱导这些细胞发生基因层面的修饰及转录模式的动态调整，进而增强其自噬功能、提升抗氧化应激能力、激活分裂增殖潜能。同时，该过程还能有效抑制细胞凋亡，显著促进损伤组织细胞的存活与再生能力，此外，UCMSC 及其分泌因子还能改善损伤组织的炎症、营养、代谢微环境，从而有利于组织细胞再生和损伤修复。实质细胞也可通过直接接触或分泌因子的作用，诱导 UCMSC 的表观遗传修饰和基因表达模式改变，进而诱导 UCMSC 向损伤组织的实质细胞分化，从而补充组织细胞并发挥损伤修复作用，以维持组织结构与功能的平衡和稳定。UCMSC 与损伤组织细胞的互作关系是 UCMSC 治疗组织损伤中的重要科学问题，解析清楚二者之间的互作关系对阐明 UCMSC 的治疗机制极为重要。

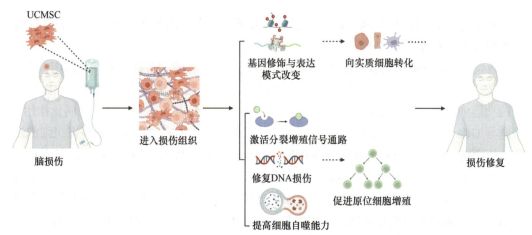

图 5-33 脐带间充质干细胞与损伤组织的实质细胞的互作

◆ 第五节　脐带间充质干细胞的标记与示踪

一、绿色荧光蛋白基因标记示踪

　　绿色荧光蛋白是一种在紫外光下发绿色荧光的蛋白质，而绿色荧光蛋白基因是一种能够表达绿色荧光蛋白的遗传基因，将其导入活细胞内可以插入基因组中并稳定表达绿色荧光蛋白，把这种细胞放在显微镜下，开启紫外光源即可发现这种细胞发绿色荧光，可以将其与其他未导入绿色荧光蛋白基因的细胞区别开来，因此其常用作活细胞体内外示踪的标记物。目前常用的增强型绿色荧光蛋白（enhanced green fluorescent protein，EGFP）是来自南太平洋水母体内的一种荧光蛋白分子，将表达这种蛋白的基因导入活细胞之后，可以通过荧光显微镜或者活体成像跟踪观察细胞的变化情况及其在体内的迁移、分布、存活等，其具有特异性高、易于识别、易于在活细胞内定位观察等特点，对活细胞的功能没有显著不良影响，其产生的荧光比野生型强，大大提高了识别标记细胞的灵敏度，是近年来研究活细胞定位和基因表达的一种非常常用的活细胞示踪方法。经大量的体内外实验研究发现，将 EGFP 基因导入 UCMSC 对其多谱系分化潜能无影响，且其细胞形态、活性和增殖能力没有发生显著改变，转染 EGFP 基因后的 UCMSC 可保持其原有的生物学特性和功能并长期稳定表达 EGFP。EGFP 基因是目前 UCMSC 标记和体内外长期示踪的最好标记基因，主要用于 UCMSC 在活体动物体内迁移、分布、定位的动态示踪。通常将 EGFP 基因装载到去除致病基因的慢病毒、腺病毒或逆转录病毒载体上，然后利用这些病毒对细胞的高感染性将其带入细胞内，进入细胞内的 EGFP 基因可插入到基因组内并在细胞分裂增殖过程中稳定传给子代细胞，不产生衰减效应，因此可以稳定追踪 UCMSC 在体内的动态变化情况。EGFP 基因的标记转染效率与感染复数（MOI）成正比，但过高的 MOI 会导致细胞毒性，影响细胞正常生理功能，且随感染复数增加，UCMSC 的贴壁能力会减弱，部分细胞老化、死亡，因此要确定 EGFP 基因的浓度比例和转染数量，注意将感染复数控制在合适的范围内，以免因为 EGFP 基因标记而影响 UCMSC 的生物学特性。有研究提示，以腺病毒载体携带的 EGFP 基因转染 UCMSC 的感染复数的安全范围为 50～150，其最适感染复数为 100。导入 EGFP 基因是在体内外识别和示踪 UCMSC 的理想方法，其意义是可以动态示踪 UCMSC 在活体动物体内的迁移过程、分布与定植规律、存活时间，结合原位单细胞转录组测序、基因表达分析技术可以示踪 UCMSC 在体内的分化方向和功能，但导入 EGFP 基因的 UCMSC 活体示踪仅适用于中小动物，将其用于大动物标记示踪还有赖于示踪成像设备及技术的发展，但目前已进入试用阶段，相信不久的将来会使导入 EGFP 基因的 UCMSC 在大动物体内示踪变得更方便。此外，EGFP 基因标记的 UCMSC，还可以通过取材进行冰冻切片直接观察或进行常规组织切片、免疫细胞化学染色后观察其在组织中的分布和功能。由于涉及外源基因插入基因组，基因标记的方法尚不能用于人类 UCMSC 的临床治疗示踪（图 5-34）。

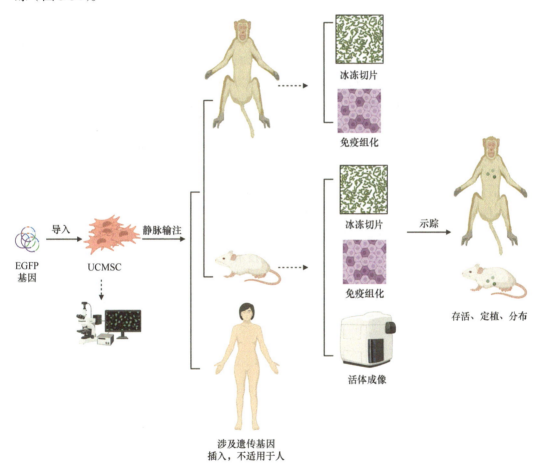

图 5-34　绿色荧光蛋白基因标记示踪脐带间充质干细胞

二、超顺磁性氧化铁粒子标记示踪

超顺磁性氧化铁粒子（super paramagnetic iron oxide，SPIO）又称菲立磁，在医学影像诊断中是一种磁共振成像（MRI）T2 的加权造影剂，主要用于静脉输入、MRI 成像诊断疾病。在 UCMSC 研究中，在体外将超顺磁性氧化铁与 UCMSC 共培养，它可以掺入 UCMSC 细胞内，将这种带有超顺磁性氧化铁粒子的 UCMSC 输入体内之后，可采用核磁共振成像的办法来动态跟踪 UCMSC 在体内的定植与分布，目前这已经成为一种在活体内动态示踪 UCMSC 的理想技术。超顺磁性氧化铁粒子标记 UCMSC 的方法十分简单，只要将一定浓度的超顺磁性氧化铁粒子与 UCMSC 在体外共培养即可标记。该技术最大的优点是磁共振成像示踪标记细胞的灵敏度极高，在理论上可实现单个细胞的体内活体动态示踪，对人体无明显毒害，可用于临床 UCMSC 治疗后在人体内的迁移、分布和存活示踪。UCMSC 治疗实验动物疾病模型的研究表明，SPIO 的转染浓度、转染时间与细胞的标记率及细胞内 SPIO 粒子的含量呈正相关，过高浓度的 SPIO 可产生细胞毒性作用，使细胞的生物学活性受到不同程度的抑制，如降低细胞的增殖活力、增加细胞凋亡、抑制细胞的成软骨分化能力，甚至影响细胞迁移和克隆形成能力。SPIO 浓度过低，进入细胞内的 SPIO 粒子较少，在磁共振成像时无法示踪 UCMSC 的分布定位。SPIO 标记 UCMSC 的安全有效浓度为 20～50mg/L，在此浓度条件下，SPIO 标记对 UCMSC 的活力、增殖、周期和凋亡均无显著影响，标记后的 UCMSC 同样具备成骨、成脂、成软骨、神经等多向分化的能力，说明不影响 UCMSC 的多向分化潜能，也不改变其"干细胞"的特性。SPIO 标记是一种高灵敏度的 UCMSC 活体成像示踪技术，其意义是可用于 UCMSC 治疗各种动物疾病模型后，示踪 UCMSC 在体内的迁移、分布和存活，但掺入到 UCMSC 内的 SPIO 粒子浓度会随细胞分裂增殖而逐渐衰减，仅适用于短期内的活体示踪（图 5-35）。由于 SPIO 标记对 UCMSC 和人体均无毒害作用，属于无害化活体细胞标记示踪技术，其最大的优势是可用于 UCMSC 临床治疗后的动态示踪。SPIO 标记的 UCMSC 体内示踪依赖于 MRI 与高分辨观测技术的发展，目前已有 MRI 与正电子发射断层成像/计算机体层扫描（PET/CT）一体化的新型成像分析技术设备在科学研究中应用，这一新设备结合 SPIO 标记技术，不仅可以动态示踪 UCMSC 在体内的分布与存活，还能示踪 UCMSC 在体内的某些生物学功能。

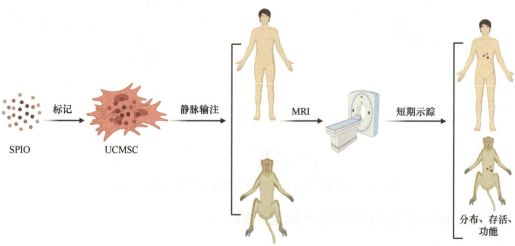

图 5-35　SPIO 标记示踪脐带间充质干细胞

三、BrdU 及荧光染料标记示踪

BrdU 的中文名称是 5-溴脱氧尿嘧啶核苷，属于化学物质。BrdU 是一种 DNA 前体胸腺嘧啶脱氧核苷酸类似物，它能掺入 S 期细胞的单链 DNA 核苷酸序列并替代胸腺嘧啶。将 BrdU 与 UCMSC 在体外共培养，可使其掺入 UCMSC 的 DNA 中。将掺入了 BrdU 的 UCMSC 移植于体内之后，可通过取材、组织 BrdU 染色，示踪 UCMSC 在体内的分布和存活情况。该标记方法简单易行、标记率较高、安全无毒性，合适浓度的 BrdU 标记不会影响细胞的形态、生长、增殖能力和表面标志的表达。过量的 BrdU 标记可能会对 UCMSC 有一定细胞毒性，会抑制 UCMSC 的增殖和克隆形成，降低其成骨分化能力。BrdU 标记的 UCMSC 在体内移植后，BrdU 阳性率随着细胞的分裂增殖而不断衰减，因此，该方法主要适用于 UCMSC 短期示踪，如果要进行长期体内示踪研究，最好还是选用导入 EGFP 基因的方法。

用荧光染料（如 CFSE、PKH26）对 UCMSC 进行荧光标记，结果显示，标记组和未标记组 UCMSC 在细胞形态、细胞活力及增殖能力方面均无明显差别，用适当浓度的荧光染料标记后的 UCMSC，在定向诱导培养条件下仍能够向成骨、成软骨、成脂等方向分化，形成钙结节及脂滴，表明合适浓度的荧光染料标记对 UCMSC 的生物学特性影响不大，但与 BrdU 标记一样，移植于体内之后，随着细胞的分裂增殖，标记细胞的荧光强度会逐渐减弱，标记细胞的识别率也会随之降低，因此，荧光染料标记也只适用于短期体内示踪（图 5-36）。

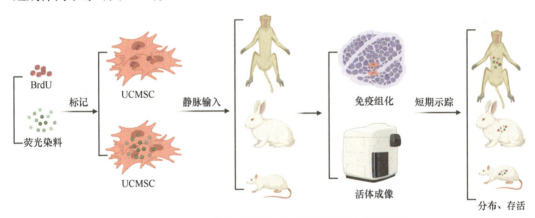

图 5-36　BrdU 及荧光染料标记示踪脐带间充质干细胞

BrdU 和荧光染料标记示踪 UCMSC 的方法简单易行、成本低廉，但缺点是其在体内衰减速度较快，只适用于 UCMSC 在体内短期示踪，如果要进行长期体内示踪研究，最好还是选用导入 EGFP 基因的方法。

四、DiR 标记示踪

追踪 UCMSC 的体内过程主要依赖于细胞标记技术、示踪方法、免疫组织化学检测，以及对其表型和功能的综合分析。干细胞体内示踪一直是干细胞体内生物学研究中的技术难题，人们采用化学染料、基因转染、代谢物标记等技术对 UCMSC 进行标记和体内示踪，取得了一些成果，但其在体内的演变过程和规律仍然是 UCMSC 治疗中必须解决的重要科学问题。

DiR 是一类长链的亲脂性二烷基碳菁染料，是一种标记细胞膜和其他脂溶性生物结构的红色荧光探针，可以与细胞膜受体结合，通过荧光信号的变化来反映受体的分布和功能状态等，一旦对细胞染色的这类染料在整个细胞膜上扩散开来，便可以在适当波长的激发光下识别标记细胞。染色标记方法简单易行，染色时 DiR 插入细胞膜磷脂双分子层，在整个细胞膜上扩散，可使整个细胞膜染色，在 710nm 波长激发光下发射 760nm 近红外荧光，可与动物皮毛、肌肉的自发荧光区分开来，从而可用于外源细胞在小动物体内示踪。DiR 标记的细胞分裂时，染料随细胞膜被平均分配给分裂的子代细胞；染色后，DiR 染料不在标记细胞与非标记细胞之间转移；DiR 标记细胞的裂解物也不会在动物特定部位显示荧光。这些特性使得 DiR 成为细胞活体示踪的一种优秀染料。有实验采用 DiR 标记 hUCMSC 注射给药后研究 hUCMSC 在 Balb/c 裸鼠体内的分布行为，静脉注射后的 hUCMSC 经上腔静脉、下腔静脉回流到心脏，由于 hUCMSC 细胞直径较大（约 15μm），因此肺循环时绝大部分 hUCMSC 被截留在肺部，因而存在明显的首过效应，然后部分细胞从肺部迁移出来分布到肝，还有部分细胞迁移分布到脾，随时间推移，肺部 hUCMSC 逐渐向肝和脾迁移与分布，肝和脾分布逐渐增多，肺分布逐渐减少，1 周和 2 周活体成像荧光持续减弱，4 周时大部分动物体表已观察不到荧光，但剖取器官后发现肺、肝和脾仍有较强荧光，分布浓度为肝＞脾＞肺（图 5-37）。

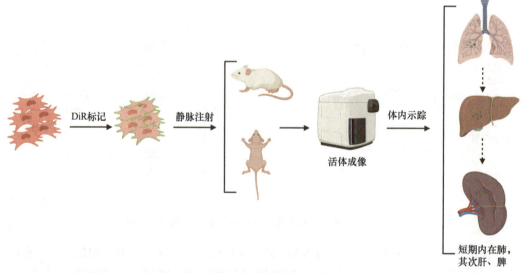

图 5-37　脐带间充质干细胞 DiR 标记示踪

◆ 第六节　脐带间充质干细胞在体内的演变

一、脐带间充质干细胞治疗后在体内的迁移和分布

目前，UCMSC 用于疾病治疗的研究报道较多，涉及老年衰弱综合征、神经退行性变性

疾病、心脑血管缺血性组织损伤、自身免疫性疾病等，结果显示其具有良好的疗效和安全性，但关于外源性输入的 UCMSC 在人体内的迁移、归巢、存活及分化等演变规律的研究报道极少。将 SPIO 标记的 UCMSC 输入患者体内，在 2～4h，主要分布在肺组织和血液循环系统中，其中肺截留 80% 左右，之后的 2～4 天，肺和血液循环中的 UCMSC 数量逐渐减少，而分布于肝、脾、骨髓和肾等组织器官中的 UCMSC 数量增多，可见较多的 UCMSC 归巢于炎症组织，在 4～14 天，各组织中 UCMSC 的数量均显著减少，仍有一些 UCMSC 分布于损伤组织和炎症组织，在 14 天以后，只有极少量的 UCMSC 在各组织中分布。将携带绿色荧光蛋白基因的雄性源 UCMSC 输入到雌性衰老猕猴体内后，短时间内 UCMSC 主要分布在肺和血液循环中，在之后的 1～4 天散在分布于多个组织和器官，之后其数量逐渐减少，2 周后在大多数组织中很难检测到，经由冰冻组织切片处理，结合绿色荧光观察技术，并实施 Y 染色体原位杂交及红色荧光观察后发现，在输入 UCMSC 半年后仍有少量 UCMSC 分布。当组织有炎症或者受损时，UCMSC 会迅速归巢到炎症组织或者受损组织部位而发挥治疗作用。基于人类疾病动物模型和临床疾病的 UCMSC 治疗研究结果表明，通过静脉输入的 UCMSC 经上腔静脉、下腔静脉回流到心脏，首先主要分布在肺部和血液循环中，然后分布到肝和脾，之后在心脏、胰、肾等组织内也可见散在分布。在组织损伤和炎症性疾病条件下，血液循环中的 UCMSC 可被损伤组织的炎症因子吸引，快速归巢到损伤组织中。关于 UCMSC 在疾病动物模型体内的分布情况，报道结果不尽一致，这可能与 UCMSC 的来源和质量有关，还可能与标记和检测手段不同有较大关系。由于人的毛细血管及网状内皮系统较动物粗大一些，因此 UCMSC 在人体的组织分布也应有所不同，可能更为分散。

　　UCMSC 对炎症组织或受损组织具有较强的归巢能力，在老年人体内的组织分布与疾病患者有所不同（图 5-38），可能会更多地分布于退变、损伤、炎症组织中。老年退

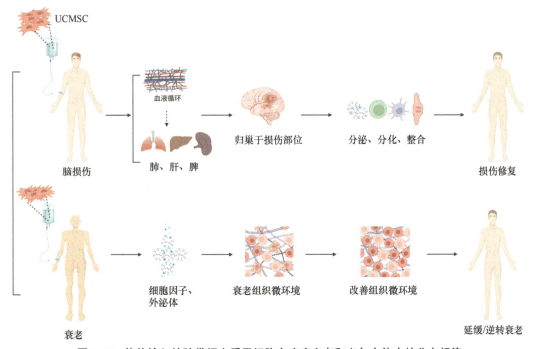

图 5-38　体外输入的脐带间充质干细胞在疾病患者和老年人体内的分布规律

变组织与急性组织损伤的组织微环境变化特征显著不同，老年人主要表现为器官萎缩、纤维化、实质细胞减少和细胞衰老等，组织微环境的变化特征主要是细胞外基质增多、间质细胞增生、毛细血管密度降低、生物活性因子浓度下降等生物物理特性改变，因此 UCMSC 的分布特征也不同于急性组织损伤患者，到达老年退变组织的 UCMSC 数量可能相对有限，其主要通过释放细胞因子和外泌体而发挥延缓或逆转衰老的作用。UCMSC 治疗输卵管及卵巢疾病时，主要分布定位在输卵管及卵巢的间质中，参与损伤组织结构及功能的修复。UCMSC 治疗肝损伤时，其受到趋化因子的作用，会随血流到达肝，并停留于此发挥损伤修复作用。UCMSC 治疗肾损伤时，UCMSC 可迁移至肾并定向分化为肾小管上皮细胞来参与肾损伤修复，但对于慢性肾损伤的治疗，则主要通过旁分泌生长因子、抗炎因子和抑制炎性因子等，促进肾固有的组织细胞分裂增殖，进而促进肾损伤的修复。已有临床研究证据显示，尽管 UCMSC 在老年人体内的演变规律尚不十分清楚，但具有良好的逆转组织器官结构退变与功能衰退进程的作用，对老年人健康保健和老年性疾病治疗具有重要意义。

二、脐带间充质干细胞促进造血与免疫功能

骨髓组织中有较多的间充质干细胞，这些干细胞主要对骨髓造血组织起结构支撑作用，同时分泌细胞因子和外泌体等为造血干细胞的生存与分化提供必要的组织微环境和营养支持。外源性输入的 UCMSC 可随血液循环进入骨髓组织之中，同样可以分泌造血生长因子和外泌体等促进骨髓造血功能。在骨髓衰老、放射损伤及再生障碍性贫血等情况下，内源性骨髓间充质干细胞数量严重减少，造血微环境结构与功能紊乱，骨髓造血功能衰退，外源性输入 UCMSC 可以有效补充内源性骨髓间充质干细胞的不足，改善造血微环境，促进骨髓组织的造血功能。在临床上，UCMSC 与异体造血干细胞联合移植治疗恶性血液病，能够使造血干细胞的移植成功率提高，促进外源造血干细胞植入骨髓，同时还可降低移植免疫排斥反应的强度和减轻全身性炎症等并发症，从而促进造血微环境重建，恢复造血与免疫功能。这说明 UCMSC 具有良好的促进骨髓造血功能的作用。在进行 UCMSC 治疗再生障碍性贫血的临床研究中发现，UCMSC 治疗可以改善临床症状，延长患者生存时间，但因为造血干细胞严重缺乏，该疗法难以治愈再生障碍性贫血。

外源性 UCMSC 促进骨髓造血功能的原理（图 5-39）是：①UCMSC 能够产生多种生长因子和趋化因子，如血管内皮细胞生长因子（VEGF）、CXCL-12、巨噬细胞集落刺激因子（M-CSF）、fms 样酪氨酸激酶 3（Flt-3）配体及少量的骨形态发生蛋白-2（BMP-2）、IL-3、粒细胞-巨噬细胞集落刺激因子（GM-CSF）、干细胞生长因子（SCF）等，这些因子对造血干/祖细胞增殖、分化具有一定的促进作用；②UCMSC 可以通过分泌细胞因子、外泌体、基质成分等改善造血微环境，为造血干细胞分裂增殖及分化提供必要的微环境条件，进而促进造血与免疫功能的恢复；③UCMSC 可通过直接接触、分泌细胞因子和外泌体等降低骨髓的炎症反应强度，从而抑制移植免疫排斥，有利于造血干细胞的分裂增殖与分化；④对于骨髓衰老和慢性损害导致的骨髓造血功能

障碍，外源性输入的 UCMSC 可通过直接参与和分泌因子促进内源性骨髓间充质干细胞生长，抑制纤维增生和空泡化，降低衰老标志分子的表达水平，改善骨髓造血微环境并促进造血干细胞分裂增殖与分化，从而提高骨髓的造血能力。值得注意的是，在小动物骨髓衰老研究中发现，造血干细胞的数量明显增多，但由于基因突变的累积，大部分造血干细胞不具有造血功能，只有极少数造血干细胞参与造血，因此认为，清除基因突变且不具有造血功能的造血干细胞，促进正常造血干细胞的功能，具有提高衰老个体造血与免疫功能的作用。

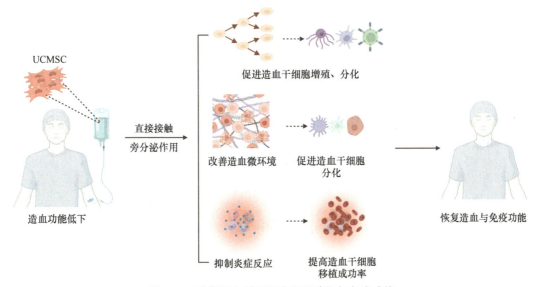

图 5-39　脐带间充质干细胞促进造血与免疫功能

三、影响脐带间充质干细胞疗效的因素

许多关于 UCMSC 治疗人类疾病动物模型的研究和临床治疗研究的结果显示，即便是经过严格设计的治疗方案，研究结果也不尽一致，说明 UCMSC 治疗具有一定的个体、疾病差异性，这种差异可能来自 UCMSC 的质量和患者的内源性因素两个方面。UCMSC 的质量主要是指其生物活性和均一性，不同来源甚至是不同实验室制备的 UCMSC 均可能存在均一性和生物活性不一致的问题，因而导致用于同一疾病治疗的结果差距较大。患者的内源性因素主要是指患者的疾病状态、疾病发展进程、基础状况等，不同患者内源性炎症与免疫、内分泌、代谢等因素的差异可能导致 UCMSC 治疗的疗效明显不同。此外，外源性 UCMSC 进入患者体内后的迁移、归巢、定植与分化等存在一些不可控因素，具体包括以下几个方面（图 5-40）：①UCMSC 具有向炎症和损伤组织靶向归巢的特性，但通过静脉输入体内以后能够迁移、归巢和定植于炎症组织与损伤组织中的 UCMSC 数量具有不确定性，数量多少直接影响疗效，此外，进入血液循环中的 UCMSC 还迁移到其他哪些组织之中，并分化为什么样的细胞，目前尚无明确定论；②UCMSC 的分化方向取决于组织微环境因素的诱导，不同个体、不同病损程度的组织微环境的结构、组成成分变化不一，UCMSC 是否可以按预期的方向分化为目的细胞尚不清楚；③UCMSC 进入健康机体和疾病机体后的演变过程与规

律尚不十分清楚，需要进一步研究明确 UCMSC 精准向病损组织归巢和分化的条件；④体外培养的 UCMSC 一般是贴壁生长的，但进入体内后随血液流动而迁移进入组织后，组织微环境与体外培养的条件完全不同，其增殖、分化和凋亡等变化需要进行动态示踪；⑤UCMSC 在体内受复杂的体内环境因素影响，其在不同环境条件下的基因组稳定性、表观遗传修饰、基因转录与表达模式变化等还有待于进一步研究；⑥UCMSC 在体内一般不会向恶性肿瘤细胞异常分化，原因是它的分化方向受组织微环境的诱导，不是随机、无序分化，体内一般没有诱发基因突变的因素存在，所以不会导致 UCMSC 的基因突变和转变为恶性肿瘤细胞。关于 UCMSC 治疗与恶性肿瘤的关系目前尚存在争议，有一些报道认为，UCMSC 治疗会促进体内的恶性肿瘤细胞生长，也有一些报道认为 UCMSC 治疗具有抑制恶性肿瘤生长的作用，还有一些报道认为 UCMSC 到底是促进还是抑制恶性肿瘤细胞生长与恶性肿瘤的类型、肿瘤细胞的转移侵袭阶段有关。总之，UCMSC 治疗与恶性肿瘤发生发展的关系是 UCMSC 用于疾病治疗中必须明确的关键问题，因此，还需要针对不同类型和不同发生发展阶段的恶性肿瘤进行深入研究，确保 UCMSC 用于疾病治疗的有效性和安全性。

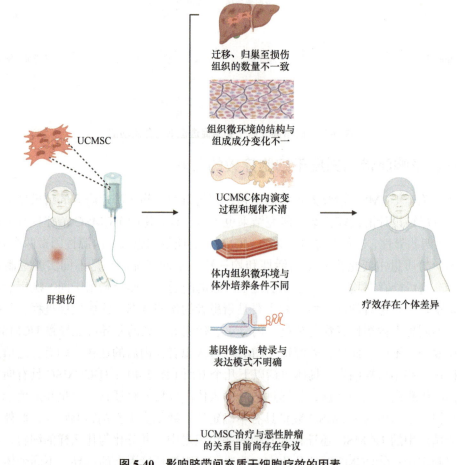

图 5-40　影响脐带间充质干细胞疗效的因素

四、外源性脐带间充质干细胞在组织中的分化方向

UCMSC 具有一定的可塑性，迁移到受损伤组织后可受组织微环境的诱导定向分化为所在组织类型的功能细胞并参与组织损伤修复。UCMSC 能否定向分化为受损伤组织的功能细胞是其发挥损伤修复作用的重要方面，一般来说，受损伤组织的微环境主要诱导 UCMSC 分化为相应组织的功能细胞，急性组织损伤的微环境不但能够驱使 UCMSC 向其归巢，也有利于诱导 UCMSC 定向分化并修复组织损伤，但由于受损伤组织的微环境变化程度千差万别，存在组织微环境发生实质性改变，难以诱导 UCMSC 向所在组织类型的功能细胞分化的可能性。在慢性组织损伤的条件下，受损伤组织微环境纤维化，功能细胞减少，而间质细胞和细胞外基质增生，UCMSC 难以进入这种组织微环境，也缺乏诱导 UCMSC 向功能细胞分化的条件，其疗效主要依靠分泌因子促进原有功能细胞的分裂增殖。UCMSC 进入体内后一般不会在正常组织器官中长期存活，即便进入也只会向所在组织的功能细胞分化，不会在所在组织中长成无关组织。到目前为止，国内外未见有关 UCMSC 进入体内后向所在组织的无关细胞类型分化的报道。从理论上来说，在体外条件下，我们可以设计不同的微环境和诱导因素使 UCMSC 分化为多种类型的功能细胞，其中包括外胚层、中胚层、内胚层三个胚层来源的功能细胞，其分化方向主要依赖于培养环境中的诱导因素及 UCMSC 的基因修饰与表达模式，某些基因的开放表达可能使 UCMSC 的表型和功能向特定方向转变。在体内环境条件下，组织微环境的结构与组成相对恒定，一般来说，它只能诱导 UCMSC 向所在组织类型的功能细胞分化，因此，UCMSC 输入体内后在肺组织中长出骨组织的可能性很低，在肌肉组织中长成神经细胞的可能性也很低，但不能排除组织微环境因为疾病而发生本质性改变后，UCMSC 不按预期方向分化的可能性。

从发育生物学的角度来说，骨组织来源于中胚层，肺组织来源于内胚层，两种组织来源的细胞的分化方向差异较大，因此，肺组织提供的是适合 UCMSC 分化成肺组织细胞的微环境，不太可能诱导其分化为中胚层的骨细胞。同理，进入肌肉组织中的 UCMSC 不会分化为神经细胞。从组织微环境的角度看，即便是在一些严重疾病状态下，组织微环境原有的结构与组成成分仍然占主导地位，如肺、肝、肾纤维化时，仍然有一定的功能细胞在发挥作用，否则就难以维持生命，在这种情况下接受 UCMSC 治疗，一般也不会随意长出无关组织来。从表观遗传和基因组的稳定性来说，UCMSC 的分化方向，在一定程度上受环境因素的诱导和基因修饰的影响，基因表达谱可能会随环境的变化而变化，从而促使 UCMSC 的分化方向发生改变。总体来讲，UCMSC 在体内一般会向所在组织类型的成熟细胞分化，不会无序分化为无关组织类型的细胞（图 5-41）。

五、脐带间充质干细胞与组织细胞融合

细胞融合又称细胞杂交，是指两个或两个以上的同源性细胞或异源性细胞融合为一个细胞的过程，所形成的杂交细胞具有来自融合前亲本细胞的所有遗传信息。细胞融合的基本过程是两个或多个细胞融合在一起形成异核体，然后通过有丝分裂进行核融合，最终形成单核的杂种细胞。有性繁殖时出现的精卵细胞结合是一种正常的细胞融合，两

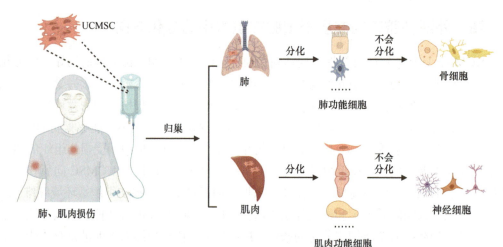

图 5-41　脐带间充质干细胞在组织中的分化方向

个配子融合形成一个新的二倍体细胞，然后通过有丝分裂形成组织、器官和个体。基因型相同的细胞融合成的杂交体属于同核体，来自不同个体的杂交细胞是异核体。体外培养的同种细胞互相靠近时可能会自发性融合，异种细胞间则需要进行诱导处理才能融合。人们将产生抗体的 B 淋巴细胞与肿瘤细胞融合，融合后的细胞既能无限增殖，又能产生单克隆抗体，目前该技术产生的单克隆抗体已在疾病诊断和治疗型抗体的研究中大量使用。

　　外源性输入体内的 UCMSC 在组织中是否会和组织细胞融合尚不十分清楚，但在许多人类疾病动物模型治疗实验中发现，有少量体外 EGFP 基因标记的 UCMSC 可在多种组织中长期存活，怀疑这种细胞可能是 UCMSC 与组织细胞融合之后产生的新细胞，这种细胞携带有 EGFP 标记基因，因此容易被识别，但证据不足。细胞融合也可能是UCMSC 参与组织损伤修复的一种机制，但仅是理论推测和现象观察的结果，还缺乏充分的实验证据。有研究小组在进行 EGFP 基因标记的雄性源 UCMSC 治疗雌性衰老猕猴研究半年后，取材进行组织学标记细胞观察发现，在肺、肌肉、肝、肾等 15 种组织中有标记细胞存在，这种细胞的细胞核标记基因和 Y 染色体阳性，同时又有雌性猕猴的染色体成分，提示这种细胞可能是外源性 UCMSC，也可能是外源性 UCMSC 与组织细胞融合后的子代细胞。相关细胞融合实验发现，胚胎干细胞与间充质干细胞的融合需要通过肌动蛋白/肌球蛋白通路。器官或组织内部损伤或炎症性的内环境可能会促进 UCMSC与其他细胞的融合并分裂增殖，以发挥其修复组织损伤的作用（图 5-42）。现已证明，胚胎干细胞和成体干细胞均能与组织细胞融合，从而重编程体细胞的基因组，进一步分化为组织细胞，参与组织损伤的修复。关于 UCMSC 移植于体内之后是否会与体细胞融合并诱使体细胞基因重编程和参与组织损伤修复，目前尚缺乏充分的实验证据，但单从其迁移分化和分泌细胞因子的角度，尚不能完全解释 UCMSC 的疗效，估计存在其与成体细胞融合的可能性。在皮肤损伤、肝损伤等修复过程中，发现有成熟的组织细胞在损伤组织的微环境诱导下重编程为干细胞，然后经过一个快速分裂增殖的过程后，进一步分化为新的组织细胞并修复损伤组织，该过程估计与内源性干细胞和组织细胞融合有关。在定位注射 UCMSC 治疗撞击性脑损伤的实验中发现，UCMSC 在脑损伤组织中首先短暂快速分裂增殖，然后进一步分化为胶质细胞和神经元样细胞，而且有一些 UCMSC 在脑组织中存活 1 年以上，提示 UCMSC 可能在脑损伤组织微环境中与组织细胞融合并分裂增殖和分化。对于分裂增殖能力极强的肝细胞，在肝组织受损之后，经过 2～3 代的连续分裂增殖后，也会失去继续增殖的能力，因此，成熟肝组织细胞的分裂增殖能力相对受限，而在 UCMSC 治疗之后，则可显著增强肝细胞的增殖、分化能力，这种能力是单纯使用细胞因子难以达到的，推测 UCMSC 在体内有与肝细胞融合的可能性，但还需要进行深入细致的研究才能获得充分的证据来支持这种推测。

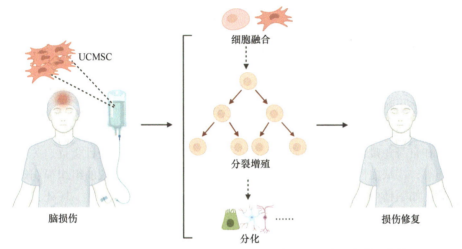

图 5-42　脐带间充质干细胞进入损伤组织并与组织细胞融合的可能性

第六章

脐带间充质干细胞治疗的适应证和技术方法

◆ **第一节　脐带间充质干细胞治疗的适应证**

一、脐带间充质干细胞治疗的疾病类型

UCMSC疗法主要适用于物理、化学、生物等因素导致的涉及组织细胞变性、坏死、缺失等引起的组织损伤性疾病（图6-1），主要适用于以下类型的疾病：①退变性疾病，如生理性衰老退变或病理性早衰，各种组织器官的结构退变与功能衰退等；②急慢性炎症性疾病和自身免疫性疾病，如系统性红斑狼疮、创伤感染性系统性炎症、关节炎、过敏性疾病等；③缺血性疾病，如心肌缺血、脑中风、肢体缺血导致的组织损伤等；④中毒性疾病，如酒精中毒、药物中毒、误食毒物等引起的组织细胞变性、坏死；⑤创伤性

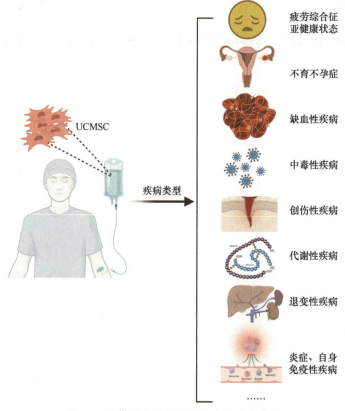

图6-1　脐带间充质干细胞治疗的疾病类型

疾病，机械性或物理性战（创）伤直接导致的组织细胞损害及其诱发的缺血、缺氧等继发性组织损伤；⑥代谢性疾病，如代谢综合征、高脂血症、高血糖症等；⑦疲劳综合征，经休息不能缓解的不明原因引起的疲劳综合征，对于亚健康状态人群，如睡眠障碍、免疫功能不足、疾病康复期患者等，可以显著缓解临床症状；⑧不育不孕症，因为生殖腺衰退、生殖细胞活性不足引起的男性性功能障碍和女性不孕症；⑨基因治疗，UCMSC是良好的基因治疗载体，将目的基因导入 UCMSC 可用于各种遗传病的基因治疗；⑩组织与器官制造，将 UCMSC 与生物材料复合培养或利用 3D 打印技术可制作出人工组织或器官，用于替代受损组织和组织缺损修复治疗。

按组织器官系统疾病分类，UCMSC 主要适用于以下组织器官系统的疾病治疗：①血液系统疾病，UCMSC 与造血干细胞联合移植可提高移植成功率和降低移植免疫排斥反应水平，对再生障碍性贫血有一定的辅助治疗作用；②神经系统疾病，主要用于神经退变性疾病，如帕金森综合征、阿尔茨海默病、小儿脑瘫、脊髓损伤、运动神经元病等；③消化系统疾病，主要用于急慢性肝损伤，如肝纤维化、肝硬化、自身免疫性肝病，以及慢性结肠炎、放射性胃肠损伤等；④泌尿系统疾病，如急性缺血性肾损伤、慢性间质性肾炎、IgA肾病、慢性肾小球肾炎及尿毒症等；⑤免疫系统疾病，主要是利用 UCMSC 的免疫调控作用治疗系统性红斑狼疮、血小板减少性紫癜、皮肌炎、过敏性疾病等；⑥心脑血管疾病，如心肌梗死、动脉硬化、血管炎、高血压、脑中风、肢体缺血等；⑦代谢系统疾病，如代谢综合征、糖尿病、高脂血症等；⑧运动系统疾病，如骨关节炎、股骨头坏死、骨缺损、肌萎缩、创伤性肌肉损伤等；⑨呼吸系统疾病，如感染性肺炎、间质性肺炎、慢性阻塞性肺炎、支气管哮喘、肺动脉高压等；⑩其他系统疾病，如眼底黄斑病变、不明原因的眩晕、难治性皮肤溃疡、口腔干燥综合征等。

基于 UCMSC 的分化潜能和分泌功能，UCMSC 可用于多种涉及炎症和组织细胞变性、坏死、缺失等引起的疾病治疗，值得注意的是，UCMSC 并不是一种万能药，尽管其适应证比较广泛，甚至一些原因不明、诊断不清楚的疾病采用 UCMSC 疗法均会产生一定疗效，但在临床上需要根据 UCMSC 的生物学特性和疾病发生的原理科学合理地使用 UCMSC 疗法。

二、脐带间充质干细胞的临床适应证研究

UCMSC 的临床研究已在国内外广泛开展，有上千项 UCMSC 治疗疾病的临床方案正在实施之中，UCMSC 新药已经开始上市，UCMSC 疗法即将进入临床应用阶段。根据美国国立卫生研究院（NIH）和欧洲研究报告的干细胞治疗临床试验数据，结合细胞类型与疾病应用的分类框架进行了分类，UCMSC 在临床上主要用于骨关节炎及软骨疾病、心脑血管缺血性疾病、神经退行性变性疾病、自身免疫性疾病与炎症性疾病、慢性肾疾病、胃肠道疾病、衰老退变性疾病、代谢性疾病及其他罕见性疾病等，研究结果发现，UCMSC 临床治疗的安全性较高，基本不发生与该治疗相关的不良事件，同时还产生了良好的治疗效果。根据 UCMSC 治疗人类疾病动物模型研究和国内外临床试验研究的结果，UCMSC 疗法对炎症性疾病、缺血性疾病早期、自身免疫性疾病有确切的疗效，对其他退变性疾病、衰老、亚健康状态、代谢综合征、疲劳综合征等适应证的治疗有一

定效果（图 6-2），但存在一定的个体差异，且其疗效和机制尚不十分清楚。

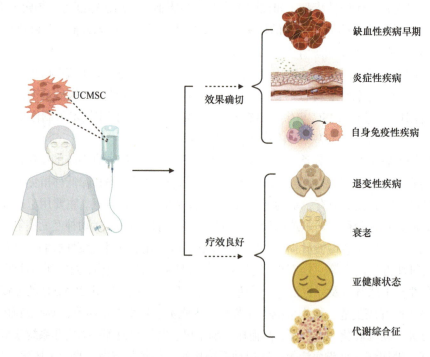

图 6-2 脐带间充质干细胞治疗的临床疗效

综合国内外的研究进展报告，UCMSC 对局部缺血性疾病、神经系统疾病、心血管疾病、免疫系统疾病（如皮肌炎和系统性红斑狼疮）、实质器官病变（肝硬化、慢性肾功能不全）、血液系统疾病（白血病）、代谢疾病（糖尿病及其并发症）、骨关节疾病、衰老退变等均具有良好的治疗潜能。UCMSC 的临床研究已经取得了一定进展，部分临床研究方案已经进入临床Ⅲ期，研究结果已经证实了其的有效性和安全性，即将进入临床推广应用阶段。关于 UCMSC 的临床治疗适应证选择，尚需要通过大量的临床研究数据分析才能得出科学合理和可信的结论。

三、科学合理地选择脐带间充质干细胞治疗技术

UCMSC 用于疾病治疗有一定的适应证范围，主要适用于组织损伤性疾病、缺血性疾病、组织退行性疾病、毒性损伤、炎症性疾病等许多涉及组织细胞变性、坏死的疾病，但 UCMSC 不是包治百病的灵丹妙药，只有科学合理地认识 UCMSC 的生物学特性及功能，阐明其治疗疾病的原理，才能科学选择适应证。

UCMSC 治疗技术在整个干细胞治疗技术研究领域中属于相对成熟的技术，UCMSC 也是研究和应用较多的成体干细胞之一，存在着巨大的临床疾病治疗与健康保健的市场需求，目前属于生物技术与市场发展的"蓝海"。在利益的驱动下，一些媒体、干细胞生物技术公司以个别典型治疗病例为基础夸大宣传，认为 UCMSC 是包治百病的灵丹妙药，一些机构非法开展 UCMSC 治疗，每次或每疗程收取几万元到几十万元不等的治疗费用，获得了惊人的暴利，这种做法极大地损害了消费者的利益，也不符合干细胞技术

发展的价值与市场规律，患者或消费者应科学、理性地对待 UCMSC 治疗技术。

事实上，UCMSC 确实对许多疾病，特别是一些临床常见的疑难疾病，如老年期痴呆、红斑狼疮、糖尿病等，具有重要的治疗价值，因为这些疾病目前缺乏理想的治疗措施，与现有的治疗方法比较，UCMSC 治疗相对更为有效，但对这些疾病也不是一种彻底的解决方案。UCMSC 治疗是一种有一定神奇色彩的新型治疗技术，但不是包治百病的灵丹妙药，目前尚存在的问题是：①尽管诊断和治疗原理不十分清楚，UCMSC 对临床 2/3 以上的疾病均可能产生一定的治疗效果，但个体间的疗效差异较大，即便是针对某种特定的疾病，其疗效也可能因为疾病进展程度、年龄、基础状态等不同而千差万别；②临床上常见的组织创伤、缺血、中毒、炎症、退变等，均可以用 UCMSC 来进行治疗，但并非所有的人或疾病都适用于此疗法，如遗传性疾病、增生性疾病、终末期器官功能衰竭等，UCMSC 治疗的效果并不显著；③UCMSC 治疗的机制十分复杂，有其直接参与的作用，也有其分泌外泌体、细胞因子等的间接作用，目前关于 UCMSC 的治疗研究，尚处于临床前研究或临床试验中，尚未进入临床普及和推广应用阶段；④把 UCMSC 当成"灵丹妙药"缺乏科学性、合理性，任何一种药物或治疗方法都不可能包治百病，一个秉持科学精神的医生也不会说某种治疗方法或药物能够包治百病（图 6-3）。

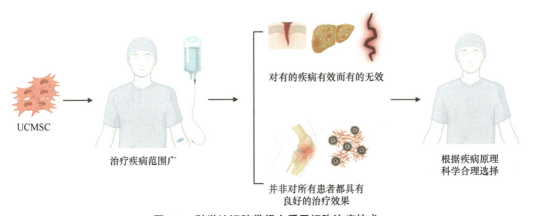

图 6-3　科学认识脐带间充质干细胞治疗技术

◆ 第二节　脐带间充质干细胞的治疗方法

一、脐带间充质干细胞临床制剂的质量要求

UCMSC 的来源要求：临床使用的 UCMSC 来源于人类新生儿脐带，首先，需要获得供者或者其法定代表人、监护人同意，签署脐带捐献知情同意书；其次，关于脐带采集、UCMSC 制备、临床制剂存储管理及应用等技术方案还需要经过伦理委员会审查批准，因 UCMSC 属于人类遗传资源，其采集、制备与储存还需要遵守《中华人民共和国人类遗传资源管理条例》。在脐带采集操作中，需严格遵循医学规范与伦理准则，应优先选择足月剖腹产新生儿的脐带，采集前需对产妇进行产前健康体检，采用酶联免疫吸附分析（ELISA）或基因扩增方法对产妇的外周血进行致病微生物，如甲型肝炎病毒

（HAV）、HBV、HCV、亨德拉病毒（HeV）、梅毒螺旋体（TP）、EBV、人巨细胞病毒（HCMV）和 HIV 等检测，排除产妇携带病原微生物的可能。为排除潜伏病原，还应在产妇产后 60 天，采集产妇外周血再次检测上述病原体，确保用于制备 UCMSC 的脐带不携带特定病原微生物；同时，应收集产妇的相关临床资料，包括一般信息、既往病史、家族遗传背景（涵盖单基因和多基因遗传病家族史）、心血管疾病和肿瘤病史等，必要时还需收集供者的 ABO 血型、HLA-Ⅰ类和 HLA-Ⅱ类基因分型资料。通过综合分析判断，最终选择并采集健康捐献者来源的脐带作为制备 UCMSC 的材料来源（图 6-4）。

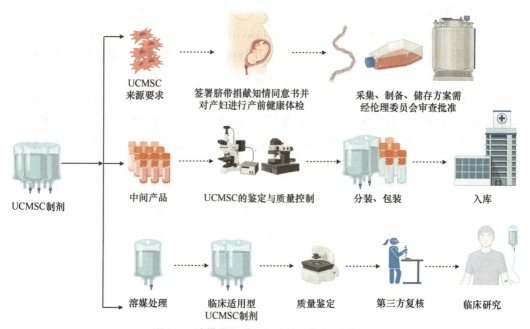

图 6-4　脐带间充质干细胞的制备与质量要求

UCMSC 的鉴定与质量控制：在遵循规范化技术流程和操作方案制备 UCMSC 时，应进行如下检测分析。①生长形态，在倒置显微镜下观察 UCMSC 的生长形态，一般呈长梭形贴壁生长的形态特征；②排除病原，临床使用的 UCMSC 应排除细菌、病毒、支原体、衣原体等病原，其中，细菌、支原体和衣原体的检测可通过培养法观察形态及相关生物特性分析进行，重点应排除携带某些病毒的可能，可利用荧光 PCR 技术或者 ELISA 检测 UCMSC 培养上清液中的人源致病微生物（HAV、HBV、HCV、HeV、TP、EBV、HCMV）、动物源特定致病因子[如牛海绵状脑病（疯牛病）、猪细小病毒]和反转录病毒（HIV），结果应均为阴性；③表型分析，运用流式细胞术对 UCMSC 进行阳性标志分子 CD29、CD44、CD73、CD90、CD105、CD166 及 MHC-Ⅰ，阴性标志分子 CD45、CD34、CD14、CD31、CD33、CD56 及 HLA-Ⅱ等分析，证明符合 UCMSC 的表型特征；④增殖活性分析，运用改良的平均通过时间（MTT）比色来检测 UCMSC 的生长活性，生长活性良好的 UCMSC，其生长曲线近似 S 形，计算群体倍增时间，证实 UCMSC 具有良好的分裂增殖活力；⑤细胞周期分析，运用流式细胞术对 UCMSC 进行细胞周期分析，一般应有 80% 的细胞处于 G0～G1 期，表明 UCMSC 处于有丝分裂旺盛和强增殖期；

⑥分化潜能分析，采用专用定向诱导分化剂进行诱导培养，运用红油O染色、茜素红染色以及阿新蓝染色对诱导后的细胞进行成脂、成骨、成软骨等分化潜能分析，证实其有良好的多向分化功能；⑦活细胞比例分析，运用台盼蓝染色对UCMSC的存活率、直径和增殖情况进行分析，计算的活细胞的比例应大于95%；⑧染色体变异分析，运用秋水仙碱处理UCMSC，获得大量的中期分裂象UCMSC，再经过后期处理，运用吉姆萨染色（Giemsa stain），在油镜下观察可见清晰分散的染色体，对染色体核型进行分析，UCMSC应为正常二倍体细胞核型，无染色体畸变，以确保UCMSC无明显遗传异常；⑨功能分析，制作关节炎、系统性炎症或其他局部组织炎症模型，对其进行1×10^6个细胞/kg的UCMSC治疗，以证明UCMSC具有显著抑制炎症的作用，同时还可将UCMSC按一定的比例与T淋巴细胞共培养，分析其对T淋巴细胞增殖和分泌γ干扰素、白细胞介素等细胞因子的作用；⑩分泌功能分析，采集UCMSC分泌上清液，进行蛋白质组学和外泌体分析，明确其分泌细胞因子和外泌体的种类、含量及功能。

临床适用型UCMSC制剂制备：以经过严格质量检验合格的UCMSC为主成分，利用基础溶媒（0.9%生理盐水、复方电解质注射液）和添加剂（能源物质、抗氧化剂、细胞保护剂）按一定比例配制成单细胞悬液，按20mL/份、50mL/份和100mL/份的规格分别分装成临床适用型UCMSC制剂，对该制剂再次按UCMSC制剂标准进行质量鉴定。在外包装上贴标签，标明制剂的来源、批号、规格、有效期和保存条件等基本信息。制备完成并自检合格的UCMSC制剂还需要委托第三方权威机构进行质量复核，确保用于临床治疗的UCMSC符合临床制剂要求。制备完成的UCMSC制剂需要通过临床研究项目备案或新药审批方可直接用于临床研究，其临床治疗应用需要在完成临床Ⅰ期、临床Ⅱ期、临床Ⅲ期试验后才能依规进行推广应用。UCMSC生产机构应建立UCMSC制剂库，储存一定数量的标准化UCMSC制剂备用。

二、脐带间充质干细胞临床研究管理与技术流程

UCMSC治疗的前提是获得标准化的UCMSC制剂，在完成临床前疗效与安全评价及药理学研究的基础上，经过临床研究证实安全有效后才能在临床上推广应用。国内关于UCMSC产品和治疗技术的临床与应用前研究管理实行双轨制，一种模式是按照细胞新药的开发路径先建立制备技术体系并获得标准化UCMSC制品，经第三方权威机构进行质量复核检验合格后，针对特定疾病开展临床前疗效与安全性评价研究，报请国家药品监督管理局批准，按Ⅰ期、Ⅱ期、Ⅲ期、Ⅳ期临床研究要求开展临床研究。另一种模式是在完成临床前研究的基础上，报请国家卫生健康委批准开展临床研究，待完成临床研究并证实安全有效后，遵照国家新的生物技术临床应用管理办法，经管理部门批准后在临床推广应用。国内双轨制管理模式极大地推进了UCMSC新药的研发及临床研究进程，目前国内已有40多款UCMSC新药和近100项UCMSC临床研究项目处于临床研究阶段，预计未来5年将有多种UCMSC治疗方案进入临床转化应用。

UCMSC临床研究与治疗应用的技术流程（图6-5）如下：①建立临床研究机构，开展UCMSC研究的机构应当构建与临床研究相适配的设施条件，并组建专业的技术团队，

UCMSC 临床研究项目管理实行三级审核制，UCMSC 临床研究机构应与 UCMSC 制备或 UCMSC 新药研发机构紧密合作，以完成临床前研究的标准化 UCMSC 为基础，联合申请临床研究项目备案，研究机构需成立临床研究干细胞专家委员会和伦理委员会，对项目进行可行性论证和伦理审查；②制定临床研究方案，拟定临床研究手册，对基础与临床研究人员进行研究方案培训，明确相关人员的职责和相互衔接关系，明确临床试验志愿者的纳入与排除标准及应急处理方案；③临床研究项目备案，经临床研究机构论证和伦理审查批准的 UCMSC 临床研究项目需报请省卫生健康委与国家卫生健康委审核和备案批准后才能开展临床研究；④临床研究管理，UCMSC 临床研究机构需建立管理机制并完成国家干细胞临床研究机构备案，才能组织实施备案项目；⑤临床研究项目实施，根据临床研究手册中的相关条款，组织开展单中心或多中心临床研究，研究策略采取单盲法或双盲法，实施内容包括志愿者咨询与筛选、签订知情同意书、办理相关手续并入驻研究病房、进行相关检查、实施 UCMSC 治疗、治疗后动态观察、长期随访等；⑥临床研究报告，临床研究机构应明确疗效与安全评价的关键指标、次要指标和辅助指标体系，建立指标检测技术规范，确立评价标准，在临床研究结束并揭盲后，收集临床研究资料，综合分析 UCMSC 治疗的疗效与安全性，根据相关要求撰写临床研究报告，择机发布临床研究结果。

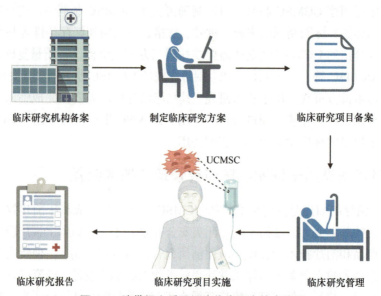

| 临床研究机构备案 | 制定临床研究方案 | 临床研究项目备案 |

| 临床研究报告 | 临床研究项目实施 | 临床研究管理 |

图 6-5　脐带间充质干细胞临床研究技术流程

三、脐带间充质干细胞临床治疗技术流程

UCMSC 治疗技术的临床应用需要在完成临床研究的基础上进行，目前国家尚未出台专门的干细胞临床应用政策。全球有上千个 UCMSC 治疗方案已在临床实施中，在按管理要求完成临床研究并证实其有效和安全后，向临床推广应用势在必行。

UCMSC 治疗技术的方案应在临床研究过程中不断修订完善，并根据临床研究结果制定技术规范，不断优化技术方法，反复经过临床验证后才能实现大规模临床应用。UCMSC 临床治疗的具体实施流程（图 6-6）如下：①门诊咨询，门诊专家对拟进行 UCMSC 治疗的患者进行指导,根据疾病类型和疾病进展及 UCMSC 适应证等信息提出有针对性的检查和实施 UCMSC 治疗的建议;②办理住院手续,根据适应证和疾病类型开具住院病历首页,办理住院手续并入驻相关临床科室;③临床前治疗检查,对患者进行影像学、血液细胞与生化指标等检查,综合评价疾病类型、疾病进展程度、组织器官形态与功能、基础状况及并发症等,综合判定实施 UCMSC 治疗的可行性;④知情同意,在实施 UCMSC 治疗前应与患者或家属签订知情同意书,在知情同意书中详细介绍该疗法的实施流程、技术方法、可能的疗效及风险、保密和隐私协定,明确医患双方的权利和义务,充分保障患者的利益;⑤实施 UCMSC 治疗,UCMSC 治疗应在相对独立的洁净环境中实施,根据疾病状态合理选择治疗方法,对系统性疾病通常采用静脉输入法,对特定组织器官疾病可采取血管输入法或血管介入法,对病损比较明确的特定部位组织损伤可采用定位注射法,其他疾病还可根据病情采用腔隙注射法、淋巴管注射法等,血管输入法和血管介入法的治疗剂量通常按 1×10^6 个细胞/kg 进行,疗程一般为 1 次/(1~3)天,连续 3~5 次,定位注射法一般根据病情一次性注射 1×10^7~1×10^{10} 个细胞;⑥治疗观察,UCMSC 治疗机构应建立应急处理预案和不良事件处理方案,在治疗过程中出现异常情况应立即停止治疗并按预案进行处置,在治疗后 72h 内密切动态观察患者重要器官功能,发现异常情况及时处置,一般在治疗后 3~5 天可以转入常规护理观察或出院观察;⑦治疗后随访,治疗后长期随访是 UCMSC 疗效与安全评价的重要方面,为了实现 UCMSC 疗法的广泛应用,应选择依从性较好的治疗患者进行长期随访,定期观测治疗后的检测指标及患者临床症状变化,总结分析 UCMSC 治疗的短期和长期疗效,及时提出进一步治疗建议和改进治疗措施。

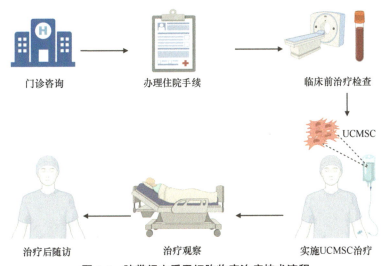

图 6-6　脐带间充质干细胞临床治疗技术流程

四、脐带间充质干细胞静脉输入疗法和动脉介入疗法

静脉输入疗法和动脉介入疗法均是 UCMSC 临床治疗中的常规治疗途径。UCMSC 的静脉输入疗法是指通过经皮穿刺将 UCMSC 输入患者体内的方法,包括静脉内注射和静脉点滴两种方法。UCMSC 的动脉介入疗法是指在血管造影和影像学引导下,经皮穿刺至动脉血管后将介入导管插入到病灶组织或附近的血管内,然后将 UCMSC 通过介入导管注射

至病灶周围动脉血管内的方法。静脉输入疗法简单易行、低成本，但进入病变组织中的数量受血液循环的影响而相对有限；动脉介入疗法的技术相对复杂，需要介入治疗专业技术人员操作设备和使用介入导管，成本大大增加。在针对特定组织器官损伤治疗时，二者的疗效可能会有较大差异，动脉介入疗法的效果会更好，原因是通过动脉血管介入将UCMSC直接注射到分布于病变组织的动脉之中，UCMSC进入组织的路程短，可随微动脉血液循环流向病变组织，更容易达到病灶，因此比静脉输入疗法进入病变组织的UCMSC数量要多，疗效会更好。通过静脉输入的UCMSC可随血液循环进入多个组织器官，UCMSC输入静脉血管后，在短时间内大部分被肺组织截留，随后再迁移到脾、肝、骨髓等组织，炎症组织或损伤组织对UCMSC有一定的吸引力，可能会有较多的UCMSC到达病变组织，但比动脉介入疗法到达病灶组织的细胞数量要少得多，因此，在疗效上不如动脉介入疗法。对于全身性疾病和亚健康保健治疗，建议采用静脉输入疗法，而对于个别组织或器官损伤的治疗应尽量采用动脉介入疗法，如股骨头坏死、心肌缺血、脑中风等。至于两者的疗效差异到底有多大，需要根据所治疗疾病的种类和疾病的严重程度进行科学合理判定，所采用的方法也要根据疾病种类、治疗目的、患者的意愿等确定。总之，对于特定组织器官病变的UCMSC治疗，应尽量采用动脉介入疗法，而对于全身性疾病、炎症、自身免疫性疾病、衰老、疲劳综合征等采用静脉输入疗法即可（图6-7）。

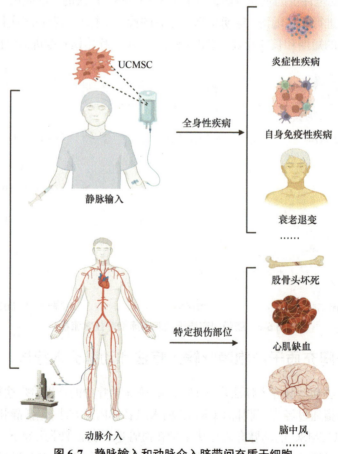

图6-7　静脉输入和动脉介入脐带间充质干细胞

五、脐带间充质干细胞治疗时机选择

UCMSC 疗法可用于各种创伤、感染、中毒等导致的涉及组织细胞变性、坏死的疾病治疗，但国内外的临床研究发现其疗效有较大的个体差异，这种差异可能与 UCMSC 的治疗时机有一定关系。选择合适的 UCMSC 治疗时机对特定疾病的治疗具有一定的重要性，需要根据疾病的性质、疾病的进展程度、病损的范围和 UCMSC 的作用特点，合理选择治疗时机（图 6-8）。从理论上讲，UCMSC 在许多疾病的不同发展时期均会产生一定的疗效，但治疗时机和采取的治疗方法不同，所产生的疗效可能有一定差别。从 UCMSC 的生物学特性分析，临床治疗需要考虑有利于 UCMSC 进入病损组织的途径、合适的组织微环境和发挥最有效治疗作用的体内因素。在临床实践中，应根据不同疾病、相同疾病的不同进展阶段及组织损伤的严重程度，尽量选择有利于 UCMSC 发挥作用的时机实施治疗。对于炎症性疾病、自身免疫性疾病、中毒性疾病、缺血性疾病、缺氧性疾病以及创伤性疾病等，建议应尽量在疾病早中期采用 UCMSC 静脉输入疗法，因为疾病正处在组织损伤的急性反应期或进展期，在此期间损伤组织可释放较多的炎症因子、趋化因子吸引 UCMSC 向损伤组织归巢，微血管的损伤也有利于 UCMSC 进入组织，特别是组织微环境尚有利于 UCMSC 的定植和分化，因此会产生较好的疗效。当疾病进入慢性期，该疗法主要依靠 UCMSC 的旁分泌或远程分泌因子发挥作用，真正进入损伤组织的 UCMSC 数量相对较少，只有加大治疗剂量和增加治疗次数才会显现治疗效果。对

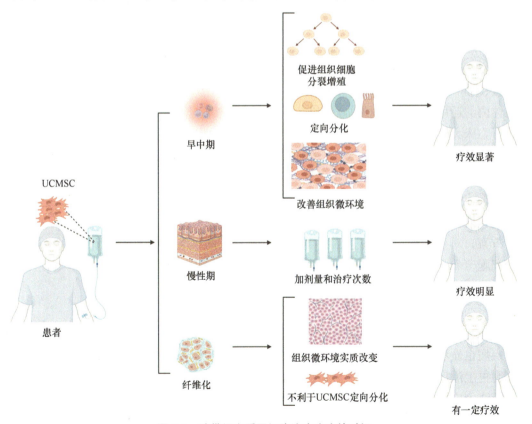

图 6-8　脐带间充质干细胞治疗疾病的时机

于组织器官纤维化、衰老、退变、慢性炎症等，UCMSC 治疗的时机可以在任何时期，因为这些慢性疾病的发展进程缓慢，病变组织的炎症反应消退缓慢，释放吸引 UCMSC 归巢的因子浓度相对较低，即便 UCMSC 能够到达慢性病变组织，但因为组织微环境发生了实质性改变，不利于 UCMSC 定向分化，因此选择不同的时间点进行 UCMSC 治疗的疗效差异不大。对肺纤维化、心肌纤维化等疾病的 UCMSC 治疗研究发现，这些组织中仍有少量绿色荧光蛋白基因标记的 UCMSC 分布，并产生一定的疗效，这种疗效可能是 UCMSC 及其分泌因子协同作用的结果。总之，需要根据疾病类型及进程科学合理地选择治疗时机，创造有利于 UCMSC 进入组织的机会和发挥作用的微环境条件，才能最大限度地发挥其治疗作用。

六、脐带间充质干细胞治疗疾病的疗程

UCMSC 疗法的疗程要根据疾病的种类和疾病的严重程度而定。通常采用的静脉输入疗法的疗程是按 1×10^6 个细胞/（kg·次）的剂量，1 次/（3～5）天，连续 3 次。对于一些慢性疾病也可以在安全范围内增加剂量，连续治疗 5 次，还可以缩短治疗间隔至每日 1 次，连续 3～5 次。从 UCMSC 调节炎症与免疫的角度分析，单次治疗后发挥作用的持续时间在 2 周左右，一般按上述疗程连续治疗 3 次基本可以呈现出明显疗效，之后再继续增加治疗次数可能对提高和巩固疗效有一定帮助。有研究对不同疗程的 UCMSC 治疗自身免疫性疾病、炎症性疾病及亚健康状态患者进行了疗效观察，实施剂量为 1×10^6 个细胞/（kg·次），间隔时间分别为隔日 1 次、7 天 1 次、14 天 1 次、30 天 1 次，治疗次数为连续 3～5 次，结果发现，隔日 1 次、连续 3～5 次的治疗效果最好，7 天 1 次、连续 3～5 次的治疗效果次之，其他两种疗程的最终疗效差别不大。以上相同 UCMSC 剂量、不同疗程的疗效比较只是小批量不同步的临床治疗研究结果，还需要根据 UCMSC 在体内的迁移、分布、定植、分化和存活时间及分泌细胞因子、外泌体的动态变化规律，进行临床大样本对照试验后才能明确不同疗程之间的疗效差异。关于 UCMSC 治疗的疗效与机制研究报道较多，但关于 UCMSC 的治疗剂量、治疗时机、间隔时间、治疗次数和量效关系等基本参数的研究报道较少，应针对特定疾病开展上述基本参数研究，特别是明确疗程及量效关系才能建立对临床有参照价值的技术方法。建议对于衰老退变、慢性组织损伤、亚健康等疾病，采用 5×10^6 个细胞/（kg·次）、隔日 1 次、连续 3 次的治疗方案，对于缺血、中毒、炎症、组织损伤等疾病的早中期治疗，采用 1×10^6～5×10^6 个细胞/（kg·次）、每周 1 次、连续 3 次的治疗方案（图 6-9）。

七、慎用脐带间充质干细胞疗法的疾病

UCMSC 在治疗中的应用范围相对比较广泛，甚至对一些原因不明、发病机制不清的疾病也显示出一定疗效，但并不是所有疾病都适合使用该疗法。UCMSC 疗法是一种细胞再生治疗策略，不是一种严重疾病的急救、救命疗法，有一些疾病不完全适合采用该疗法，应慎用 UCMSC 疗法。以下情况应慎用 UCMSC 疗法（图 6-10）。

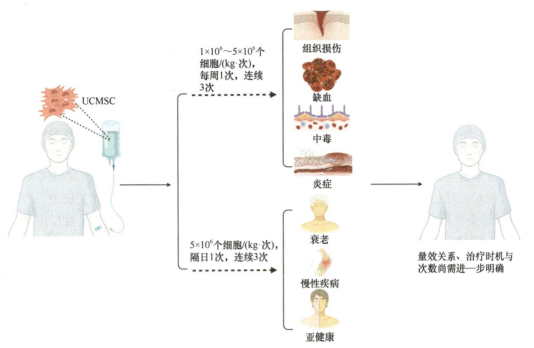

图 6-9　脐带间充质干细胞治疗疾病的疗程

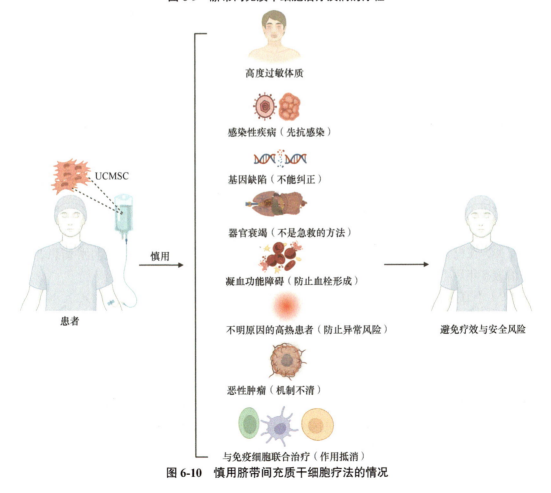

图 6-10　慎用脐带间充质干细胞疗法的情况

1）高度过敏体质或者有严重过敏史的患者应慎用 UCMSC 疗法，通常情况下，该疗法对过敏性疾病有显著疗效，但有研究发现，对个别高度过敏体质或者有严重过敏史的患者疗效不明显，甚至会加重过敏反应，其机制尚不清楚，可能与患者的体质有一定关系。为了安全起见，建议进行实验性治疗，证实具有显著疗效且无不良反应后再确定是否继续采用该疗法。

2）伴有严重心脏、肺、肝、肾等重要脏器功能障碍的患者应监测其血液循环系统功能，避免微循环功能障碍患者使用 UCMSC 治疗后导致进一步的微血管栓塞。

3）全身或局部严重感染、不明原因的高热患者，应进行抗感染治疗后再使用 UCMSC 疗法，国内外有研究报道发现，UCMSC 对重度新型冠状病毒相关肝炎、严重细菌感染性肺炎及脓毒血症具有良好疗效，这主要是 UCMSC 抑制急性炎症反应的结果。UCMSC 可能分泌少量的抗菌肽，并产生一定的抗菌效果，但作用相对有限，不足以对抗严重感染，因此，对严重感染的患者实施 UCMSC 治疗应选择合适的治疗时机。

4）休克或全身衰竭且不配合检查、治疗的患者应谨慎采用 UCMSC 疗法，因为 UCMSC 的疗效相对有限，避免患者经 UCMSC 治疗后不幸离世可能引发的医疗纠纷。

5）凝血功能障碍患者，如血友病患者一般不建议采用 UCMSC 疗法，因为 UCMSC 对此类患者的疗效并不明显。

6）UCMSC 对血清学检查阳性的艾滋病、梅毒等感染性疾病患者，甚至是严重感染并且抗菌素耐药的脓毒败血症患者有一定疗效，但在尚未明确产生疗效的机制之前，建议慎用 UCMSC 疗法。

7）染色体或基因缺陷等患者，这类患者采用 UCMSC 治疗并不能纠正遗传缺陷，因此疗效不明显，但可能对遗传基因变异导致的组织损伤有一定帮助，比如 UCMSC 治疗进行性肌营养不良等，可以改善临床症状和延缓疾病进程，但难以达到患者的预期目标，建议慎用。

8）恶性肿瘤患者，对恶性肿瘤患者在发病期间不建议采用 UCMSC 疗法，原因是 UCMSC 治疗虽然不会诱发恶性肿瘤，但对正在发生发展中的恶性肿瘤是否产生疗效尚存在争议，有一些研究报道认为 UCMSC 治疗可以抑制恶性肿瘤生长，但也有一些报道认为可以促进恶性肿瘤生长，这些不同研究结果可能与肿瘤的种类、恶性程度及转移状态有关，在没有弄清基本理论问题之前，一般不要采用该疗法，建议对恶性肿瘤患者应在治愈 5 年后不复发时再采用该疗法。

9）不宜与免疫细胞联合治疗，UCMSC 不宜与 T 细胞、树突状细胞（DC）、NK 细胞、CAR-T 细胞等免疫细胞同时使用，因为 UCMSC 对激活的免疫细胞的分裂增殖和分泌功能具有抑制作用，而免疫细胞的分泌因子对 UCMSC 的功能也具有调控作用，二者联用可能会使它们的作用相互抵消，建议两种疗法分别使用，间隔时间应不低于 2 周。此外，多次采用同一来源的 UCMSC 治疗，有 1%～5% 的患者体内会产生抗 UCMSC 抗体使 UCMSC 治疗的疗效下降，建议动态监测患者体内的抗 UCMSC 抗体的变化情况。

10）其他疾病，对于诊断尚未明确的疾病，采用 UCMSC 疗法可能存在疗效不明显的风险，对于怀孕期间的妇女，一般不宜实施 UCMSC 治疗，因为是否对胎儿发育有影响尚不清楚，对于个别重要器官功能衰竭的患者也不建议采用 UCMSC 治疗，因为该疗法的机制是抑制炎症、改善组织微环境的结构与功能和促进组织损伤修复，并不能达到有效治疗器官功能衰竭的目的。

◆ 第三节 脐带间充质干细胞的疗效

一、脐带间充质干细胞治疗的疗效评价

UCMSC 治疗的疗效评价结果分为痊愈、显效、进步、无效 4 级。痊愈是指实施 UCMSC 治疗后患者的疾病症状和体征基本消失，各种客观指标处于正常范围内，体质和生理功能恢复正常。显效是指疾病临床症状和体征较治疗前明显好转，各种客观指标接近正常，能够自理生活、坚持学习和承担相对轻松的工作。进步是指临床体征和症状较治疗前有一定好转，生活自理能力有所改善。无效是指疾病的临床症状和体征与治疗前相比无变化或进一步恶化。

UCMSC 治疗的疗效评价应根据疾病的种类和发展进程确定指标，其中包括主要指标、次要指标和辅助指标。主要指标是指反映疾病状态的典型特征指标，包括反映组织器官结构与功能变化的影像学检查指标，反映组织器官功能的血液细胞和生化指标，以及反映病变组织器官损伤程度的特征性生物标志等。次要指标是指在一定程度上能够反映疾病状态的非特征性指标，包括血常规、尿常规检查指标和生理功能评价指标等。辅助指标主要是指患者的主观感觉和医生观察到的行为学、心理反应等指标。UCMSC 的疗效评价应根据主要指标的变化情况进行判定，结合次要指标和辅助指标，综合评价为痊愈、显效、进步或无效。具体应根据不同疾病状态确定治疗前后的影像学、血液细胞与生化学、器官功能学、行为学观测指标，在治疗后对这些指标进行动态监测并结合长期随访结果综合评价 UCMSC 的疗效（图 6-11）。UCMSC 的疗效评价方法举例如下。

UCMSC 治疗类风湿性关节炎：患者的急性炎症反应得到控制，活动能力增强，累及关节部位的红、肿、热、痛症状减弱甚至消失，关节畸形得以缓解，晨僵发作频率减少甚至消失，血液学检查类风湿因子阴性，抗环瓜氨酸肽抗体阴性，C 反应蛋白减少，血沉降低，补体降低，X 线检查关节周围软组织肿胀等症状消失或缓解。

UCMSC 治疗脊髓损伤：脊髓损伤一般由于脊柱骨折或脱位引起，应先进行手术矫正或复位，然后才能实施 UCMSC 治疗。UCMSC 治疗的作用主要是促进脊髓损伤修复，其疗效可运用 BBB 评分法进行运动功能观察，患者应有运动功能改善，损伤平面以下的感觉、运动功能开始恢复；运用 X 线片、CT 检查和磁共振成像（MRI）检查，观察到患者脊髓组织结构改善；还可通过躯体感觉诱发电位（SEP）检查脊髓感觉通道功能是否恢复，用运动诱发电位（MEP）电生理检查锥体束运动通道功能是否恢复。

UCMSC 治疗心肌梗死：临床症状胸痛发作频率减少，胸痛程度减弱，心律失常消失，血液学检查白细胞减少，血沉降低，心脏射血分数增加，心排出量增加，心脏功能评价指标中血流动力学发生改变，心电图中 S-T 段抬高和病理性 q 波消失，心肌酶学检查中肌红蛋白、肌钙蛋白 I、肌钙蛋白 T、肌酸激酶同工酶、肌酸激酶和乳酸脱氢酶的

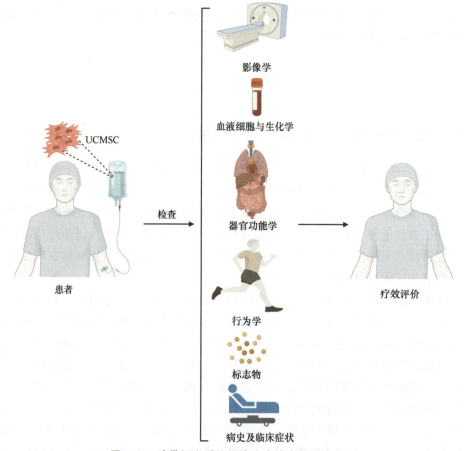

图 6-11　脐带间充质干细胞治疗的疗效评价方法

含量为正常值，超声心电图中心室壁的运动和心室功能正常。还可进行床旁血流动力学监测，利用 Swan-Ganz 导管，测量中心静脉压、心房压、心室压、肺动脉压和肺毛细血管楔压，计算心脏指数应明显恢复。

　　UCMSC 治疗再生障碍性贫血：发热程度降低，贫血得到改善，皮肤出血程度减弱甚至消失，血液细胞学检查中全血细胞百分数增加，网织红细胞百分数增加，骨髓穿刺进行病理学观察发现造血微环境结构改善，黄骨髓减少，造血干细胞数量增加，非造血细胞比例减少。

　　UCMSC 治疗糖尿病：多饮、多食、多尿的临床症状减轻，体重逐渐恢复正常，代谢指数改善，胰岛素和 C-肽水平升高，Treg 细胞数量增加，糖化血红蛋白、空腹血糖和每日胰岛素需求量下降。

　　UCMSC 治疗系统性红斑狼疮：发热程度降低，皮肤损害消失，关节痛缓解，各个系统的炎症损害程度减轻，治疗后 BILAG 评分和 SLEDAI 评分显著降低，血清白蛋白、抗体（抗核抗体、抗 dsDNA 抗体、抗 Sm 抗体、抗 RNP 抗体、抗 SSA 抗体、抗 SSB 抗体、抗 rRNP 抗体、抗磷脂抗体）和补体（C3、C4）水平及外周血白细胞、血小板和 24h 蛋白尿水平得到改善。

二、脐带间充质干细胞对不同疾病的疗效

目前尚无证据表明 UCMSC 对哪些疾病疗效最好，对哪些疾病疗效最差，也没有人对 UCMSC 治疗疾病的疗效进行排序比较，但从现有的动物模型治疗实验与临床观察研究结果分析，UCMSC 对不同疾病的疗效有一定差异性，这种差异与疾病发生发展的机制及 UCMSC 的作用特点有关，同时还与患者的个体差异及疾病进程有一定关系。对多种疾病的疗效观察发现，UCMSC 的主要疗效如下（图 6-12）。

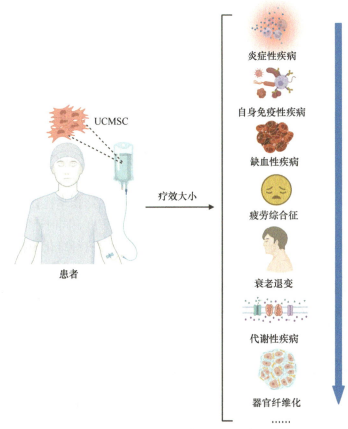

图 6-12　脐带间充质干细胞治疗疾病的疗效差异

蓝色箭头表示疗效由大到小

炎症性疾病：UCMSC 对炎症性疾病的疗效最为明确、显著，几乎对所有全身性和局部性急慢性炎症均产生良好疗效，特别是对急性炎症反应，可明显缓解炎性症状（红、肿、热、痛），减少炎症组织中的炎性细胞浸润和炎症因子释放，对移植免疫排斥反应也有良好效果，因为系统性炎症反应是免疫排斥反应的重要特征。

自身免疫性疾病：对过敏性紫癜、血小板减少性紫癜，可明显降低过敏反应强度，缓解临床症状。对自身免疫性肝病、IgA 肾病、运动神经元病、系统性红斑狼疮等有比较明显的疗效，可从病因上消除免疫反应或降低反应强度，改善临床症状。

缺血性疾病：对于心脑血管缺血、肢体缺血等疾病造成的组织损伤，在发病早期阶段应用 UCMSC 治疗，具有改善血液循环、阻止疾病进展、促进血管再生和损伤修复的

作用，而在慢性期对改善临床症状和提升患者生活质量有一定帮助。

亚健康状态、疲劳综合征：UCMSC 治疗可改善患者精神状态、饮食、睡眠等，提升患者整体器官功能，这类患者大部分主观反应可明显缓解疲劳，工作效率提高，这类疾病属于 UCMSC 治疗的适应证范围，但疗效可能有一定的个体差异。

衰老退变：老年人接受 UCMSC 治疗后，可改善精神状态、饮食、睡眠等，提高其整体器官功能，可以增加行走步数，提高肺活量，增强握力，同时还能提高认知功能、记忆力和应激耐受性。另外，还发现一些围绝经期(停经 1～2 年)的女性在接受 UCMSC 治疗后出现月经恢复 3～4 个月，部分老年白发患者出现新生黑发等现象，但不同患者之间的疗效有一定差异。

代谢性疾病：这类患者在接受 UCMSC 治疗之后，有 75% 的人群血糖、血脂等降低，但下降的幅度不一，可能是饮食习惯、运动锻炼等因素的影响，部分患者在 3 个月到半年左右又会反弹，而对 25% 左右的长期高血糖患者的作用并不明显，但对控制糖尿病引发的微血管、神经并发症效果显著，尤其对减轻神经末梢炎、微血管炎症状和提高视力等具有积极作用。

器官纤维化：动物模型治疗实验和临床研究结果均显示，UCMSC 对器官纤维化有一定的治疗效果，但在临床上仅见部分患者出现明显疗效，大多数患者仅有一定的临床症状改善，具体体现为可延缓病程和改善患者生活质量；影像学检查发现，UCMSC 治疗可在一定程度上改善纤维化器官的结构，减轻纤维化程度，同时还能降低血清中的胶原含量，改善器官功能，提高患者生活质量。对于严重器官纤维化的患者，如肝硬化、肾萎缩等，还能明显延长患者的生存时间。目前，UCMSC 治疗器官纤维化的报道主要涉及肺气肿、慢阻肺、心肺功能障碍、心肌纤维化、肝纤维化、肾纤维化等，器官纤维化属于难治性疾病，UCMSC 为这些疾病的治疗带来了新的希望，特别是对提高肝硬化患者的生活质量和延长生命有重要意义。

三、自体和异体脐带间充质干细胞的疗效差异

自体 UCMSC 是指在出生时采集脐带，分离制备并储存下来的 UCMSC，其遗传背景和基因型与自体完全一致的 UCMSC。异体 UCMSC 是指来源于基因型与自体不同的 UCMSC，包括有血缘关系和无关供者来源的 UCMSC。这里所指的基因型不同是指 UCMSC 来源于自体还是异体，疗效差异主要是指遗传背景不同的 UCMSC 用于疾病治疗产生的疗效差异。自体和异体来源的 UCMSC 在疾病治疗方面的差异主要体现在自体来源的 UCMSC 不会发生免疫排斥反应，而异体来源的 UCMSC 则可能因为免疫排斥难以在体内长期存活，同时还体现在 UCMSC 本身的质量和生物活性方面的差异，因为不同来源的 UCMSC 在生长和分泌活性、均一性等方面有一定的差异。免疫排斥是器官移植和干细胞治疗中的主要技术瓶颈之一，不同基因型来源的干细胞移植于患者体内之后，会因为异基因型抗原表达而引起免疫排斥，这种反应的结果是使移植入受者体内的干细胞被排斥和引起全身性的炎症反应。例如，利用造血干细胞移植治疗白血病、再生障碍性贫血等，必须选择基因型相同或有亲缘关系、基因型差异较

小的供者作为干细胞捐献者，否则难以避免免疫排斥反应，甚至因免疫排斥反应导致治疗失败。

UCMSC 与造血干细胞相比，最大的优势和特点是免疫原性较低，进行同种异体甚至异种来源的 UCMSC 治疗均不会发生明显可见的急性免疫排斥反应，也就是说把人的 UCMSC 移植给动物，把犬的 UCMSC 移植给猴都不会发生明显可见的急性免疫排斥反应。未见免疫排斥反应表型并不代表不发生免疫排斥反应，因为在动物疾病治疗实验中发现，即便是来源于遗传背景相同的异体 UCMSC 移植于体内后也只有少量的 UCMSC 能够长期存活。从现有的国内外 UCMSC 治疗研究结果分析，基因型差异越大，UCMSC 在体内存活的时间越短，但用于一些炎症性疾病、代谢性疾病、缺血性疾病、中毒和退变性疾病的疗效差异不大，这可能是因为发挥治疗作用的主要因素是 UCMSC 分泌的细胞因子和外泌体，与 UCMSC 在体内长期存活关系不大。从理论上讲，采用自体或与患者基因型相同或相近的 UCMSC 治疗，可能与患者的组织相容性更好，更有利于 UCMSC 在患者体内长期生存和直接参与组织损伤修复。人的基因型多种多样，选择全部基因配型相同的 UCMSC 治疗疾病，对于其发挥长期疗效是有利的，可以有效避免基因型不一致引起的免疫排斥问题，从这个角度看，选择与接受治疗者基因型一致或相近的 UCMSC 进行治疗疗效更好。从临床治疗的可行性、治疗成本等方面考虑，对于大多数疾病患者，基因型匹配的 UCMSC 来源十分受限，很难实现基因型匹配或相近的 UCMSC 治疗，采用标准化流程制备的异基因型 UCMSC 进行治疗，其细胞来源便捷，且可根据实际需要实施多次治疗，同样能通过其分泌的细胞因子和外泌体的作用达到预期的治疗目的（图 6-13）。

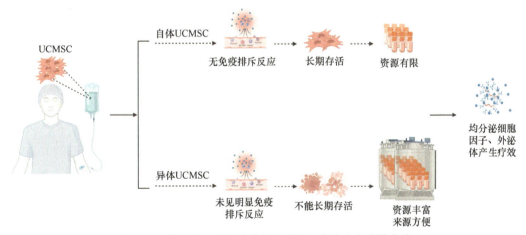

图 6-13　基因型不同的脐带间充质干细胞治疗疾病的疗效

四、异体与自体脐带间充质干细胞用于疾病治疗的特点

自体和异体 UCMSC 用于疾病治疗具有相似的作用特点与疗效，同时又具有各自的特点和优势（图 6-14）。自体 UCMSC 治疗的特点是：无免疫排斥反应、在体内存活时间长、治疗成本低、患者更容易接受等。异体来源的 UCMSC 治疗的主要特点是：来源方便、成本高，可能因为免疫排斥而难以长期存活等。自体 UCMSC 来源于接受治疗者

出生时存留的脐带，其遗传背景与患者完全一致，移植后的 UCMSC 可能在体内长期存活并持续发挥作用。而异体 UCMSC 的材料来源非本人，在遗传基因结构和组成上，与接受治疗者有一定差异。也就是说，自体 UCMSC 治疗是用自己的细胞治疗自己的疾病，而异体 UCMSC 治疗则是用别人的细胞来治疗自己的疾病。用异体来源的 UCMSC 治疗，尽管不会发生明显可见的免疫排斥问题，但进入机体后与患者细胞的相容性不如自体来源的 UCMSC，也可能因为遗传背景上的差异而影响疗效。自体 UCMSC 的来源没有选择性，因为一个新生儿只有一条脐带，其疗效受多种因素的影响，除患者自身个体差异外，脐带的质量也会影响疗效。提供脐带的产妇年龄、有无传染病、有无家族遗传病史、既往病史等均会影响 UCMSC 的质量。异体来源的 UCMSC 选择性强，从脐带来源到最后的质量检测均可进行优化筛选，最后用于疾病治疗的 UCMSC 均是来源于无传染性疾病和遗传性疾病的健康产妇的新生儿脐带，符合同行公认的质量标准，可以保证其质量的均一性、生物学活性和治疗效果。

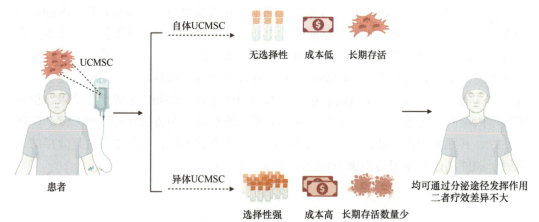

图 6-14　自体与异体脐带间充质干细胞的疗效比较

总之，自体 UCMSC 和异体 UCMSC 治疗各有其应用优势，在疗效方面可能存在微小的差异，但总体上的差别不会太大。

◆ 第四节　脐带间充质干细胞治疗的量效关系

一、脐带间充质干细胞治疗的剂量选择

UCMSC 治疗疾病的最佳使用剂量目前还没有公认的标准，用于不同疾病治疗的量效关系也还没有完全搞清楚，目前，国内外的研究报告大多数是根据体重计算 UCMSC 的单次治疗剂量，单次治疗剂量在 $3×10^7～1×10^8$ 个细胞/（kg·次），大多数动物模型治疗实验和临床治疗研究一般按 $1×10^6$ 个细胞/（kg·次）的剂量计算。也有按年龄选择 UCMSC 治疗剂量的报道，成年人每次使用的细胞量为 $3×10^7～5×10^7$ 个细胞/（kg·次），老年人的单次使用量为 $5×10^7～1×10^8$ 个细胞/（kg·次）。也有根据疾病的类型和严重程度来选择 UCMSC 的治疗剂量，如用于亚健康和抗衰老保健治疗一般应选择在 $1×10^8$ 个

细胞/（kg·次）左右。另外，UCMSC 治疗的剂量选择还与治疗途径有关，上述治疗剂量选择是指采用静脉输入或动脉介入治疗途径，对于部位明确的局部组织损伤治疗，一般应采用定位注射法，这种方法使用的 UCMSC 剂量应根据病变严重程度选择，一般单次治疗剂量应在 $1\times10^7\sim1\times10^{10}$ 个细胞。有研究利用食蟹猴评价 UCMSC 的安全性发现，单次治疗剂量在 $1\times10^6\sim1\times10^7$ 个细胞，连续 8 次静脉输入 UCMSC 均未见急慢性毒性。因此，为保证安全，建议单次静脉输入的剂量在 $1\times10^6\sim1\times10^7$ 个细胞/（kg·次）（图 6-15）。需要注意的是，单次通过血管输入的 UCMSC 剂量不宜太大，而且密度也不宜过高，以避免 UCMSC 聚集导致微血管栓塞。为避免 UCMSC 输入过多引发微血管栓塞现象和过敏反应等，可在细胞悬液中添加合适剂量的抗凝剂，振荡分散细胞悬液，避免细胞聚团，也可增加稀释液的量以降低细胞密度，或在 1 天内分多次输入单次剂量的UCMSC，也可在输入 UCMSC 的同时给予低剂量的类固醇激素药物，此外还应彻底清除细胞培养物残留，以确保治疗的安全性。

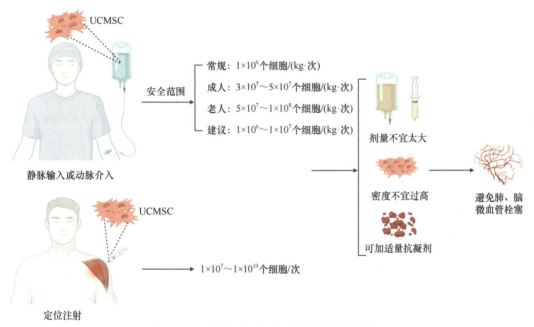

图 6-15　脐带间充质干细胞治疗的剂量选择

二、脐带间充质干细胞治疗的有效剂量

UCMSC 用于各种疾病治疗或亚健康保健、抗衰老等的最低有效剂量、治疗次数、疗程及量效关系目前还没有公认的标准，需要根据疾病的种类、疾病进展程度及不同个体的特点进行大样本临床研究才能获得切实可信的数据，通过大数据分析才能针对不同疾病的治疗建立相应的技术规范。UCMSC 治疗的剂量过低难以达到预期的治疗目的，剂量过高是否更有效并不产生负面作用尚需要大量的临床研究结果才能得出结论。从人类疾病动物模型治疗的研究结果来看，一般常规治疗剂量在 $1\times10^5\sim1\times10^7$ 个细胞/（kg·次），最低有效剂量应不低于 1×10^5 个细胞/（kg·次）。有报道认为，UCMSC 的使用剂量为 1×10^5 个细胞/（kg·次）也能产生一定的治疗效果，但低于此剂量可能难以

发挥有效的治疗作用。这里所指的最低剂量是单次治疗或按疗程治疗中的每次 UCMSC 的使用量，在一天内多次输入的 UCMSC 总量也应计算为单次治疗量。当然，UCMSC 的最低有效治疗剂量还与 UCMSC 的生长和分泌活性有关，在常规培养条件下，随着体外传代次数的增多，UCMSC 的活性可能逐渐降低，因此，控制 UCMSC 的生物活性对疗效至关重要。这里所指的最低有效剂量是单次输入 UCMSC 产生疗效的最低剂量，多次输入 UCMSC，如每周 1 次、连续 3～5 次治疗的单次输入量也应不低于 $1×10^5$ 个细胞/（kg·次）（图 6-16）。

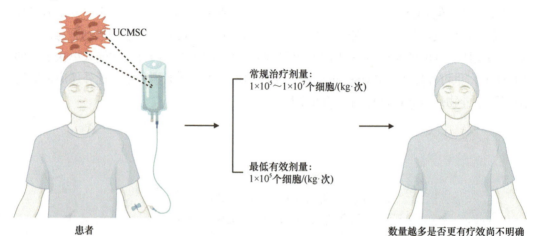

图 6-16　脐带间充质干细胞的最低有效剂量

三、脐带间充质干细胞治疗的最大安全剂量

UCMSC 用于疾病治疗在一定的剂量范围内有一定的量效关系，但对于有些疾病是否用量越大疗效越好尚未获得确切的科学证据，单次治疗的最高剂量是多少，多次治疗的疗程及治疗剂量是多少，目前尚没有同行公认的行业标准。UCMSC 的最大使用剂量应从安全的角度考虑，剂量过大可能引起微血管栓塞，甚至适得其反。在临床上，有研究报道 UCMSC 用于治疗帕金森病，单次输入剂量达 $2×10^8$ 个细胞/（kg·次）未发现异常反应并取得了良好疗效，这是我们见到的最大使用剂量。有研究对老年猕猴进行 UCMSC 治疗实验，静脉输入使用剂量为 $1×10^7$ 个细胞/（kg·次），每日 1 次，连续 3～5 次，未见异常反应和慢性毒性，并产生了良好的逆转组织器官衰老的作用。在安全评价实验中，使用剂量为 $1×10^6$～$1×10^7$ 个细胞/（kg·次），每 2 周 1 次，连续输入 8 次，在这一剂量范围之内不引起急慢性毒副反应。另外，在 UCMSC 临床干预组织器官衰老的研究中，按 $6×10^6$ 个细胞/（kg·次），每日 1 次，连续 5 次，通过静脉输入 UCMSC 未见异常反应，并产生了一定疗效。上述结果提示，UCMSC 治疗疾病的最大剂量应控制在 $1×10^7$ 个细胞/（kg·次）以下，对于抗衰老保健的治疗剂量应尽可能按最高输入量 [$1×10^7$ 个细胞/（kg·次）] 实施，但这不是单次输入量，是每日 1 次，连续 5 次的输入总量。以此推算，假设成年人的平均体重为 60kg 左右，多次输入 UCMSC 治疗的总量可达到 $6×10^8$ 个细胞，但要注意单次输入 UCMSC 的数量和密度不宜过大，以防止细胞聚集而导致微血管栓塞，应在静脉输入之前充分振荡混合均匀，通常应在制备过程中添

加适量的抗凝剂，也可在一天之内分多次输入或对 UCMSC 制剂进行充分稀释后缓慢输入，在治疗过程中应严密监测接受治疗者的异常反应，发现问题应立即停止输注并及时采取有效措施进行对症处理。

　　UCMSC 是目前用于疾病治疗和健康保健最多的干细胞之一，医生和患者最关心的问题首先是其安全性。目前的研究结果均认为，UCMSC 在一定的剂量范围之内对人体是无害的，但需要对 UCMSC 制品进行严格的质量控制，保证细胞的均一性和生物活性，在治疗前应严密观察细胞，确保其无聚团现象。此外，多次输入 UCMSC 治疗的总量也应该控制在一定范围内，一般来说应不超过 6×10^8 个细胞，此外，还应避免单次大剂量、高密度的 UCMSC 制剂输入体内，以免发生重要器官，如心脏、肺、脑的微血管栓塞等意外事件发生（图 6-17）。

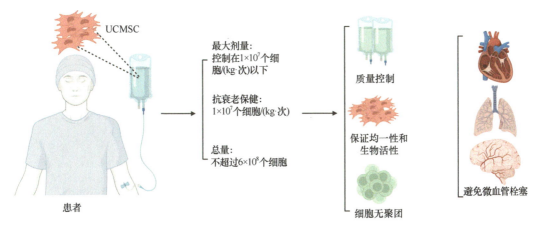

图 6-17　脐带间充质干细胞治疗疾病的最大安全剂量

四、脐带间充质干细胞治疗疾病的量效关系

　　UCMSC 治疗的量效关系是指用于疾病治疗中使用细胞数量与疗效之间的关系，实际上也就是人们关心的是否使用 UCMSC 的数量越多、治疗次数越多，疗效就会越好的问题。一般来说，在 $1 \times 10^5 \sim 1 \times 10^7$ 个细胞/（kg·次）的剂量范围之内，单次或多次治疗的量效关系成正比趋势（图 6-18），但多次治疗的个体反应差异较大，针对有些疾病，如类风湿性关节炎，UCMSC 治疗的单次剂量越大、治疗次数越多，效果越好，但对于大多数疾病，需要根据接受治疗者的疾病类型、疾病进程、并发症、基础状况、年龄和生活习性、工作类型等综合评价与采取合适的治疗方案。对大多数慢性炎症或退变性疾病来讲，UCMSC 治疗也存在一定的量效关系，但应根据不同的疾病进行实验性治疗，对一次治疗未见疗效的可以增大剂量和追加治疗次数，而对于两次治疗未见疗效的患者，再继续治疗一般也不会产生理想的疗效。由于 UCMSC 治疗不同种类疾病的个体间疗效差异较大，建议患者根据医生的科学建议进行实验性治疗，以保证疗效和安全。关于 UCMSC 治疗疾病的量效关系研究报道较少，有一些临床研究设计了不同剂量 UCMSC 治疗的疗效与安全对比试验，但由于剂量阶梯的差距过大，很难明确量效之间

的关系。总体来讲，在一定范围内，输入剂量与疗效呈正相关，即输入剂量越大，疗效越明显。UCMSC 治疗的量效关系还与疾病类型有关，关于 UCMSC 治疗老年衰弱综合征的临床 I 期、临床 II 期研究结果显示，UCMSC 的最佳输入剂量为 $1×10^8$ 个细胞，可以单次或多次输入，增加剂量并不能显示更好的疗效。

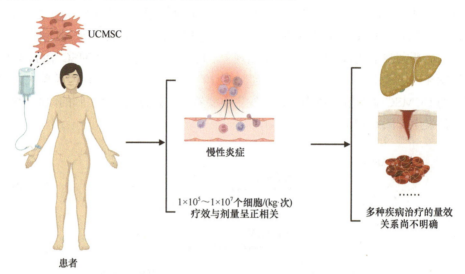

图 6-18　脐带间充质干细胞治疗疾病的量效关系

◆ 第五节　辅助脐带间充质干细胞治疗的方法

一、脐带间充质干细胞治疗的饮食要求

　　UCMSC 治疗的疗效取决于其生长和分泌活性，一些食物和饮料可能对 UCMSC 的生物活性产生影响，从而影响其疗效，其中，比较常见的是过量饮酒与食用刺激性食物、毒性物质残留的食物等。关于酒精对 UCMSC 生物活性影响的研究报道较少，根据体外培养条件下酒精对肝、脾、骨髓等细胞的毒性作用研究结果，培养液中的酒精浓度大于 1% 时对细胞的生长活性有一定影响，而且呈浓度依赖性，即浓度越高，毒性越大。研究者认为，酒精对细胞生物活性影响的浓度阈值为 1%，以此类推，人体的循环血液占体重的 6%～8%，体重 60kg 的成年人血液总量为 4000～5000mL，UCMSC 治疗后的饮酒量应低于 40～50mL。当然，酒精对 UCMSC 活性的影响可能还受到个体差异、酒精吸收量及其他伴随食物等因素的影响。总体说来，接受 UCMSC 治疗后应尽量避免饮酒，特别是过量饮酒，因为血液中的酒精浓度过高可能使治疗效果大打折扣。除饮酒之外，其他一些食物可能影响 UCMSC 的迁移、分化和分泌功能，其中包括含有防腐剂的罐头食品、酸性食品等。另外，还建议避免同时使用抗生素、化疗药物等，尽量减少食用有细胞毒性和对人体有强烈刺激作用的食物，比如辛辣食品、煎炸烧烤食物、芭蕉花等（图 6-19）。

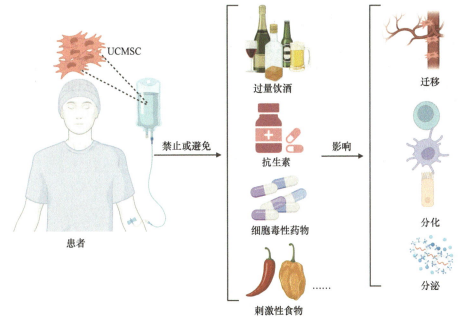

图 6-19　脐带间充质干细胞治疗后的饮食要求

二、脐带间充质干细胞治疗后的辅助治疗

UCMSC 治疗的主要作用是通过直接参与或分泌细胞因子和外泌体促进组织细胞的生长、分化与分裂增殖，再生损伤组织的结构与功能。根据这一原理，在实施 UCMSC 治疗后，采取合适的辅助治疗方法对保证和提高 UCMSC 的疗效有一定帮助。建议采取以下辅助治疗措施（图 6-20）：①适当的运动锻炼，输入 UCMSC 之后的短时间内可能

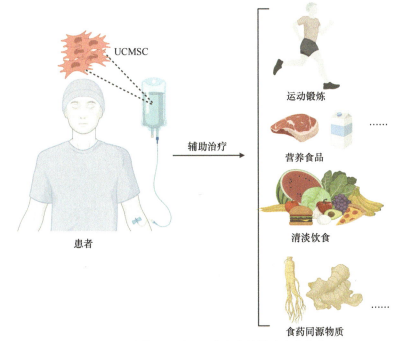

图 6-20　脐带间充质干细胞治疗的辅助治疗方法

会有一定的疲劳感或类似感冒初期的症状，快步行走 2～3km 后可逐渐消失，适当的运动锻炼可促进血液循环和提高代谢功能，对 UCMSC 的归巢功能也有一定帮助，但应避免强烈刺激性运动和强体力劳动；②适当补充营养食品，包括蛋白类、不饱和脂肪酸类食品，特别是维生素、微量元素等含量较高的营养食品，对促进 UCMSC 的功能有一定帮助；③日常饮食以清淡为主，减少高脂、高能食物摄入；④某些食药同源物质，如阿胶、人参、山药、黄精、枸杞等可能对 UCMSC 治疗有一定辅助作用，三七制品或一些促进血液循环的药物有助于 UCMSC 发挥分泌和归巢作用。

第七章

脐带间充质干细胞治疗疾病的疗效

◆ 第一节　脐带间充质干细胞干预衰老的作用与机制

一、脐带间充质干细胞对衰老进程的干预作用

干细胞在人体发育生长和衰老死亡过程中发挥着关键作用。人类的生命起源于最原始的干细胞，即受精卵细胞，人体的各种组织器官均由受精卵发育形成的囊胚内细胞群分化而来。人体从出生到生长发育、衰老死亡整个过程中，各种组织器官之中都有干细胞的存在，成体干细胞在人体生长发育的整个生命过程中，一直扮演着母细胞的角色，保持着自我更新、增殖分化能力，负责更新组织器官中生理性衰老死亡的细胞，从而维持组织器官结构与功能的稳定性。人体衰老的原因是组织器官中的干细胞数量减少或活性降低，使细胞衰老死亡与再生修复的平衡被破坏，从而导致组织器官中的功能细胞数量减少，器官结构退变，包括萎缩、纤维化、脂肪沉积、间质增生等，致使整体或器官功能衰退，呈现衰老的表型特征，如皮肤皱缩、认知功能减退、行动缓慢等。

年轻意味着充满朝气与活力、精力充沛、漂亮等，维持年轻状态一直是从古到今人们梦寐以求的目标，但衰老是人类生命发展的自然规律，至今也没有人找到一种让人长生不老的理想的干预衰老进程的措施。干细胞治疗技术的发展为维持人体年轻化或逆转衰老状态提供了新的思路，干细胞能够促进衰老细胞的更新换代，延缓人体组织细胞的衰老死亡进程，甚至可以通过其分泌的生长因子、炎症抑制因子、抗氧化应激因子和外泌体等使已经衰老的细胞重现活力。成人许多组织器官中均存在一定数量的组织干细胞，其作用是不断更新衰老死亡细胞和修复组织损伤，如果能够有效维持中老年人体内的干细胞数量，并保持其生物活性在良好状态，使组织器官中的衰老死亡细胞得到及时更新换代，就能维持人体组织器官的结构与功能处于稳定状态。目前，已有一些美容院、抗衰老中心、干细胞生物技术公司等开始炒作干细胞抗衰老、使人年轻的概念，但其合法性、技术规范性、有效性和安全性值得商榷。

从人体生长发育和衰老死亡的自然规律与机制分析，由于人体衰老源于内源性干细胞数量和活性不足，外源性补充 UCMSC 具有一定的抗衰老和逆转衰老作用，可能会使衰老人群的器官功能增强、容颜年轻、精力旺盛、饮食和睡眠改善等，这种理论推测目前已经在 UCMSC 干预衰老动物模型实验和临床治疗试验中得到验证。很多女性在 30～40 岁便快速衰老，这是因为这个年龄段的女性由生儿育女、家庭和工作压力等因素导致身体超限损耗，使肾功能、卵巢功能和分泌雌激素的功能减退，致使人体一些组织器官

中的细胞更新能力不足，最终表现为早衰现象。临床研究表明，女性这个时期的衰老是可以逆转的，如果外源性输入 UCMSC 便能够提高肾功能、卵巢功能及分泌功能，使体内组织器官中的细胞活力恢复，并呈现年轻化表型。UCMSC 治疗无疑将给正处在这个年龄段的早衰女性带来延缓衰老、维持机体正常功能的希望。同样的疗效也体现在男性身上，一些男性因日常应酬多、工作和生活压力大、节奏快缺乏锻炼时间，导致身体机能下降，出现未老先衰症状。UCMSC 治疗可改善男性身体机能，提高免疫力，提升性功能水平，助其重焕充沛精力与活力。有研究发现，外源性 UCMSC 输入体内后可通过分泌细胞因子和外泌体等调节表观遗传修饰模式、基因转录与表达方式，进而改善代谢功能和促进衰老组织细胞再生，维护组织器官的结构与功能。UCMSC 治疗可在一定程度上逆转组织器官的衰老状态，改善衰老个体的生理功能、生活质量和精神状态（图7-1）。对衰老猕猴实施 UCMSC 治疗的实验研究发现，该疗法可使衰老猕猴的生物年龄逆转 3～4 岁，以此推测，合适的 UCMSC 治疗可使老年人年轻 9～12 岁，但动物实验的结果可能与人类有一些差距，UCMSC 究竟能使老年人，特别是亚健康和早衰人群年轻多少岁，至今尚缺乏可靠的理论与实践依据，尚需要进行更深入的科学理论研究和大批量的临床治疗试验才能得出结论。

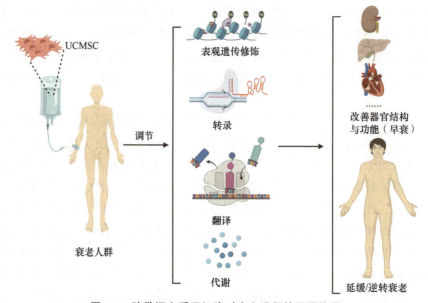

图 7-1 脐带间充质干细胞对衰老进程的干预作用

二、脐带间充质干细胞干预衰老的机制

衰老是人体发育的自然规律，人们对衰老与干细胞的关系已经有了较多的新认识，认为衰老是人体组织中的干细胞受疾病、环境、中毒等因素影响导致其数量减少，分裂增殖和分泌能力降低，使组织器官中的衰老死亡细胞得不到及时更新所致。关于UCMSC 治疗能够延缓衰老进程的研究已经取得了一些进展，UCMSC 可以通过直接参与、分泌细胞因子及外泌体等促进衰老退变组织器官中的细胞生长与更新，改善老年人整体或个别退变器官的结构与功能，增强老年人的免疫功能和抵抗疾病的能力，提

升他们在学习、工作以及社会参与方面的积极性与实际能力，从而改善老年人的生存质量。从 UCMSC 治疗衰老猕猴的研究结果来看，UCMSC 具有一定的逆转衰老和延缓衰老进程的作用，至于到底能够逆转或延缓衰老多长时间，这是一个很难回答的问题，因为个体之间的遗传背景、生活和工作环境等影响人体衰老进程的因素千差万别，UCMSC 的疗效差距可能较大。此外，延缓衰老的疗效可能还与 UCMSC 的剂量、质量、疗程和个体的健康状况等因素有较大关系，有待进一步改进精准测定人体生物学年龄的技术方法之后，才能科学评价 UCMSC 延缓或者逆转衰老进程的作用程度。目前，系统性研究 UCMSC 延缓衰老所积累的数据较少，缺乏大样本、大数据分析结果，但 UCMSC 延缓衰老的作用已在衰老动物模型治疗中得到证实。UCMSC 干预衰老的机制如下（图 7-2）。

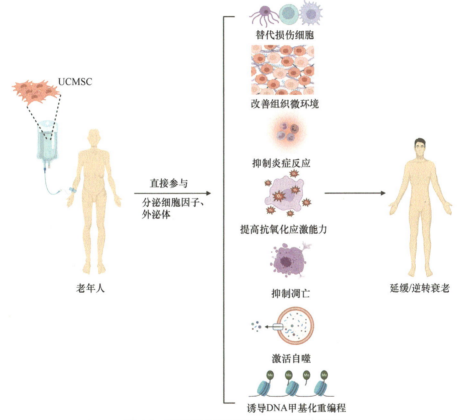

图 7-2　脐带间充质干细胞干预衰老的机制

1）UCMSC 治疗能够改善组织微环境条件，激活各种组织中的细胞和处于休眠状态的干细胞，进而促进组织细胞分裂增殖和干细胞分化为组织细胞，更新替代因衰老或病理性因素导致衰老死亡的细胞，增强和加快组织细胞的新老更替能力与速度。

2）通过分泌生长因子和外泌体等，促进细胞与细胞间、细胞与细胞外基质间的信息传递，促进组织细胞生长，改善衰老组织器官的血液循环，增强组织细胞的代谢功能。

3）抑制衰老组织器官的慢性炎症，消除由长期慢性炎症加速人体衰老的因素，进而延缓衰老进程。

4）释放细胞生长因子、炎症与免疫调控因子及外泌体等，提高组织细胞的抗氧化应激能力和自噬能力，抑制细胞凋亡和组织器官纤维化，从而提高整体的抗氧化应激能力，有效延缓组织器官的衰老进程。

三、脐带间充质干细胞诱导基因甲基化重编程

人类属于多细胞生物体，其生长发育和衰老是一个非常精细与复杂协调的过程，涉及从受精卵发育到复杂组织器官的细胞分裂增殖、多种细胞生长分化、衰老死亡、更新换代及组织器官结构衰退与功能退变等复杂而精准的分子调控。在胚胎干细胞分化为多种细胞，从全能态到逐步丧失多能性的过程中，伴随着遗传基因修饰、转录与表达的动态变化。从受精卵到不同的多能干细胞，到前体细胞，再到终末分化的成熟细胞，处于每个分化状态的细胞都有其独特的表观状态，这种状态也是细胞内的遗传基因修饰、基因开放与关闭表达的结果，而遗传基因修饰是人类表观遗传调节的关键机制，决定着遗传信息的开放与关闭。遗传基因包含的遗传信息决定着人类细胞的表型特征，遗传基因修饰模式变化则是人类表型特征改变的关键调控机制。在人体的衰老过程中，遗传基因的结构和组成并不发生改变，而其修饰、开放与关闭表达模式则随年龄增长而呈现动态变化，在衰老状态下，有些与生长发育相关的基因因为修饰模式改变而关闭表达，有些与衰老相关的基因因为修饰模式改变而开放表达。基因的开放与关闭表达动态受体内外多种因素变化的影响，从这个意义上讲，衰老实际上也是人体长期应对体内外不利因素的一种适应性变化方式。人体衰老是基因修饰模式改变的结果，诱导基因修饰模式向衰老方向转变的因素是导致人体衰老的驱动力，如炎症、氧化应激、中毒、缺血缺氧等。有诸多研究发现，基因修饰模式改变是人体衰老的关键因素，诱导基因修饰模式向年轻化方向转变或诱导基因修饰模式重置于年轻状态即可延缓或逆转衰老。美国和日本的科学家于 2006 年同时发现，将转录因子 Oct4、Sox2、Klf4 和 c-Myc（OSKM）基因导入终末分化的细胞可以使其重编程为胚胎干细胞样细胞，这种重编程细胞的表观遗传修饰模式，如 DNA 甲基化、组蛋白的翻译后修饰和染色质重塑方式被重置于胚胎干细胞状态，且体外重编程细胞呈现胚胎干细胞的表型。近些年来，还有科学家将这一体外诱导重编程技术用于体内，将上述转录因子基因导入组织损伤周围的细胞中即可诱导体细胞重编程，从而促进病损组织再生修复并恢复病损组织的功能，如将上述转录因子基因导入视网膜损伤组织周边的细胞可使视力恢复。在 UCMSC 干预猕猴衰老的研究中发现，UCMSC 治疗使衰老猕猴的外周血单个核细胞的全基因组 DNA 甲基化修饰模式发生了改变，其中，使 220 个转录因子基因的调控序列 DNA 去甲基化，从而诱导这些转录因子调节的下游基因开放表达，进一步诱使下游基因的转录和翻译水平提高，结果使衰老标志分子的表达水平显著降低，衰老组织器官的结构与功能得到明显改善（图 7-3）。该结果表明，UCMSC 具有诱导 DNA 甲基化修饰模式向年轻化方向转变的功能，基于 DNA 甲基化的生物年龄测定证实其逆转了猕猴的衰老进程，该结果为 UCMSC 延缓或逆转衰老奠定了理论和技术基础。

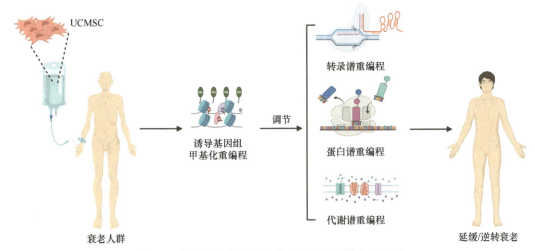

图 7-3 脐带间充质干细胞诱导基因组甲基化重编程

四、脐带间充质干细胞治疗卵巢衰老

卵巢是女性的生殖腺，主要功能是产生和排出卵细胞、分泌性激素促进女性特征的发育并维持。卵巢由周围的皮质和中央的髓质构成，髓质主要含血管、淋巴管和神经，皮质由各期发育卵泡、黄体和结缔组织等组成。卵巢衰老最主要的表现是卵巢萎缩，间质纤维化，颗粒细胞和卵泡数量减少，卵母细胞的质量下降，生殖功能丧失。根据欧洲衰老生物学研究所 Marco Demarai 实验室于 2022 年发表于 *Human Reproduction Update* 的报道，新生女婴的卵巢中含有原始卵泡 100 万～200 万个，到青春期减少到 40 万～50 万个，这当中只有 400 个左右的卵母细胞最终会在生殖期排出，到绝经平均年龄时，只剩下不到 1000 个原始卵泡，排卵也将不再继续。生育期卵泡数量随年龄增加而逐渐减少，卵母细胞的质量也随之下降，生育年龄越大，内分泌失调现象越明显，绝大部分的卵泡在发育的各个阶段退化闭锁。卵巢衰老主要是因为原始卵泡过度激活导致卵泡数量降低，而颗粒细胞数量和质量下降直接影响卵母细胞的质量。

感染、免疫异常、肥胖或过度减肥、疾病、药物、心理压力等因素可引起卵巢早衰，导致不孕、闭经、容颜苍老等。随着女性年龄的增长，卵巢功能也会自然衰退，表现为生育能力丧失，分泌功能减退，从而引起全身一系列的异常改变。UCMSC 具有良好的抗卵巢衰老作用，甚至可以在一定程度上逆转卵巢衰老状态，促进卵巢颗粒细胞增殖，改善卵巢组织的微环境，提高性激素分泌水平。对于处于围绝经期的妇女，采用 UCMSC 治疗可以部分恢复卵巢功能，表现为月经恢复 3 个月到 2 年不等，部分刚绝经的妇女月经恢复正常，更年期妇女的异常症状明显获得改善。值得注意的是，UCMSC 干预雌性猕猴衰老的实验研究发现，UCMSC 可以降低衰老卵巢的纤维化程度，抑制炎症，提高细胞抗氧化应激能力和自噬能力，促进颗粒细胞增殖，改善卵巢组织的微环境条件，但最终只能使月经恢复 3～4 次，难以恢复生殖能力。

UCMSC 干预卵巢衰老的作用机制（图 7-4）：①UCMSC 具有分化为卵巢细胞的潜能，但目前尚缺乏体外移植的 UCMSC 在卵巢内分化为卵巢细胞并长期存活的证据；②UCMSC

移植于体内之后，发现有部分细胞分布、定植于卵巢组织之中并存活、生长，这可能对维持卵巢组织微环境的结构与功能发挥积极作用；③通过分泌细胞因子、外泌体等修复卵巢退变组织，阻止卵巢纤维化，促进颗粒细胞的生长和分裂增殖，改善卵巢组织微环境，促进卵泡再生；④进入卵巢的 UCMSC 可能会分化为血管内皮细胞或促进卵巢微血管再生，从而改善血液循环；⑤调节神经、内分泌和免疫之间的网络平衡，改善卵巢的内分泌功能，延缓原始卵泡募集速率和提高成熟卵泡的质量；⑥调节卵巢的炎症与免疫平衡，大约有 20% 的卵巢早衰是由自身免疫异常反应引起的，UCMSC 可抑制卵巢炎症反应和细胞凋亡，提升卵巢细胞的抗氧化应激能力和自噬能力，从而延缓卵巢细胞的衰老死亡进程。UCMSC 逆转卵巢衰老和促进生殖功能的作用已在临床试验中得到证实，国内已有多项 UCMSC 治疗卵巢衰老和不孕不育症的报道，表明该疗法在卵巢衰老治疗中具有良好的应用前景。

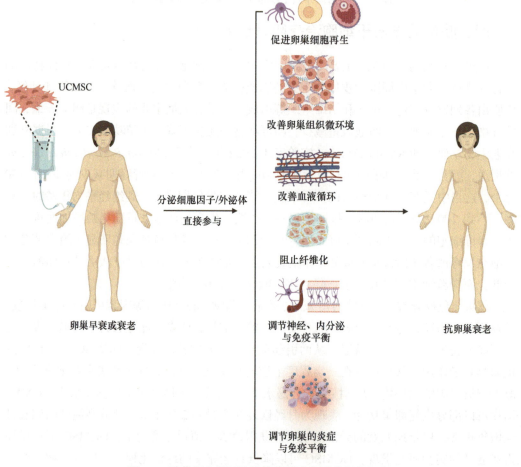

图 7-4 脐带间充质干细胞抗卵巢衰老的作用与机制

五、脐带间充质干细胞治疗恢复月经的现象解析

国内有多个研究小组的研究结果发现，给围绝经期（停经 1～2 年，月经紊乱）的妇女输入人 UCMSC 后，部分患者月经恢复，甚至可再持续 1 年半到 2 年，虽然这些研

究只是现象观察的结果，没有进行系统性的机制分析研究，但足以说明 UCMSC 具有调节妇女性激素分泌，促进卵泡再生、成熟等功能。国内还有研究报道，给一位卵巢早衰、不孕的患者输注一个疗程的 UCMSC 后，其成功怀孕生育。还有另一例研究发现，给卵巢早衰、不孕 3 年的患者输入 UCMSC 后患者成功怀孕并生产出健康男婴，说明 UCMSC 在卵巢衰老的治疗方面产生了看得见、摸得着的积极效果。已有的临床研究实例进一步证明了 UCMSC 促使围绝经期妇女恢复月经的现象具有一定的普遍性，值得深入研究。理论上，月经周期是因为卵巢排卵使得激素周期性变化导致子宫内膜增生和脱落引起的，主要受雌激素、促卵泡激素、黄体生成素的影响。卵巢随着年龄增长而萎缩和功能下降，卵泡数量减少，卵母细胞质量下降，在 37 岁左右时卵泡数量达到临界水平，约有 25 000 个卵泡，此后卵泡数量迅速下降，到 51 岁左右时，可能进入更年期，此后不再排卵，雌激素分泌减少，开始进入永久性停经。UCMSC 治疗卵巢衰老、不孕症后，可使部分妇女月经恢复，进而恢复生育能力，其机制可能是 UCMSC 本身参与了卵巢组织结构再生，通过分泌细胞因子和外泌体促使卵泡细胞、颗粒细胞等增殖分化，调节了性激素的分泌，抑制了卵巢组织的细胞凋亡，其深层次的机制尚需要进一步探讨，特别是卵巢组织结构与功能已经严重退变后，UCMSC 是否还能重建卵巢功能，尚需要进一步研究。UCMSC 逆转卵巢衰老具有普遍性，但也有较大差异，特别是恢复月经的次数和改善卵巢结构与功能的程度存在一定的个体差异性（图 7-5），这可能是由于卵巢衰老妇女的个体因素、卵巢衰老程度及卵巢衰老的诱因是否持续存在等因素的影响。对于少数围绝经期妇女，UCMSC 治疗后虽然不会出现月经恢复现象，但可以在一定程度上调节卵巢的内分泌功能，改善因为卵巢衰老而诱发的全身性异常症状，如骨质疏松、代谢紊乱、更年期综合征等。

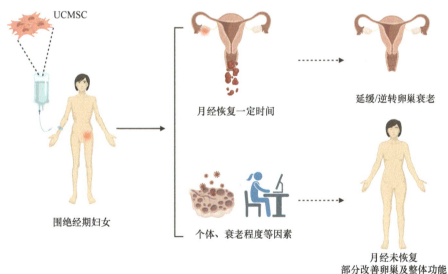

图 7-5　脐带间充质干细胞促进围绝经期妇女恢复月经

六、脐带间充质干细胞治疗胸腺衰老

胸腺位于胸腔入口处胸骨柄后方的前纵隔上部，胸腺后部附于心包及大血管前面，由不对称的左、右两叶组成。胸腺属于中枢免疫器官，也是一个内分泌器官，通常随着年龄的增长而逐渐衰退、萎缩，30 岁与 60 岁的人相比，胸腺的大小、结构和功能差距非常大。胸腺属于人体衰老最敏感的器官之一，是人体内最早开始衰老的器官，从幼儿期开始即进入随年龄增长而逐渐衰退的过程，因此，胸腺的退化进程是人体衰老的指示器和时钟，可以作为判定人体衰老进程的重要生物学指标。胸腺在胎儿期和儿童期发挥着特别重要的免疫调节作用，造血干细胞经血流进入胸腺后，先在皮质中增殖分化为淋巴细胞，其中大部分死亡，只有少部分继续发育并进入髓质，成为接近成熟的 T 淋巴细胞，然后穿过毛细血管后微静脉的血管壁进入血液循环迁移到周围淋巴结，因此，胸腺是 T 淋巴细胞分化成熟的场所，属于中枢免疫器官。胸腺皮质由上皮细胞构成海绵状网，网孔中充满淋巴细胞，髓质中有胸腺小体。衰老胸腺的皮质网状结构被破坏，皮质淋巴细胞减少，出现充满类脂颗粒的巨噬细胞，并有浆细胞浸润，在皮质和髓质中还出现肥大细胞。胸腺还是一个非常重要的内分泌器官，分泌多种激素类物质，影响多种内分泌腺的活动，同时也受其他内分泌激素的调节。其中，胸腺素是一种细胞免疫增强因子，主要作用是促进 T 细胞增殖分化，提高细胞免疫功能，因此在免疫功能调节中发挥着特别重要的作用。

UCMSC 具有良好的抗胸腺衰老作用，可延缓胸腺的结构退变和功能衰退。对于已经退变、衰老的胸腺残基，UCMSC 可在一定程度上促进残存的胸腺细胞分裂增殖，再生形成具有完整结构的胸腺小叶，提高其分泌胸腺素等免疫调节因子和输出免疫细胞的功能。在给免疫缺陷的衰老裸鼠注射 $2×10^6$ 个人 UCMSC 后，胸腺残基出现了清晰的皮髓质结构，胸腺上皮细胞数量增加，胸腺的输出功能增强，外周血中的调节性 T 细胞增多，同时也发现有少量人 UCMSC 定植于胸腺组织之中。

UCMSC 治疗衰老胸腺的作用机制（图 7-6）是：UCMSC 进入胸腺组织后，通过直

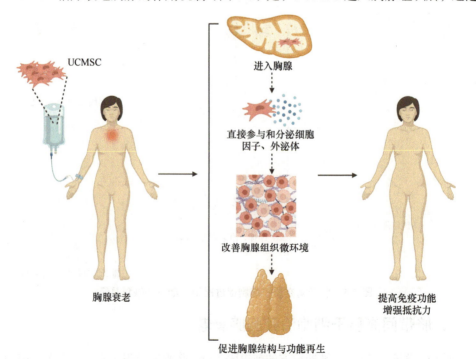

图 7-6　脐带间充质干细胞抗胸腺衰老的作用与机制

接参与和分泌细胞因子、外泌体，改善胸腺的组织微环境结构和组成成分，分泌对胸腺生长极为重要的角质形成细胞生长因子等多种促进胸腺发育的细胞因子，进而促进胸腺残基的结构发育与功能成熟。衰老退变往往伴随着细胞免疫功能下降，故胸腺衰老可能是导致免疫功能下降的重要原因。UCMSC 治疗可以促进衰老胸腺的结构与功能再生，逆转胸腺萎缩状态，提高老年人的免疫功能，增强其抵抗疾病的能力，从而提高他们的健康水平和生活质量。此外，UCMSC 可促进胸腺功能并调节神经、内分泌、代谢及免疫之间的平衡和稳定，这可能是其发挥整体抗衰老作用的重要机制之一。

七、脐带间充质干细胞治疗器官纤维化的机制

器官纤维化是人体衰老的重要标志之一。组织器官纤维化是人体内的组织器官因为慢性损伤和炎症导致的功能细胞减少，纤维结缔组织增多，组织中胶原含量增加，进而使组织器官结构破坏和功能减退。肺、肝、肾、心脏、血管、胰腺、皮肤等受到持续性的损伤、炎症刺激后发生硬化也是器官纤维化持续发展的结果。器官纤维化主要表现为间质细胞增多，大量纤维细胞增生，细胞外基质异常增多和过度沉积，功能细胞由于变性、凋亡、坏死而大量减少，长期发展则可出现组织器官硬化。组织器官纤维化的本质是组织遭受损伤后的修复反应和结构重塑，是人体保护组织器官结构相对完整的一种方式，但过度、过强和失控的纤维化会导致器官功能衰竭，甚至危及生命。

组织器官纤维化是临床上十分常见的疾病，目前缺乏有效药物和理想的治疗措施。国内外已经有一些关于 UCMSC 治疗组织器官纤维化取得疗效的研究报告。2018 年在 *Protein & Cell* 上发表的研究报告指出，成功采用肺干细胞治疗技术逆转肺纤维化。陆军军医大学西南医院发布的《8 例临床级脐带间充质干细胞治疗放射性肺纤维化的观察》证明，UCMSC 治疗可减轻临床症状和降低肺纤维化密度。还有一些独立研究的结果证实，UCMSC 治疗后可迁移至肺、肝、肾、心脏等纤维组织中，通过旁分泌途径改善纤维化瘢痕区域的微环境，延缓纤维化进程。有实验室利用肝纤维化、慢阻肺、心肌纤维化、肾小球硬化等动物模型评价了 UCMSC 的疗效与机制，结果发现，体外输入的 UCMSC 可分布、定植于纤维化组织器官中，使纤维化组织中的胶原含量显著降低，提高器官功能，表明 UCMSC 治疗具有一定的抗器官纤维化作用。

关于 UCMSC 治疗多种器官纤维化的动物模型实验和临床研究均证实了该疗法对器官纤维化的有效性，这是器官纤维化治疗研究中的重大技术突破，但在临床上可能存在一定的疗效差异，这可能与 UCMSC 的质量和器官纤维化程度有关。器官纤维化是一种慢性组织损伤修复过程，其组织微环境结构、组成与正常和急性组织损伤的微环境完全不同，UCMSC 可能主要通过分泌细胞因子和外泌体抑制炎症，减轻器官间质细胞的炎性刺激，从而发挥抑制纤维细胞增生的作用，此外，可能还与分泌因子和外泌体促进纤维化中的实质细胞分裂增殖，进而间接抑制器官间质细胞分裂增殖有关（图 7-7）。关于 UCMSC 进入纤维化组织器官的路径及治疗组织器官纤维化的细胞与分子机制还有待于深入探讨。

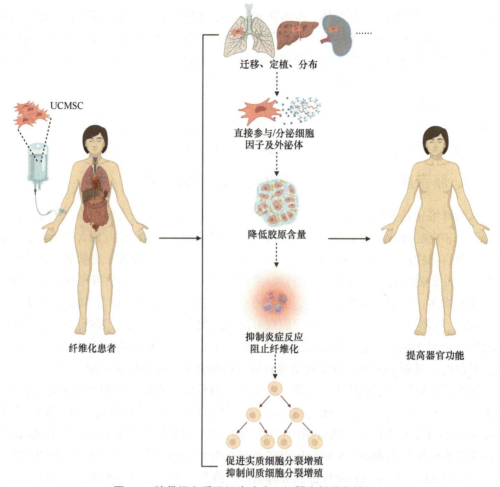

图 7-7　脐带间充质干细胞治疗组织器官纤维化的机制

八、脐带间充质干细胞治疗器官纤维化的疗效分析

　　严重器官纤维化，如肺纤维化、肝硬化、肾萎缩的患者，往往对人 UCMSC 移植治疗的期望值很高，抱有治愈的愿望接受该治疗，但事实上 UCMSC 疗法尚不能被视为一种完全解决方案，其主要疗效是减轻纤维化程度，改善组织器官的结构与功能，难以达到完全治愈的目的。在组织器官急性损伤和炎症反应期及时实施 UCMSC 治疗，可以有效阻止器官纤维化的发生，在器官纤维化的早期、中期实施 UCMSC 治疗，组织中的实质细胞相对较多，血液循环良好，可能会有较多的 UCMSC 和分泌因子进入纤维化组织，促进功能细胞生长和抑制纤维化进程的疗效相对明显。当组织器官纤维化发展到硬化阶段时，纤维化器官中的实质细胞严重减少，纤维细胞收缩，毛细血管网密度降低，器官功能严重衰退，采用 UCMSC 疗法的主要意义在于延缓纤维化进程，部分抑制纤维细胞增生和促进实质细胞分裂增殖，对改善纤维化器官的组织结构与功能有一定帮助，可以显著改善临床症状和提高生存质量，但存在较大的个体差异，对大多数患者而言难以达到理想疗效（图 7-8）。UCMSC 治疗晚期组织器官纤维化疗效不佳的原因是：①实质细胞丢失较多，残存的功能细胞较少，即便 UCMSC 有一定促进实质细胞生长的作用，但

也难以达到理想疗效；②纤维化组织中的毛细血管大量减少，导致到达病变组织的 UCMSC 数量稀少；③纤维组织的微环境可能发生了质的变化，不利于 UCMSC 的定植、生长、分化；④纤维化组织释放的炎症因子和趋化因子相对较少，不能吸引较多 UCMSC 向纤维化组织归巢，可能主要依靠 UCMSC 的分泌因子及外泌体发挥旁分泌和远程调控作用。基于以上原因，采用 UCMSC 治疗晚期组织器官纤维化的疗效可能相对有限，但可以通过分泌的细胞因子和外泌体促进实质细胞生长，部分改善临床症状和延缓疾病进程，降低胶原沉积，对提高生存质量会产生一定效果。

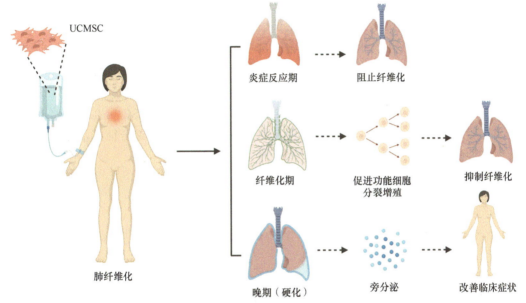

图 7-8　脐带间充质干细胞治疗不同时期组织器官纤维化的疗效比较

九、脐带间充质干细胞治疗老年衰弱综合征

老年衰弱综合征指机体发生退行性改变和多种慢性疾病引起的机体易损性增加的综合征。基于 UCMSC 的自我更新和多向分化潜能，其用于老年衰弱综合征治疗，不仅可以通过其分泌的细胞生长因子和外泌体促进老年退变组织细胞的再生，修复退变性损伤，改善衰老组织微环境的结构与功能，从而维护和提高衰老组织器官功能，同时还对许多衰老相关性疾病具有治疗作用。全球有多项 UCMSC 治疗老年衰弱综合征的临床研究正在实施中，其中有 1 项已经进入临床 III 期，结果均显示 UCMSC 不仅可以提高老年组织器官功能、6 分钟步行距离、握力和肺活量，同时还能改善老年人的认知功能和生活质量，促进免疫细胞的分裂增殖和分泌功能，且未发现与治疗相关的不良事件，表明 UCMSC 治疗老年衰弱综合征具有显著疗效并且安全性较高。UCMSC 在衰老和衰老相关疾病治疗中的应用，对提高老年人的健康水平、生活质量具有重要意义，有可能成为应对人口老龄化的新措施。

UCMSC 治疗老年衰弱综合征的主要机制（图 7-9）如下：①UCMSC 进入衰老组织并在组织微环境诱导下向衰老组织的功能细胞分化，从而改善组织器官的结构和功能；②通过分泌转化生长因子、血管内皮生长因子、血小板源性生长因子等相关因子促进退变组织重塑，分泌 IL-6、IL-12、IL-1 和粒细胞集落刺激因子等造血功能必需的因子，促进血管生成和抑制细胞凋亡；③通过合成和分泌多种细胞因子，其中包括干细胞生长因子、肝细胞生长因子、转化生长因子、成纤维细胞生长因子、神经生长因子、表皮生长因子、胰岛素样生长因子等，能够促进衰老组织器官中的细胞增殖和分化，从而维护组织微环境的平衡和稳定；④不仅可通过直接接触和分泌炎症调控因子抑制衰老个体的慢性炎症反应，还可通过诱导多种免疫抑制因子表达，包括诱导型一氧化氮合酶、吲哚胺 2,3-双加氧酶、白细胞介素-10 和环氧合酶-2 等发挥抗炎作用；⑤能够分泌干细胞生长因子、胰岛素样生长因子和超氧化物歧化酶等因子发挥抗氧化和抵抗自由基损伤的作用，提高组织细胞的自噬能力；⑥UCMSC 治疗衰老猕猴的研究结果显示，UCMSC 的分泌因子和外泌体可诱导 200 多种与细胞生长分化相关的转录因子的甲基化水平下降，提示其可能促进细胞生长相关基因的表达，同时还能诱导转录组、蛋白质组和代谢组分子谱向年轻化方向逆转，表明 UCMSC 可在基因修饰与表达及代谢水平上诱导多组学分子重编程。UCMSC 对老年衰弱综合征的治疗可能通过上述多种机制发挥协同作用。

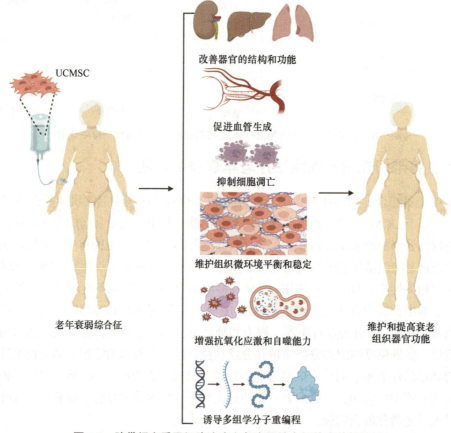

图 7-9　脐带间充质干细胞治疗老年衰弱综合征的疗效与机制

◆ 第二节　脐带间充质干细胞治疗感染性疾病

一、脐带间充质干细胞治疗感染性疾病的疗效与机制

感染性疾病发生的关键因素是外源性细菌、病毒、支原体、衣原体等病原微生物侵入机体并大量繁殖生长引起全身或局部强烈的炎症反应。抗生素是感染性疾病治疗的核心药物，强力抗生素的不断出现使许多感染性疾病得到了有效控制，但大量抗生素使用后产生的耐药性已经成为一些感染性疾病治疗的难题，开发新型抗生素和寻找有效防控感染性疾病的新方法仍然是医学研究的主要内容。抗生素治疗主要针对细菌、衣原体等感染，而病毒感染尚缺乏理想的治疗药物，特别是一些高致病性和高传播力的烈性病毒，如新型冠状病毒、登革病毒感染的防控与治疗，目前尚缺乏特效药物。基于对 UCMSC 的免疫调节功能的认识，人们一直以为，它对感染性疾病的治疗不会产生良好疗效，但越来越多的证据表明，将其用于细菌感染性脓毒血症、新型冠状病毒等感染性疾病的治疗对抑制炎症反应、防止器官纤维化、促进感染导致的组织损伤修复具有明显作用。国内外均有许多临床研究报道，采用 UCMSC 治疗难治性细菌、病毒感染取得了意想不到的效果，发现其对脓毒败血症、耐药性细菌感染、艾滋病等，不仅能够明显改善临床症状，而且能够有效控制疾病的发展，甚至达到治愈的目的。该疗法在新型冠状病毒感染的重度患者治疗中显示出良好的治疗效果，国内外多个研究小组的研究报道均显示 UCMSC 可以抑制新型冠状病毒感染的炎症反应，减少死亡率，促进肺损伤修复，减轻肺纤维化。在新冠疫情期间，国内王福生院士团队等对 200 多例重度新型冠状病毒感染患者实施了 UCMSC 治疗，结果无 1 例患者死亡，治愈后的患者肺纤维化程度明显减轻，表明该疗法起到了挽救重度新型冠状病毒感染患者生命的效果，能够减轻新型冠状病毒感染后遗症。此外，UCMSC 可能还具有阻止新型冠状病毒感染发生发展的作用，一些在感染前接受 UCMSC 治疗的人群尽管被新型冠状病毒感染，但不出现明显的临床症状。国内韩冬梅等对造血干细胞移植患者进行 UCMSC 治疗后发现，UCMSC 治疗可有效减轻移植排斥反应且不增加感染概率。金磊等对慢性 HIV 感染者进行人 UCMSC 治疗研究发现，该疗法可改善临床症状且安全性较高。还有诸多的研究报道认为，UCMSC 用于感染性疾病治疗具有降低全身及肺部炎症，提高患者存活率的作用。杨淑梅等的研究结果显示，UCMSC 治疗能抑制感染状态下的人肺泡 II 型上皮细胞（A549）凋亡，对肺泡 II 型上皮细胞有保护作用。该疗法对新生儿呼吸道感染性疾病的治疗也具有良好疗效，不仅能够改善临床症状，还能有效阻止组织器官的炎性损伤。

UCMSC 治疗感染性疾病的主要机制是抑制过强的免疫反应，调节炎症与免疫平衡，抑制强烈的炎症反应对人体的继发性损伤（图 7-10）。也有研究发现，UCMSC 的分泌因子中含有广谱抗菌肽，可能对病原生物具有一定的杀伤作用。总之，UCMSC 可通过抑制过度炎症反应来治疗感染性疾病，这一作用机制已在多项临床研究中得到证实。

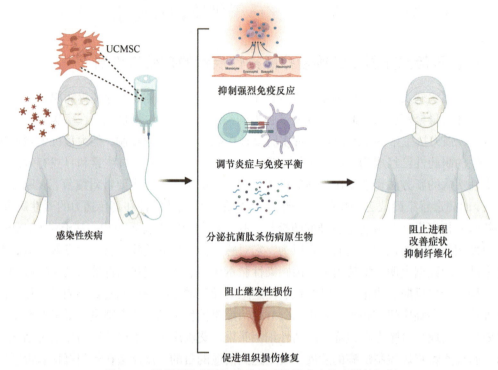

图 7-10　脐带间充质干细胞治疗感染性疾病的疗效与机制

二、脐带间充质干细胞治疗脓毒症

　　脓毒症是由感染引起的全身综合征，常见于严重创伤或感染性疾病患者。该病发生发展的关键因素是细菌、真菌、病毒及寄生虫引起的感染，导致机体炎症反应与免疫调节失衡。根据病情严重程度，脓毒症分为脓毒症、严重脓毒症和脓毒性休克，全球每年脓毒症患者超过 1900 万，其中约有 600 万患者死亡。脓毒症主要表现为全身性炎症、微循环障碍、器官功能不全等，是一种危及生命的疾病，目前除抗感染治疗、支持治疗、免疫调节治疗外，尚缺乏有效的治疗措施。国内外多个研究小组报道了 UCMSC 治疗抗生素耐药的脓毒症的研究结果，发现 UCMSC 治疗可显著减轻脓毒症的临床症状，特别是起到了挽救生命、降低死亡率的神奇疗效。黄炜等研究发现，通过腹腔注射骨髓间充质干细胞能够显著提高脓毒症小鼠的生存率，显著减轻脓毒症所致的重要脏器炎性细胞浸润，减轻重要脏器的病理损伤，改善重要脏器功能，提高心脏功能，降低血清炎症因子水平。还有研究者发现，UCMSC 治疗可以增强心肌细胞的抗炎、抗凋亡能力，认为 UCMSC 对脓毒症小鼠的治疗作用是抑制巨噬细胞释放致炎因子（IL-1、IL-6、TNF-α），促进巨噬细胞释放炎症抑制因子（IL-10），并通过活化心肌细胞的 mTORC2-Akt 信号通路提高心肌细胞的存活能力。吴远帆等的研究发现，间充质干细胞治疗脓毒症小鼠，可降低血清 IL-1β 和 TNF-α 含量，认为间充质干细胞治疗抑制了脓毒症小鼠的炎症反应，从而改善了心脏功能，减轻了对心脏、肝和肺的损害。关于 UCMSC 治疗脓毒症的研究虽然取得了一定的进展，但大多数治疗成效的证据来源于动物模型治疗的实验结果，人类临床治疗研究报道相对较少。上述研究结果表明，UCMSC 治疗可以显著抑制感染患者的系统性炎症启动因子释放，降低系统性炎症反应的水平，这可能是 UCMSC 治疗难治性感染及脓毒症的关键机制（图 7-11）。UCMSC 治疗脓毒症的疗效与治疗时机、剂量和疗程有关，应对这些基本治疗参数进行比较研究，建立行之有效的技术方法。

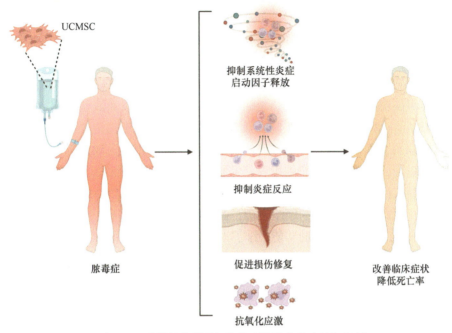

图 7-11　脐带间充质干细胞治疗脓毒症的疗效与机制

◆ 第三节　脐带间充质干细胞治疗疲劳综合征与失眠症

一、脐带间充质干细胞治疗疲劳综合征

疲劳综合征也称慢性疲劳综合征（chronic fatigue syndrome，CFS），是一种以持续或反复发作的疲劳并伴有多种神经、精神症状为特点，但无器质性及精神性疾病的症候群。疲劳是一种非常常见的现象或症状，伴发于亚健康和各种疾病状态，是一个多维概念，含义包括：体力与脑力活动下降，体力或脑力不足的感受或主观感觉，疲劳与物理因素、社会压力及文化背景相联系，是机体生化、生理和心理功能改变的结果。疲劳综合征发生的原因是长期过度的体力和脑力劳累、饮食生活不规律、工作压力和心理压力过大等精神环境因素以及应激等造成的神经、内分泌、免疫、代谢、消化、循环、运动等系统的功能紊乱。

人们对疲劳综合征或亚健康状态的认识主要局限于临床症状或现象，由于缺乏器质性改变，难以通过实验室检测指标或影像学观察结果来判定体内相关变化的情况。疲劳综合征的判定标准为：①持续性疲劳、虚弱无力超过半年且经静养休息症状无改善；②没有发现与疲劳有关的内科或精神类疾病的证据；③客观指标包括低热、无渗出性咽喉炎及咽喉部疼痛感，长期持续可出现颈部或腋下淋巴结轻微肿大及压痛感；④辅助指标包括腰酸背痛、关节痛、头痛、肌肉无力、疲倦、睡眠障碍、忧郁、健忘、烦躁不安、易怒、注意力不集中等。疲劳综合征的主要识别标准与亚健康类似，大部分临床表现基本相同，因此在治疗上也基本一致。

从定义上讲，疲劳综合征强调的是三个方面：疲劳症状至少持续 6 个月，经休息不能明显缓解；没有明确的疾病依据，而亚健康强调的是非健康、非疾病状态，是功能性改变，不是器质性变化，是现有医学技术不能发现的病理变化，主要表现在生命的质量差；长期处于非健康状态，又不能诊断为疾病。

UCMSC 对疲劳综合征或亚健康状态的治疗有多方面的生物效应，具有促进细胞更新、促进组织损伤与退变修复、调节炎症与免疫、改善代谢及血液循环等（图 7-12）。关于 UCMSC 治疗疲劳综合征和亚健康状态的疗效主要来源于临床观察结果，因为动物模型难以模拟人类疲劳综合征和亚健康的临床表型。临床观察发现，UCMSC 治疗对于大多数疲劳综合征或亚健康状态的患者，可显著改善其睡眠、饮食、精神状况，提高其工作效能及参与社交的兴趣和能力，这些临床症状的改善源于 UCMSC 治疗能够调节神经、内分泌、免疫和代谢之间的网络平衡，促进代谢功能，提高抗氧化应激能力，抑制慢性炎症，从而提高组织器官的功能，维护人体内环境的平衡和稳定。从现有的研究报道分析，UCMSC 对疲劳综合征或亚健康状态的治疗作用主要是通过参与损伤修复、分

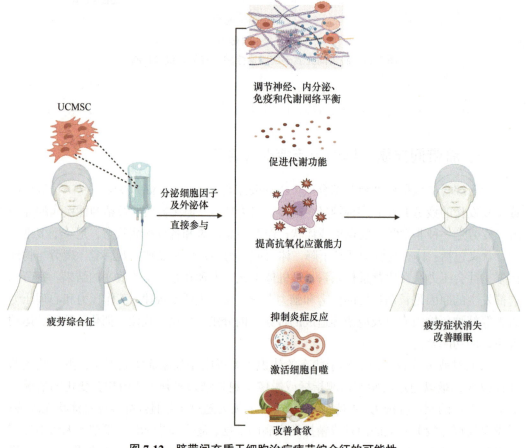

图 7-12　脐带间充质干细胞治疗疲劳综合征的可能性

泌生长因子及外泌体、调节炎症与免疫、促进血管再生和改善血液血管、抗氧化应激、提升细胞自噬能力等综合效应实现的。虽然疲劳综合征尚未发现组织器官的器质性改变，但一定有其神经、内分泌、免疫及代谢等调控异常的病理生理学分子基础，UCMSC治疗可通过调节各组织器官系统的平衡与协调，促进微损伤的修复，从而缓解亚健康状态，促进疲劳综合征患者的康复。

　　UCMSC 治疗系统性或局部性组织损伤、代谢综合征、炎症性和退变性疾病的系列研究结果显示，UCMSC 治疗有助于全身、局部和细胞水平的损伤修复，可有效促进细胞生长因子与炎症调节因子释放，纠正代谢、内分泌及基因表达调控等不同层次的平衡紊乱。主要证据是 UCMSC 治疗具有以下作用：①对老年性心脏、肾、肺、卵巢等组织器官功能退变有一定修复或逆转作用，可显著提升老年猕猴的抗氧化应激因子水平，改善器官的血液循环，还可抑制肿瘤基因表达，促进细胞生长因子基因的表达；②具有促进卵巢细胞再生和相关生长因子表达的作用；③可改善更年期综合征患者心情、精神状态；④用于糖尿病、代谢综合征治疗，可在一定程度上促进代谢，降低外周血中血糖、血脂含量，提高血浆中 C-肽和胰岛素含量，改善视力和末梢血液循环；⑤对系统性炎症性疾病，可降低炎症反应强度，降低血液中致炎因子含量，提升生长因子含量，减少炎症诱导的细胞凋亡；⑥对肢体缺血的治疗实验发现，UCMSC 可促进微小血管再生，改善缺血组织的血液供应；⑦对心肌缺血患者治疗，可促进心肌细胞再生，改善心脏功能，提高心室的射血分数，减轻心肌纤维化；⑧对慢性阻塞性肺炎治疗，可分布于肺间质并向肺泡上皮细胞分化，提高肺通气量和血氧分压；⑨具有改善整体功能的作用，可促进头发再生，减少头发脱落，增强视力，改善睡眠，恢复甲状腺功能，改善容颜；⑩可提高过氧化物酶的表达水平和血液中过氧化物酶的含量，抑制衰老相关标志基因的表达水平，提高细胞自噬能力。综合上述研究结果，可以肯定 UCMSC 通过自身参与、分泌细胞因子和外泌体三种机制对疲劳综合征或亚健康人群发挥治疗作用。

　　许多以疾病治疗为目的 UCMSC 研究发现，在反复多次输入 UCMSC 之后的一段时间内会出现一些有益的表征现象，其中包括容颜年轻化、体力增强、工作精力旺盛、入睡及睡眠质量改善、食欲增加、心情变好、记忆力增强、精神状态变好、头发由白变黑、色斑减退、视力增强等，这些现象足以提示 UCMSC 对疲劳综合征或亚健康会产生良好疗效。对代谢异常症（糖尿病、高血脂、高血压）及倍感工作压抑和疲劳的患者实施 UCMSC 治疗后的观察发现，出现上述疗效的时间从几个月到几年不等，其中在数小时内出现的精神兴奋、心情舒畅，可能与 UCMSC 分泌的细胞因子作用和治疗后的自我安慰、精神作用有关，一般几天之后出现的疗效才可能是 UCMSC 的真正作用。UCMSC 治疗疲劳综合征目前尚缺乏大批量的临床研究数据，但可以预计它会产生积极疗效。

二、脐带间充质干细胞治疗失眠症

　　失眠症是指各种原因引起的睡眠障碍，表现为睡眠不足、入睡困难、早醒等，其结果是导致感觉疲劳、烦躁不安、情绪失调、注意力不集中、记忆力差等，危害是失眠者的工作、学习能力和效率降低，长期失眠可引起过早衰老、头痛、植物神经紊乱、痴呆、寿命缩短等。失眠症往往是由工作压力过大、心理压抑或紧张、慢性疾病、药物滥用及过度饮用酒、咖啡、茶等引起。长期失眠是对失眠者身心的一种折磨，使人痛苦不堪。失眠症的治疗主要采用心理治疗、饮食调节、运动锻炼和应用安神镇静类药物，但这对许多患者来说效果不佳。

UCMSC 对失眠症的治疗具有良好效果，可使 90%以上的失眠症患者在短时间内部分摆脱睡眠障碍的痛苦，连续治疗可显著改善睡眠状态，提高睡眠质量，缩短进入睡眠状态的时间，延长深睡时间和连续性，甚至彻底治愈失眠症。UCMSC 治疗失眠症的疗效与失眠者的心理因素、饮食习惯、运动锻炼等因素有一定关系，在实施UCMSC 治疗的同时，还应辅助进行心理疏导，解除心理压力，优化饮食，减少饮食性刺激，进行适当的运动锻炼。部分失眠者接受 UCMSC 治疗后虽然在一段时间内其关键睡眠指标得到显著改善，但如果心理因素持续存在，且不进行适当的运动锻炼，失眠症还会复发，也有 5%～10%的失眠者对 UCMSC 治疗无明显疗效，这可能与其长期处于精神、心理异常状态有关。失眠患者通常存在内分泌失调、代谢紊乱、免疫功能异常等情况，UCMSC 治疗可以纠正这些异常现象，实现失眠症患者系统功能的平衡与稳定。UCMSC 治疗可通过多方面的生物效应改善失眠症患者的内环境而发挥作用，其中包括抑制炎症刺激、促进组织细胞再生及代谢功能等。UCMSC 治疗失眠症的机制尚缺乏系统性科学研究，大部分失眠者在 UCMSC 治疗当天即可实现睡眠状态显著改善，这种效果主要是通过 UCMSC 动态分泌的多种细胞因子、外泌体，调控神经、内分泌和免疫之间的网络平衡，抑制炎性刺激因子等对神经系统的持续作用及促进组织器官的代谢功能而产生的，长期疗效可能是 UCMSC 及其分泌因子促进体内细胞更新换代、修复损伤和促进代谢功能的结果（图 7-13）。此外，还有证据表明，UCMSC的分泌因子还具有促进神经细胞生长、抑制炎症因子对神经的刺激作用、提高神经细胞信息传递效能和促进胶质细胞分泌神经营养因子等作用，这些因素也可能对改善神经系统功能、促进神经系统自身的平衡与协调有积极作用，从而使患者睡眠状态得到显著改善。

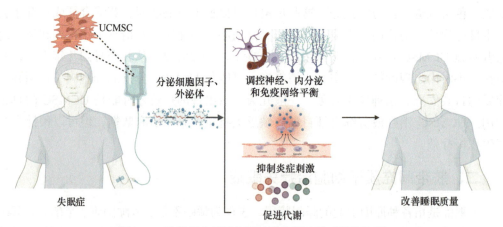

图 7-13 脐带间充质干细胞治疗失眠症的疗效与机制

◆ 第四节　脐带间充质干细胞治疗代谢异常

一、脐带间充质干细胞治疗代谢综合征

代谢综合征（metabolic syndrome，MS）是指人体的蛋白质、脂肪、碳水化合物等物质代谢发生紊乱而导致的病理状态，它是一组代谢平衡失调所表现出来的集聚发生的症候群，是引发心脑血管疾病、糖尿病的危险因素。代谢综合征是一种"富贵"病，通常是因为摄入高能食品过多、运动锻炼过少而引起的，发病率极高，约有30%以上的人群具有代谢综合征的特征，严重威胁人类健康。

在临床上，代谢综合征主要表现为：①向心性肥胖或超重；②脂代谢异常，出现高脂血症；③血管脆性增加，血压升高；④糖代谢异常、胰岛素抵抗或葡萄糖耐量异常。代谢综合征的临床诊断标准为：①超重或肥胖，身体质量指数（BMI）≥25（kg/m²）；②高血糖，空腹血糖（FBG）≥6.1mmol/L，或餐后2h血糖≥7.8mmol/L，或确诊为糖尿病并进行治疗者；③高血压，收缩压/舒张压≥140mmHg/90mmHg，或已确诊为高血压并进行治疗者；④血脂紊乱，空腹甘油三酯≥1.7mmol/L，或空腹血高密度脂蛋白胆固醇（HDL-C）<0.9mmol/L（男），空腹血HDL-C<1.0mmol/L（女），具备以上条件中的三项即可确诊为代谢综合征。

关于UCMSC治疗代谢综合征的研究发现，UCMSC对代谢综合征的内分泌功能不足、脂代谢和糖代谢紊乱有一定的治疗作用。目前，针对糖尿病、高脂血症、代谢综合征及其并发症的治疗研究已经取得了一些重要进展，其中包括UCMSC治疗1型糖尿病和2型糖尿病、糖尿病肾病、糖尿病诱发的微血管和神经病变及高脂血症引发的脂肪肝等。UCMSC用于代谢综合征治疗具有显著改善代谢功能和预防并发症两方面的作用，对代谢异常的疗效包括促进糖、脂肪、蛋白质的分解和代谢酶类、功能蛋白的合成，有效降低血糖、血脂、血液黏稠度等。关于UCMSC治疗代谢综合征及其相关并发症的动物模型和临床试验研究结果显示，UCMSC具有预防和治疗代谢综合征的作用，可改善血液循环、降低血压、修复血管损伤，以及防治心脑血管疾病、肝肾功能不全和神经病变等。对UCMSC治疗代谢综合征动物模型的研究发现，在饲喂高糖、高脂、高盐饲料的同时给予UCMSC可抑制代谢综合征的发展进程，减轻肥胖、高血糖症状，减低血氧饱和度，延缓动脉粥样硬化的发生发展，表明UCMSC对代谢综合征及其诱发的心脑血管疾病有一定预防作用。UCMSC治疗不仅能改善外周组织对胰岛素介导的葡萄糖的摄取，改善代谢综合征的临床症状，而且能从根本上对其进行治疗，该机制与抑制炎症水平、促进细胞更新及代谢功能、抗氧化应激、促进心肌细胞和血管再生等有关（图7-14）。UCMSC治疗可调节代谢综合征患者的代谢酶表达水平，促进糖和脂肪的分解代谢。UCMSC治疗代谢综合征有一定的个体差异，主要与饮食习惯、运动锻炼、疾病等因素有关，因此，在实施UCMSC治疗的同时应辅助进行饮食调节，减少高能饮食摄入，避免过量饮酒并适量运动以减少代谢产物和热能在体内的累积。

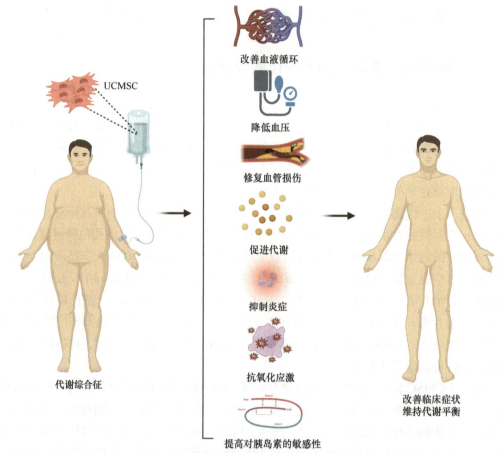

图 7-14　脐带间充质干细胞治疗代谢综合征的疗效及机制

二、脐带间充质干细胞治疗动脉硬化症

　　动脉硬化症是一种全身性疾病，与动脉壁富含脂质的巨噬细胞聚集有关，可导致动脉壁增厚和管腔狭窄，继而导致心脏病、脑梗死和其他严重并发症。该病是一种脂代谢异常诱发的心血管疾病，也是一种慢性炎症性疾病。其特点是受累动脉的病变从内膜开始，出现脂质聚集、纤维组织增生和钙质沉着，动脉中层逐渐退变和钙化，在此基础上继发斑块内出血、斑块破裂及局部血栓形成，血栓脱落而栓塞血管引起相应临床症状。动脉硬化症病变是巨噬细胞游移、平滑肌细胞增生及大量胶原纤维、弹力纤维和蛋白多糖等结缔组织基质形成，细胞内、外脂质积聚等综合作用的结果。

　　UCMSC 对动脉硬化症具有预防和治疗两方面的作用。由于动脉硬化症与代谢综合征、高脂血症密切相关，该病也是代谢异常累积的结果。在尚未发生动脉硬化症之前，采用 UCMSC 疗法可有效改善机体代谢功能，防止动脉硬化的发生发展。在动脉硬化症发展过程中，使用 UCMSC 疗法可有效促进代谢功能，逆转动脉硬化的发展进程，甚至完全恢复病变血管的正常功能。在对动脉硬化症患者实施 UCMSC 治疗之后，血液学检查发现血总胆固醇（TC）、甘油三酯（TG）、低密度脂蛋白胆固醇（LDL-C）降低，HDL-C增高，载脂蛋白 A（ApoA）增高，ApoB 和脂蛋白 a 降低，影像学检查发现动脉硬化程度减轻，硬化斑块缩小或消失，临床症状显著改善。UCMSC 治疗动脉硬化症的机制是通过直接接触和分泌因子作用于病变部位及全身的免疫细胞，减少炎症细胞募集、血小板黏附和巨噬细胞激活，减少促炎细胞因子 TNF-α 和 IL-6 的表达，从而抑制 TNF-α 和 IL-6 引导炎症细胞在动脉硬化斑块中积聚，减少血栓形成和细胞坏死，同时还能促进抗炎细胞因子 TGF-β 和 IL-10 的产生，IL-10 可促进动脉硬化病变稳定，并减少 TNF-α 的合成，从而抑制炎症反应，阻止动脉硬化的发生发展。除此之外，UCMSC 还可能通过促进血管细胞再生、提高血管细胞的抗氧化和自噬能力、减少血管细胞凋亡、改善全身血液循环、促进代谢功能，调节神经、内分泌、免疫与代谢的平衡和稳定，从而对动脉硬化症发挥预防和治疗作用（图 7-15）。UCMSC 疗法对动脉硬化症是一种有效的治疗方法，但不是完全解决方案，同样需要进行适当饮食调节、运动锻炼等辅助治疗。

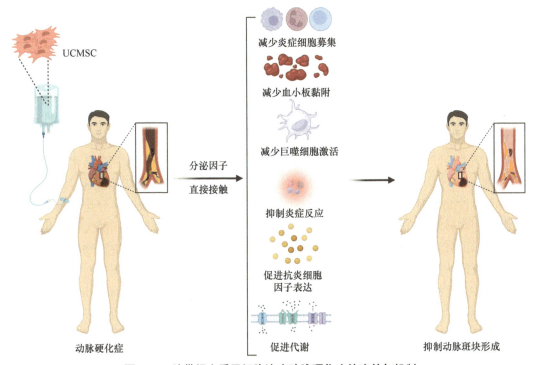

图 7-15　脐带间充质干细胞治疗动脉硬化症的疗效与机制

三、脐带间充质干细胞治疗糖尿病

糖尿病（diabetes mellitus，DM）是一种由胰岛素分泌缺陷和（或）胰岛素作用缺陷引起的，以慢性高血糖伴碳水化合物、脂肪和蛋白质的代谢障碍为特征的代谢性疾病。糖尿病分为 1 型糖尿病和 2 型糖尿病，1 型糖尿病主要是由于自身免疫和炎症反应导致胰岛细胞损害，胰岛素分泌不足进而引起的糖代谢障碍，2 型糖尿病主要是胰岛素与细胞上的相应受体结合障碍及其信号传导障碍导致糖代谢紊乱所致，随着病程的发展，也可造成胰岛细胞损害。糖尿病可造成眼、肾、心脏、血管和神经系统等多种器官系统的慢性损害、功能障碍与衰竭。糖尿病及其并发症的本质是一系列组织器官损伤的全身性反应。我国糖尿病的发病率为 10% 左右，大约有 1.4 亿的糖尿病患者，每年新增糖尿病患者上千万人。同时，糖尿病还是引发心脑血管疾病、神经损害和慢性组织损伤的高危因素，是仅次于恶性肿瘤、心血管疾病的严重危害人类健康的重大疾病。糖尿病的治疗主要以补充外源性胰岛素和使用降糖药物为主，控制高糖饮食和运动锻炼等辅助治疗也是阻止糖尿病发生发展的有效措施，但目前尚未找到能够彻底治愈糖尿病的理想方案。

UCMSC 在体外可以定向诱导分化为胰岛细胞，提示其在体内具有向胰岛细胞分化的潜能。关于 UCMSC 治疗化学诱导胰岛细胞损害的糖尿病动物模型研究发现，有少数 UCMSC 可迁移至胰岛并分化为胰岛细胞和胰腺导管细胞，但数量相对有限，是否能够有效修复胰岛损伤尚需深入研究。UCMSC 对 1 型糖尿病和 2 型糖尿病治疗的动物模型实验与临床研究结果均显示，其可显著降低血糖，减轻血管和神经并发症，且未见治疗相关的异常反应。UCMSC 对糖尿病的治疗可能是其分泌的细胞因子和外泌体促进了胰岛细胞再生，以及通过抑制自身免疫反应、调节炎症、提高组织细胞的代谢活性等发挥了作用，该疗法对改善胰腺结构和功能，促进糖尿病导致的神经、血管等组织损伤修复有一定的潜力。体外培养的胰腺血管周围细胞，可表达所有可识别间充质干细胞的标志物，表明该细胞可能是胰腺组织中的间充质干细胞，对维持胰岛的结构与功能具有重要作用，而在糖尿病发生时这类细胞也显著减少，外源性输入 UCMSC 可能对促进胰岛干细胞的增殖分化功能有积极作用。还有研究发现，UCMSC 对糖尿病的治疗作用是通过促进内源性胰岛 β 细胞的分裂增殖和修复胰岛组织损伤来实现的，其中包括分泌炎症调节因子抑制胰岛的炎症反应，改善胰岛组织微环境条件，减轻炎症性继发损伤等。总之，UCMSC 可能进入胰腺组织并被诱导分化为具有胰岛细胞表型和分泌胰岛素的细胞，但这可能并不是 UCMSC 治疗糖尿病的关键作用，主要还是通过分泌因子促进胰岛 β 细胞的增殖能力和胰腺细胞再生，进而修复胰腺损伤和重建胰腺功能。此外，UCMSC 及其分泌因子调节胰腺组织的免疫反应和慢性炎症反应、改善受损胰腺的血液循环也是 UCMSC 治疗糖尿病的重要机制。动物实验和临床研究表明，UCMSC 对糖尿病治疗的重要意义还在于防治其诱发的眼、肾、肝、心血管及神经等急慢性损伤，因为在 UCMSC 治疗糖尿病的临床病例中发现，上述并发症的临床症状得到了显著改善，尤其是对糖尿病诱发的下肢血管损害展现出了显著疗效，可降低致残率及避免截肢。

UCMSC 对 1 型糖尿病的治疗机制相对明确，但对 2 型糖尿病的治疗机制尚不完全清楚。UCMSC 可以通过逆转胰岛素抵抗，促进肝糖酵解、糖原储存和脂肪分解，并减少糖异生和缓解胰岛 β 细胞破坏，从而缓解 2 型糖尿病患者的临床症状，降低血糖，减轻并发症。有研究发现，UCMSC 治疗可以恢复 2 型糖尿病的胰岛素受体底物 1（酪氨酸位点）和蛋白激酶 B 的磷酸化，促进肌肉中葡萄糖转运蛋白 4 的表达和膜转运，从而增加肝中糖原的储存，维持葡萄糖稳态。另有研究发现，UCMSC 可通过 AMPK 途径激活细胞自噬，改善 2 型糖尿病大鼠的肝葡萄糖和脂质代谢。以上结果表明，UCMSC 用于 2 型糖尿病治疗具有一定的理论依据，由于 2 型糖尿病人群巨大，占糖尿病人群的90%，UCMSC 为 2 型糖尿病的治疗提供了一种新的选择（图 7-16）。

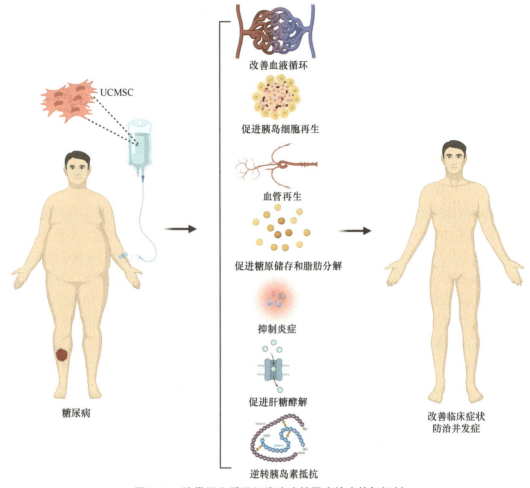

图 7-16　脐带间充质干细胞治疗糖尿病的疗效与机制

（图中文字：UCMSC、糖尿病、改善血液循环、促进胰岛细胞再生、血管再生、促进糖原储存和脂肪分解、抑制炎症、促进肝糖酵解、逆转胰岛素抵抗、改善临床症状 防治并发症）

◆ 第五节　脐带间充质干细胞治疗免疫性与炎症性疾病

一、脐带间充质干细胞治疗全身炎症反应综合征

全身炎症反应综合征（systemic inflammatory response syndrome，SIRS）是严重的组织损伤、感染等通过补体系统激活各种炎症介质释放，进而产生持续性全身炎症瀑布效应，表现出全身性炎症调节失控、高动力循环状态和持续高代谢等症状。SIRS 是人体对损伤的复杂病理生理和免疫反应，SIRS 的炎症因子之间的相互作用非常复杂，在损伤、感染刺激的早期阶段，TNF-α 和 IL-1β 等细胞因子迅速分泌，并在数小时内达到峰值，启动系统性炎症反应的瀑布效应，随之刺激机体分泌抗炎细胞因子以调节炎症反应的程度，进而维持机体炎症平衡。随着 IL-2、IL-6、IL-8 等一系列细胞因子的募集、激活和释放，炎症介质激活 M0 巨噬细胞分化为 M1 巨噬细胞，进而产生大量 IFN-α、TNF-α 等促炎因子，并释放出大量的细胞因子和趋化因子，产生细胞因子风暴，进而发展为 SIRS。在 SIRS 发展过程中，高炎症状态与吞噬细胞先天免疫功能受损、免疫抑制和补

体活化等同时发生，氧化还原平衡失调，炎症因子的动态平衡失调，促使炎症反应和细胞因子风暴发展，导致组织器官炎性损害和功能障碍，如果得不到有效控制，疾病进一步恶化将导致器官衰竭甚至死亡。

UCMSC 对 SIRS 的治疗基于其具有强大的免疫调节、抗炎和组织损伤修复功能，如果时机选择适当，在发展初期及时采用 UCMSC 疗法可有效阻止 SIRS 的发展，在 SIRS 发展期使用 UCMSC 疗法可在一定程度上降低患者死亡率，减轻组织器官的炎性损伤。UCMSC 可以调节先天免疫和获得性免疫系统，而且具有双向调节作用，可以抑制过度激活的强烈炎症免疫反应，从而减轻炎性组织损伤。对于免疫与炎症反应低下的患者，UCMSC 可以促进炎症免疫反应，维护免疫系统处于相对平衡状态。UCMSC 可以通过调节免疫细胞的功能，降低炎症因子分泌水平，增加抗炎因子水平和分泌多种细胞生长因子来缓解与修复机体过度免疫反应引发的 SIRS。在 UCMSC 治疗初期，主要通过强大的旁分泌作用，产生趋化因子而靶向到炎症损伤部位，同时募集淋巴细胞到受损部位，通过细胞之间的相互作用和可溶性细胞因子抑制 Th1 细胞的活性，促进 Th17 细胞和细胞毒性 T 淋巴细胞的增殖与活化，对炎症刺激作出反应，同时，UCMSC 还可抑制 B 淋巴细胞增殖和分化成浆细胞，从而减少趋化因子受体并减少免疫球蛋白的产生，下调局部炎症反应，减轻组织炎症损伤。随后，UCMSC 还可抑制招募到炎症部位的淋巴细胞的杀伤作用，产生大量的吲哚胺 2,3-双加氧酶（IDO）和一氧化氮（NO）等免疫抑制分子，还可以通过分泌 TGF-β 使脂多糖（LPS）刺激的巨噬细胞极化偏向 M2 样表型，减少炎症反应，并通过 Akt/FoxO1 途径提高吞噬能力，从而进一步抑制 SIRS 的炎症与免疫反应，减轻炎性组织损伤，改善组织器官功能（图 7-17）。

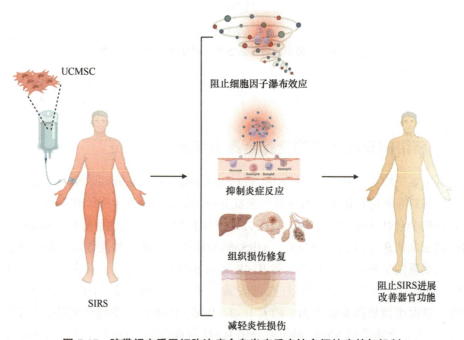

图 7-17 脐带间充质干细胞治疗全身炎症反应综合征的疗效与机制

二、脐带间充质干细胞治疗多器官功能障碍综合征

多器官功能障碍综合征（multiple organ dysfunction syndrome，MODS）是指机体遭受严重感染、创伤、休克、大手术等损害 24h 后，同时或序贯发生两个或两个以上器官或系统功能不全或衰竭的临床综合征，是临床常见的危重症，其发病急骤、进展迅速、病死率高、治疗花费高，严重威胁人类健康和生命。该病主要为感染、创伤、缺血再灌注、中毒等原因使机体炎症因子效应瀑布式放大，使局部炎症的保护效应转变为全身性的炎症性损害，进入全身炎症反应综合征（SIRS）阶段，SIRS 进一步发展则可导致 MODS。MODS 是 SIRS 进一步发展的结果，其发展过程是相关的内源性分子和微生物产物进入血液循环，与细胞相应受体结合，激活多条信号通路，导致炎性细胞激活、肠道屏障破坏、组织缺氧和自由基大量释放，炎性细胞与内皮细胞相互作用，产生活性氧、趋化因子和炎症细胞因子等，导致细胞因子风暴，如果炎症因子的瀑布效应不能得到有效控制，最终就会发展为免疫功能失调和多器官损伤。该病病情凶险，病死率高，发生 2 个器官衰竭时的死亡率达 50%，3 个器官衰竭时的死亡率达 70%，4 个以上器官衰竭几乎 100% 死亡，该病的防治是临床重症医学中的难点和研究热点之一。

在早期阶段及时控制原发病是阻止机体向 MODS 发生发展的关键，治疗重点是清创、抗感染、改善血液循环，防止第二次打击和 SIRS 发生。一旦病程进入第二次打击，引发了炎症介质异常释放和炎性细胞激活，炎症反应失控和炎症因子瀑布效应就会引发从局部到全身的炎症损害，此时的治疗重点是设法控制系统性炎症，减轻炎性损害，防止机体进一步向 MODS 方向恶性发展。利用 UCMSC 的免疫与炎症调节特性和促进组织损伤修复的功能，可以阻止 SIRS 发生发展和防止继发性炎症损伤。从理论上，利用 UCMSC 防治 MODS 是一种标本兼治的理想措施，既可以抑制全身性炎症反应，防止炎症性继发损伤，又可以促进组织损伤修复。UCMSC 具有向炎症组织归巢的特性，外源性输入的 UCMSC 可在炎性因子的趋化作用下向炎症损伤部位迁移聚集，还可分泌细胞因子、外泌体等，抑制 SIRS 阶段的强烈炎症反应，防止其向 MODS 转变，同时还可对已经造成的炎性组织损伤进行及时修复。国内外有多个研究小组观察了 UCMSC 防治 SIRS 和 MODS 的作用，发现 UCMSC 可以在一定程度上阻止该病进展，减轻炎症性组织损伤，降低 MODS 大鼠、树鼩的死亡率，但结果不尽一致。有多个研究小组的研究结果显示，UCMSC 治疗可以有效抑制炎症因子瀑布效应，阻止 MODS 的发生发展，减轻炎症性组织损伤，但降低死亡率的差异较大，这可能与 UCMSC 的质量、治疗时机、剂量以及 MODS 的进程有一定关系，UCMSC 是否能够作为 MODS 治疗的有效手段尚需要进行系统性深入研究。UCMSC 疗法对 MODS 的意义包括预防和治疗两个方面，在 SIRS 早期使用该疗法可有效阻止 SIRS 的发展，在 SIRS 进展期使用该疗法可有效抑制炎症反应和炎症性继发损伤，在 MODS 阶段使用该疗法可以防止炎性组织损伤，及时修复受损组织器官的结构与功能，发挥降低 MODS 死亡率的作用（图 7-18）。总之，MODS 的发病机制极为复杂，使用 UCMSC 疗法需要在传统治疗的基础上实施，更需进一步研究其作用靶点及机制，才能建立行之有效的 UCMSC 治疗 MODS 的方法。

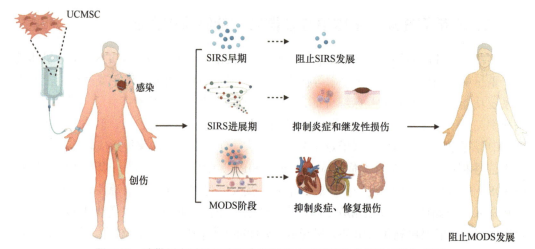

图 7-18　脐带间充质干细胞治疗多器官功能障碍综合征的疗效与机制

三、脐带间充质干细胞治疗骨关节炎

骨关节炎（osteoarthritis，OA）又称骨关节病、退行性关节病或骨质增生，是一种最常见的关节疾病。该病不仅发生关节软骨损害，还累及整个关节，包括软骨、韧带、关节囊、滑膜和关节周围肌肉，最终发生关节软骨退变、纤维化、断裂、溃疡及整个关节面的损害。典型的临床表现包括疼痛、僵硬和关节变形。骨关节炎分为原发性和继发性，表现为关节磨损和代谢异常、运动功能障碍、疼痛、肿胀等，是临床极为常见的一种难治性疾病，通常与年龄、感染、自身免疫、创伤等有关。骨关节损伤后，通常需要手术复位、固定等干预措施恢复关节稳定性，并通过功能锻炼恢复损伤关节功能。大约有 12% 的关节损伤病例可并发骨关节炎、关节软骨破坏、关节强直等骨关节退行性病变。在关节损伤及炎症发展过程中，促炎和抗炎细胞因子持续产生，使 S100A 蛋白质家族及补体级联反应激活，引发剧烈急性炎症反应，细胞因子和趋化因子产生，导致过量活性氧释放，进一步发生滑膜反应、细胞浸润等，最终导致关节退行性病变，甚至致残，严重影响患者的生活质量和工作效能，发掘关节损伤及关节炎的有效治疗方法仍然是医学研究的重要内容之一。

UCMSC 在体外可以定向诱导分化为骨细胞、软骨细胞、成骨细胞等，表明其具有再生骨关节细胞的潜能。外源性输入到骨关节患者体内的 UCMSC 在骨关节炎治疗中具有定向迁移至损伤部位、调节局部免疫微环境、分泌生长因子及外泌体等活性物质，从而促进关节组织修复等特性，其有效性已在类风湿性关节炎或骨关节炎的临床研究和动物模型治疗实验中得到证实。通过静脉输入或关节腔注射的 UCMSC，均可有效抑制骨关节的急性炎症反应，减轻红、肿、热、痛症状，促进骨细胞再生，修复关节损伤与退变。静脉输入的 UCMSC 主要通过远程分泌细胞因子、外泌体等发挥治疗作用，而通过穿刺注入关节腔内的 UCMSC，则可以通过直接参与及分泌外泌体、炎症抑制因子和细胞生长因子等发挥抑制炎症反应与促进关节损伤修复的作用。由于骨关节炎的病损位置明确，便于实施局部治疗，因此最有效的办法是采用关节腔内注射 UCMSC 的疗法，注射剂量需根据骨关节炎的严重程度确定，一般在 $1\times10^8 \sim 1\times10^{10}$ 个 UCMSC 细胞，一次性治疗即可，若有反复可以多次治疗。

UCMSC 治疗骨关节炎的疗效与机制相对明确（图 7-19）。有研究表明，在治疗骨关节炎动物模型中，UCMSC 分泌的外泌体可以持续维持软骨细胞稳态并减轻骨关节炎的病理严重程度，提高软骨细胞自噬水平，抑制细胞凋亡，促进基质合成，降低分解代谢基因的表达，保护关节软骨并改善患者步态异常。国内有近 20 项 UCMSC 治疗骨关节炎的临床研究方案正在实施中，结果均发现 UCMSC 可以有效改善骨关节损伤的临床症状，抑制炎症反应，促进关节损伤修复，明显恢复患者的运动功能。将 UCMSC 注入关节软骨缺损的猕猴关节腔内，可使其关节缺损得到修复。将 UCMSC 注入网球肘患者的肘关节腔内可显著减轻疼痛症状，恢复肘关节的运动功能。将 UCMSC 通过静脉输入自然发生的严重关节炎的猕猴体内，结果发现关节肿胀症状消失，运动功能改善。诸多研究显示，UCMSC 是一种有效治疗关节炎和关节损伤的方法，且在临床研究中已得到验证，预计在未来将成为骨关节炎治疗的有效方法并广泛应用。

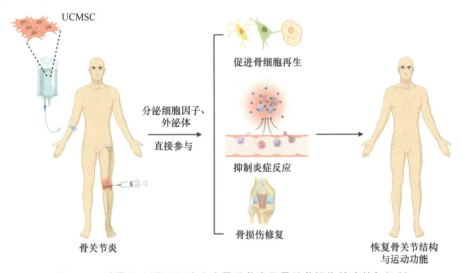

图 7-19　脐带间充质干细胞治疗骨关节炎及骨关节损伤的疗效与机制

四、脐带间充质干细胞治疗自身免疫性疾病

自身免疫性疾病是指由机体自身免疫耐受性遭到破坏，免疫系统对自身组织抗原出现了明显的异常免疫应答反应，产生针对自身抗原的抗体或致敏淋巴细胞，损伤自身组织和细胞成分，进而导致组织器官损伤和功能障碍。关于自身免疫性疾病的治疗，目前临床上主要采取去除病因、免疫抑制剂应用和对症支持治疗三个方法，这些方法通常可以在一定程度上缓解症状，但过度的免疫抑制又可能导致对外来抗原的抵抗和清除能力下降，容易诱发感染、肿瘤等并发症。理想的治疗措施是调节免疫，恢复免疫调控网络的动态平衡，特异性地抑制针对自身组织或细胞抗原的免疫反应，促进损伤组织的修复和提高对外来抗原的免疫反应能力。

UCMSC 具有较强的免疫平衡调节能力，同时还可通过直接接触、分泌外泌体和细胞因子等促进组织损伤修复。关于 UCMSC 治疗系统性红斑狼疮、IgA 肾病、类风湿性关节炎、自身免疫性肝病等的研究结果显示，异体来源的 UCMSC 对多种自身免疫性疾病有良好的治疗效果，可显著改善临床症状，有效控制炎症反应强度，抑制自身免疫刺激因子的产生，降低自身免疫抗体的滴度，调节自身免疫平衡，从而发挥对自身免疫性疾病的治疗作用。

UCMSC 可通过多种机制对自身免疫性疾病的治疗发挥作用，其中，抑制自身免疫反应、参与和促进自身免疫反应造成的组织损伤修复最为重要，是传统药物治疗难以替代的。UCMSC 可通过直接与免疫细胞接触和分泌多种免疫调节因子抑制自身免疫反应，还可分泌多种细胞生长因子，其通过血液循环到达损伤组织，促进损伤组织中的原位细胞增殖，从而促进组织损伤的修复。UCMSC 还具有向血管内皮细胞分化的潜能，可促进损伤组织血管再生、改善血液循环、促进新陈代谢，同时还具有抗氧化应激、抑制细胞凋亡和激活细胞自噬等作用。综上，UCMSC 对多种自身免疫性疾病具有良好的疗效，不但可以通过调节炎症与免疫反应抑制全身或局部的组织损伤，还可以通过多种机制促进组织损伤修复，达到标本兼治的效果（图 7-20）。

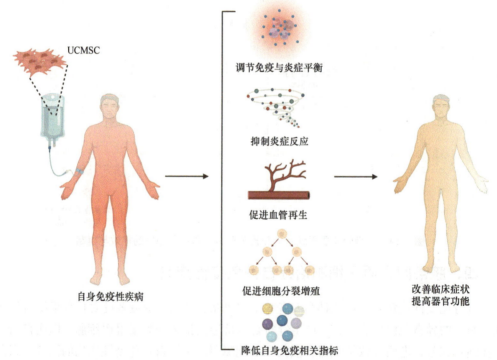

图 7-20　脐带间充质干细胞治疗自身免疫性疾病的疗效与机制

五、脐带间充质干细胞治疗紫癜

紫癜是临床上比较常见且相对难治的疾病，分为过敏性紫癜和血小板减少性紫癜。前者由上呼吸道感染或服用某些药物、食用有毒食品等引起，后者分为特发性血小板减少性紫癜、继发性血小板减少性紫癜和血栓性血小板减少性紫癜，这些名称已基本反映了该病的发病原因。过敏性紫癜是机体对某种物质过敏导致全身小血管受损而引起皮肤、黏膜、关节腔或内脏器官出血，临床上以皮肤弥漫性出血性瘀斑、瘀点为主要症状，还常有关节肿痛、腹痛、血便、血尿等症状。过敏性紫癜是由于致敏原与体内蛋白质结合形成抗原，刺激机体产生免疫球蛋白 E（IgE）抗体而吸附于肥大细胞上，释放出组胺及慢反应物质（SRS-A），从而引起小动脉及毛细血管扩张，血管通透性增加，皮肤呈现弥漫性出血点。此外，某些抗原-抗体复合物也可刺激嗜碱性粒细胞释放组胺及 5-羟色胺，沉积于血管壁及肾小球的基底膜上并激活补体系统，进而引起毛细血管损伤及慢性出血。血小板减少性紫癜是一种免疫性综合病征，特点是血液循环中存在抗血小板抗体，使血小板破坏过多而引起紫癜，经骨髓穿刺进行细胞学观察可见巨核细胞正常或增多、幼稚化，主要表现为血小板减少，广泛性或局限性皮肤、黏膜下出血，形成皮肤黏膜的红色或暗红色色斑。

利用 UCMSC 治疗过敏性紫癜和血小板减少性紫癜的临床研究结果显示，UCMSC 几乎对所有患者均具有良好的疗效，表现为临床症状改善，皮肤瘀斑、瘀点消失，部分患者达到了治愈标准，且无明显毒副作用。在对不愿意接受激素治疗或激素治疗效果不佳的特发性血小板减少性紫癜和过敏性紫癜患者实施 UCMSC 治疗后发现，该疗法可有效缓解临床症状，使皮疹、瘀斑、出血点减少或消失，肾功能损害明显减轻，尿蛋白减少或消失，同时使外周血中的血小板数量显著增加，甚至恢复到正常水平。关于 UCMSC 治疗紫癜的临床研究资料相对有限，但初步研究结果已经显示了 UCMSC 治疗的有效性和安全性，其机制是调节免疫平衡，抑制血管炎症反应，促进血管损伤修复，抑制肥大细胞和嗜碱性粒细胞释放 5-羟色胺、组胺、慢反应物质等刺激血管反应的物质。体外实验研究发现，将 UCMSC 与血小板减少性紫癜患者的脾单个核细胞共培养后，培养上清液中的抗血小板抗体含量明显减少，反应性 T 淋巴细胞增殖能力减弱，低密度的 UCMSC 可抑制抗血小板免疫球蛋白 G（IgG）的产生，在高密度时则可刺激抗血小板 IgG 的产生，同时其对血小板反应性 T 淋巴细胞增殖的抑制作用也呈一定的量效关系。上述研究结果提示 UCMSC 主要通过调节免疫细胞的功能和促进血小板再生对血小板减少性紫癜发挥治疗作用（图 7-21）。

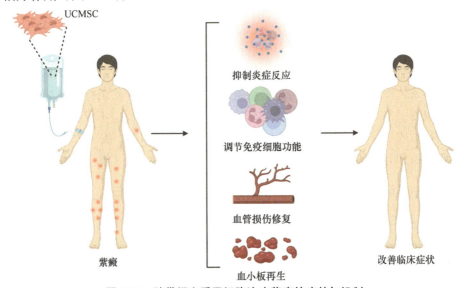

图 7-21 脐带间充质干细胞治疗紫癜的疗效与机制

六、脐带间充质干细胞与造血干细胞联合移植治疗白血病

白血病是一类以造血干细胞（Hematopoietic stem cell，HSC）基因突变导致造血功能异常，正常骨髓造血功能受到抑制，异常白细胞增殖浸润为主要特征的血液系统疾病。在白血病发生过程中，骨髓微环境中造血干细胞和基质细胞自我更新与分化过程遭到严重破坏，细胞与细胞之间的相互作用紊乱以及细胞因子分泌的微环境平衡失调，对正常造血功能调节减弱甚至丧失。造血干细胞是存在于人体骨髓、动员外周血和脐带血中，具有自我更新和分化为全谱系血细胞能力的种子细胞。采用异体来源的正常造血干细胞移植法替代白血病患者的异常造血干细胞是彻底治愈白血病的有效方法，但由于移植后的免疫排斥反应严重影响了移植成功率和移植后患者的生存质量，甚至因为移植排斥反应导致疾病复发和死亡。强烈免疫抑制剂的使用大大提高了造血干细胞的移植成功率，但存在严重的副作用，寻找更为理想的抑制免疫排斥反应的方法仍然是造血干细胞移植中的关键技术问题。

多项临床研究结果显示，UCMSC 联合造血干细胞移植，可以显著提高移植成功率，抑制免疫排斥反应，减轻免疫排斥导致的系统性炎症和组织损伤。在正常骨髓组织中，间充质干细胞对维持造血干细胞所处的微环境的结构与功能稳定极为重要，为造血干细胞的正常功能发挥提供了微环境结构和营养支持，以维护造血功能的正常发挥。

在造血干细胞移植过程中，通常需要通过放疗或化疗的方法对患者的骨髓组织及造血与免疫功能进行预处理，全部或部分清除患者的造血干细胞和免疫细胞，然后再植入正常的造血干细胞。预处理使造血微环境受到严重破坏，在进行造血干细胞移植的同时输入 UCMSC，可以重建造血微环境，抑制移植免疫排斥反应，减轻移植物抗宿主病导致的组织损伤，有利于造血干细胞的植入、存活和分化。此外，UCMSC 还可分泌多种细胞因子，提高造血干细胞的分裂增殖能力。Mehdi Derakhshani 等利用微流体系统，加入间充质干细胞联合培养造血干细胞，不仅提高了造血干细胞的扩增效率，还可维持造血干细胞的主要生物学活性，提高造血干细胞的移植效率，显著降低造血干细胞移植后急性和慢性移植物抗宿主病的发生率。UCMSC 和造血干细胞联合移植治疗白血病、再生障碍性贫血等疾病已经在临床研究中取得进展，国内 UCMSC 治疗造血干细胞移植免疫排斥反应的研究已经完成临床Ⅲ期，其即将成为第一个获准上市的 UCMSC 新药，全国已有数十家大型综合医院使用造血干细胞和 UCMSC 联合疗法治疗白血病、再生障碍性贫血并取得了良好疗效，证明 UCMSC 治疗移植免疫排斥反应不仅具有良好的疗效，且能提高移植成功率，不增加造血干细胞移植治疗的感染风险，提示 UCMSC 将成为造血干细胞移植和异体甚至是异种器官移植的重要辅助治疗方法（图 7-22）。

七、脐带间充质干细胞治疗组织器官移植排斥反应

同种异体器官移植是目前重要器官衰竭患者治疗的最有效手段，但存在的问题是器官来源严重不足和移植后的免疫排斥反应严重影响移植器官的存活，长期使用免疫抑制剂也会给患者及其家庭带来经济负担。目前，基因编辑的异种器官移植已经在国内外临床研究中取得进展，基因编辑的人源化的猪心脏、肝、肾移植于人类已经在多家医院实

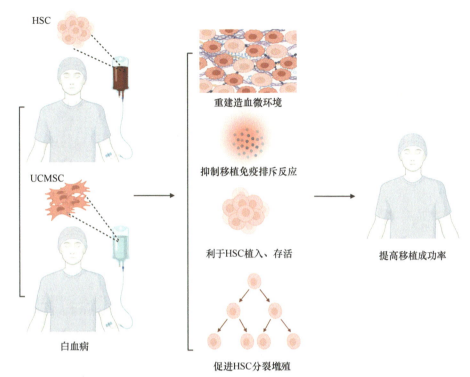

HSC

UCMSC

白血病

重建造血微环境

抑制移植免疫排斥反应

利于HSC植入、存活

促进HSC分裂增殖

提高移植成功率

图 7-22　脐带间充质干细胞与造血干细胞联合移植治疗白血病的疗效与机制

施，异种器官移植可能成为未来重要器官衰竭治疗的新途径。不论是异种还是同种异体来源的器官移植，急性免疫排斥反应可能因为基因配型或基因编辑、强免疫抑制剂的使用而显著减弱，但慢性免疫排斥反应至今仍然是临床器官移植中的瓶颈问题。此外，移植患者需要长期使用免疫抑制剂控制免疫排斥反应，这不仅给患者及其家庭带来了经济和心理负担，还可能使患者的免疫功能下降，容易诱发感染、肿瘤等。

UCMSC 具有较强的免疫调节能力，能够影响适应性和先天性免疫反应，而且具有双向调节作用，其用于器官移植排斥反应治疗可有效降低免疫排斥反应的强度，提高移植器官的长期存活率，同时也不至于使接受器官移植患者的免疫功能过低而导致抗病能力下降，可能成为最具前景的严重急性和慢性器官移植排斥反应防治方法之一。UCMSC 和先天免疫系统之间的相互作用在器官移植后的免疫平衡调节中发挥着重要作用，UCMSC 能够促进单核细胞向抗炎型 M2 巨噬细胞极化，调节炎症效应 T 细胞和免疫调节性 Treg 细胞之间的平衡，促进 IL-10 的产生并介导免疫抑制，控制器官移植后的急慢性炎症反应强度，从而保持移植器官与患者体内各系统之间的平衡和稳定，防止移植器官因排斥反应而衰竭。

UCMSC 用于器官移植免疫排斥反应的治疗，主要是通过调节炎症与免疫平衡、抑制免疫炎症性组织损伤、促进组织损伤修复等机制发挥作用（图 7-23）。UCMSC 对器官移植免疫排斥反应具有双向调节作用，且具有免疫调节因子依赖性，当严重器官移植免疫排斥反应导致某些调节因子（如 INF-γ、TNF-α 等）升高时，UCMSC 主要发挥抑制作用，而当长期使用免疫抑制剂导致免疫功能低下时，则可促进免疫功能。因此，UCMSC 治疗器官移植免疫排斥反应的机制与免疫抑制剂明显不同，可以避免过度免疫抑制带来的副作用。

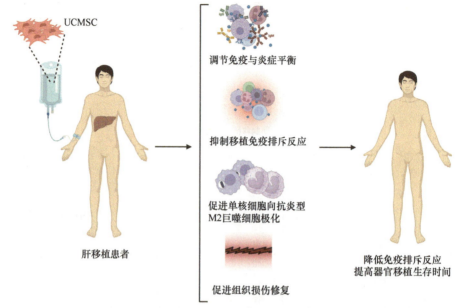

图 7-23　脐带间充质干细胞治疗组织器官移植排斥反应

　　总之，UCMSC 治疗器官移植免疫排斥反应的疗效明确，且具有免疫抑制剂难以替代的作用，它可以通过多种机制抑制免疫排斥反应，同时又不至于使免疫功能过度抑制而诱发感染等风险，是未来同种或异种器官移植免疫排斥反应防治的新措施。

八、脐带间充质干细胞治疗放射性组织损伤

　　广义的放射性组织损伤是指机体遭受电离辐射所致的组织器官结构和功能损害，包括急性、迟发性或慢性组织损伤。狭义的放射性组织损伤仅指电离辐射导致机体出现临床症状的组织损害，是有剂量阈值特征的细胞群损伤。电离辐射的作用机理主要是直接损伤细胞内 DNA 等生物大分子，或使机体产生大量氧自由基间接损伤组织细胞，导致组织器官结构与功能破坏。当机体受到超过一定剂量的放射线照射，尤其是关键细胞群发生大量损伤时，机体就会出现临床症状，其严重程度随剂量的增加而加重。除辐射剂量外，影响放射性组织损伤严重程度的因素还包括射线种类（如 X 线、γ 射线、质子、中子、α 粒子或 β 粒子等）、单次还是分次照射、剂量率、照射部位和面积，以及机体组织的放射敏感性等。人体各组织对放射的敏感性不同，骨髓、胸腺和性腺为高度敏感组织，肌肉、骨为不敏感组织。另外，放射敏感性随着机体发育过程而逐渐降低，依次为胚胎、胎儿、婴幼儿、青少年、成人。核辐射事故、放射治疗中的不良反应等都可导致放射性组织损伤，按临床表现可分为局部放射性损伤和全身放射性损伤。局部放射性损伤是身体局部受到急性或慢性大剂量照射造成的损伤，如放射性皮肤损伤、放射性肺炎、放射性白内障等。全身放射性损伤主要指急性放射病，由急性大剂量全身照射导致，包括骨髓增生异常综合征、消化系统综合征等，严重的放射性损伤可危及生命。

　　UCMSC 用于放射性组织损伤治疗具有多方面的作用，其中包括抑制炎症反应、阻

止继发性损伤、修复 DNA 损伤、提高组织细胞抗氧化应激能力和自噬能力、促进组织细胞再生、防止器官纤维化等（图 7-24）。UCMSC 具有促进机体抵抗放射损伤的特性，甚至能保护机体组织免受一定剂量的放射损伤。已有大量的动物模型治疗研究发现，UCMSC 能够治疗放射性造血系统损伤，UCMSC 治疗小鼠全身性放射损伤后，小鼠的生存率显著增加，可明显促进造血功能恢复。放射性肝损伤是辐射损伤中的一类严重并发症，其特点为肝小静脉闭塞，出现肝大、腹水、肝功能异常甚至肝衰竭，将 UCMSC 输注到肝辐射损伤模型小鼠体内，发现肝损伤程度显著减轻，肝功能逐渐恢复。放射性肺损伤患者在临床接受胸部放疗的患者中占比超过 15%，有研究发现，UCMSC 治疗急性放射性肺炎小鼠，不仅可显著提高其生存率，减轻肺部炎症及纤维化，还可参与和促进肺损伤细胞的再生和修复。另有研究证实，UCMSC 可在放射性损伤组织释放的趋化因子诱导下迁移到损伤组织，还可通过旁分泌抗炎与生长因子、外泌体等抑制急性炎症反应，修复 DNA 损伤，促进受损组织器官的细胞再生，从而治疗、修复由放射引起的骨髓、胃肠、肺、肝、肾等组织器官损伤。UCMSC 治疗放射性组织损伤具有明显的军民两用特征，特别是在现代战争场景下，为扭转战局而使用高新技术武器，极有可能导致大规模放射性组织损伤事件，在此形势下，UCMSC 治疗可能成为最有效的治疗手段之一。

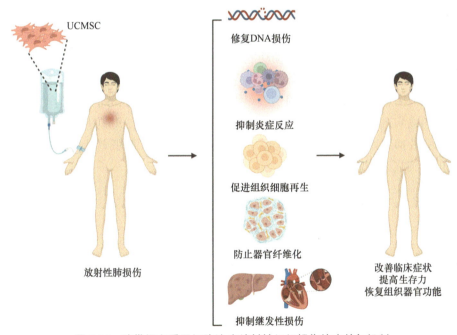

图 7-24 脐带间充质干细胞治疗放射性组织损伤的疗效与机制

◆ 第六节 脐带间充质干细胞治疗遗传性疾病

一、脐带间充质干细胞治疗遗传性疾病的疗效

遗传性疾病是因为遗传物质（包括基因和染色体两个方面）发生结构改变而引起的疾

病，原因是母体或受精卵内的遗传物质异常并遗传给下一代，出现遗传缺陷或相应的临床症状。目前，全世界发现的遗传性疾病有 4000 多种，我国有数以万计的人患有各种先天性遗传病。遗传性疾病有家族集聚性、先天性、终身性、垂直传递等特点，主要表现为智力低下、运动障碍、畸形、某些组织或器官发育不全或进行性退变等。近年来，关于遗传性疾病的基因诊断已经有了较大的进展，可以通过基因测序分析的方法明确遗传突变的类型，但仍缺乏有效的治疗方法，只能针对遗传性疾病的临床症状采取对症治疗。但只有纠正遗传缺陷，如采用基因编辑、基因治疗等手段，才能彻底治愈遗传性疾病。

　　UCMSC 用于遗传性疾病的治疗是一种对症治疗方法，可在一定程度上缓解遗传性疾病的临床症状，改善患者运动功能，提高其生活质量。UCMSC 对大多数遗传性疾病均会产生一定的疗效，如进行性肌营养不良、免疫缺陷性疾病等，但不能纠正遗传性疾病患者的染色体或遗传基因结构异常，因此该疗法不是遗传性疾病治疗的彻底解决方案，只能在一定程度上缓解临床症状。UCMSC 治疗遗传性疾病的主要疗效表现在延缓疾病的进程、缓解疾病症状方面，对于一些由遗传缺陷导致的组织细胞变性、坏死引起的组织炎症、组织结构退变、运动功能障碍等，可通过促进组织细胞生长而产生明显疗效。UCMSC 治疗对改善遗传性疾病引起的临床症状有一定帮助，主要疗效（图 7-25）包括：①促进遗传性疾病引起的组织损伤修复；②延缓遗传性疾病的发展进程；③改善组织器官功能和临床症状，提高患者生存质量。有研究发现，UCMSC 鞘内注射治疗遗传性脊髓小脑性共济失调，可在一定程度上改善患者的临床症状，延缓疾病的进程，持续治疗有助于改善患者的神经和运动功能，可使因运动功能障碍导致生活不能自理的患者有一定的独立行走能力并提高其自我生存能力。将 UCMSC 通过静脉输入进行性肌营养不良患者体内或直接注入肌肉损伤组织中，均可减轻肌肉萎缩导致的运动功能障碍，延缓该病的发病进程。UCMSC 对有家族聚集倾向的系统性红斑狼疮也有良好的临床疗效，可以有效抑制系统性炎症，减轻组织器官的炎性损伤，降低肾功能损害，对部分患者甚至可达到临床治愈的标准。

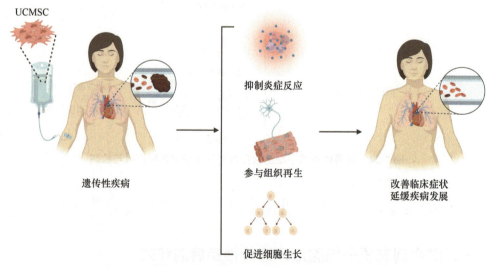

图 7-25　脐带间充质干细胞治疗遗传性疾病的疗效与机制

UCMSC 是遗传性疾病基因治疗的理想载体细胞，在体外将引起遗传性疾病的异常基因相对应的正常基因导入 UCMSC 后移植到患者体内，可在一定程度上纠正遗传基因缺陷或突变，表达出正常的功能蛋白分子，补充因某些遗传基因突变导致的蛋白分子缺陷，使遗传性疾病的临床症状显著改善，甚至可能达到彻底治愈的标准。基因修饰的 UCMSC 是未来遗传性疾病治疗的重点方向之一，但还需要深入研究 UCMSC 基因修饰的技术方法和其安全性、有效性，只有解决临床前的关键技术和理论问题，才可能在临床上大规模推广应用。

二、脐带间充质干细胞治疗免疫缺陷性疾病

免疫缺陷性疾病（immunodeficiency disease，IDD）是一类由免疫系统发育不全或遭受损害所致的免疫功能缺陷引起的疾病，包括先天性免疫缺陷病和获得性免疫缺陷病。前者与遗传因素有关，多见于婴幼儿。后者可发生于任何年龄，多见于由感染、肿瘤、免疫抑制、放化疗等因素引起。免疫缺陷病的特点是免疫器官萎缩，免疫细胞减少，免疫功能降低，对各种病原微生物感染的易感性增加，反复出现严重感染，表现为肺炎、中耳炎、气管炎、细菌和真菌细胞内感染，易发生恶性肿瘤等。

UCMSC 具有双向调节免疫与炎症的功能，对于免疫缺陷性疾病引起的免疫功能低下具有促进免疫细胞增殖和分泌、提高整体免疫功能的作用。UCMSC 用于免疫缺陷性疾病的治疗，需要根据免疫缺陷性疾病的种类、患者免疫功能降低的程度及感染严重程度等进行综合评估，正确判断其可行性、有效性和治疗时机。对于并发严重感染的患者，应在进行抗感染治疗之后再实施 UCMSC 治疗，因为某些抗生素可能抑制 UCMSC 的活性。UCMSC 治疗免疫缺陷性疾病的原理是通过分泌大量的细胞生长因子和外泌体，促进受损造血组织修复、改善造血微环境和恢复淋巴细胞微环境等而促进免疫细胞再生，同时还具有促进免疫细胞增殖和分泌免疫调节分子的能力，进而提高免疫功能，减轻免疫缺陷性疾病患者的临床症状，减少并发症。UCMSC 对免疫和炎症有双向调节作用，可以从多层次对免疫反应进行调控，可通过影响树突状细胞的移位、成熟，降低 T 淋巴细胞对抗原的识别能力，与自然杀伤（natural killer，NK）细胞表面的特定受体结合，诱导 NK 细胞的免疫耐受等调节免疫平衡。此外，在机体免疫功能低下的情况下，UCMSC 还能诱导巨噬细胞向 M1 型极化，从而适当提高机体的炎症反应能力和抗病能力，使机体处于相对合理的免疫平衡状态（图 7-26）。

值得注意的是，UCMSC 对免疫功能的调节机制比较复杂，临床用于治疗免疫缺陷性疾病积累的病例资料相对较少，且对免疫功能有双向调节作用，需要动态监控免疫功能变化，对处于严重感染、多器官功能不全及免疫功能极低的患者应慎用此疗法，最好在综合评估各项变化指标和了解疾病进程的基础上实施，特别是对患有遗传性免疫缺陷病同时并发严重感染的患者应慎重选择 UCMSC 治疗的时机。

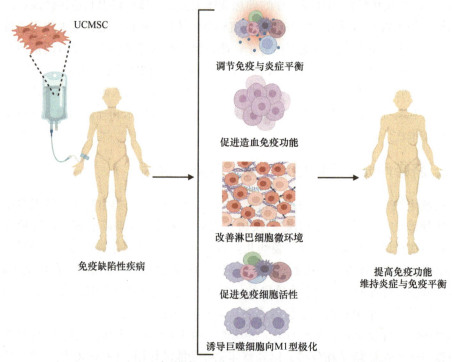

图 7-26　脐带间充质干细胞治疗免疫缺陷性疾病的疗效与机制

◆ 第七节　脐带间充质干细胞治疗生殖功能障碍

一、脐带间充质干细胞治疗不孕不育症

不孕不育（sterility infertility）分为不孕症、不育症、原发性不孕不育和继发性不孕不育。育龄夫妇双方同居一年以上，有正常性生活，在没有采用任何避孕措施的情况下，未能成功怀孕称不孕症。虽能受孕但因种种原因导致流产、死胎而不能获得存活婴儿的称为不育症。女性原因所致的不孕症为女性症，男性原因导致配偶不孕称为男性不育症，习惯称男性不育。受环境污染、生育年龄推迟、生活压力、心理因素、药物因素等影响，我国育龄夫妇的不育不孕率已上升至 12% 以上，患者数量高达 5000 万人。女性不孕的主要原因是排卵功能障碍、输卵管过长或狭窄、输卵管堵塞、卵巢发育不全、黄体功能不全、卵巢早衰、宫颈病变、子宫畸形、有抗精子抗体、性生活失调等。男性不育的主要原因有精子数量减少、精子活动力降低、无精症、死精症、先天性睾丸发育不良、睾丸炎或睾丸萎缩、内分泌疾病、阳痿、早泄、慢性消耗性疾病等。

基于 UCMSC 的多向分化和分泌细胞因子与外泌体等功能，将其用于不孕不育症的临床治疗已经取得了一定进展，特别是在卵巢早衰、内分泌功能紊乱、慢性消耗性疾病等治疗中，产生了积极疗效。UCMSC 主要用于由疾病、自身免疫、中毒、药物、放射线照射等因素引起的性腺（卵巢、睾丸）早衰或退变、损伤等导致的不育不孕，对于遗传、生殖组织畸形等引起的不育不孕疗效不明显。关于 UCMSC 治疗不孕不育的临床研究已在国内多家机构开展并取得成功，例如，在四川省生殖健康研究中心开展的"脐带间充质干细胞治疗卵巢早衰"的临床试验中，1 名患者接受静脉注射 UCMSC 治疗 2 周后，卵巢早衰症状明显改善，并于第 5 周时，出现了乏力、呕吐等反应，经检查后确认已经怀孕，最终足月妊娠并产下了健康婴儿。中国科学院遗传与发育生物学研究所与南京古楼医院合作，用 UCMSC 治疗卵巢早衰，使不孕女性成功恢复生育能力。关于 UCMSC 治疗子宫内膜异位症的研究也在动物模型治疗实验和临床研究中取得进展，在临床实践过程中，经过 UCMSC 治疗的部分患者的生殖功能指标明显改善，最终成功恢复生育能力。

UCMSC 治疗不孕不育症的机制（图 7-27）：①归巢于受损伤的性腺组织并在相应的组织微环境中分化为生殖腺细胞，如卵细胞、颗粒细胞等，也可以分化为生殖系统中的其他组织细胞，参与生殖系统受损组织的结构与功能重建；②将 UCMSC 接种于生物膜上，再移植至受损的子宫内膜上，可修复子宫内膜损伤；③分泌生长因子和外泌体促进性腺组织细胞分裂增殖；④调节慢性炎症反应，抑制自身免疫反应，将性腺组织的炎症反应控制在合理水平，从而有利于性腺细胞生长及功能发挥；⑤UCMSC 向性腺血管内皮细胞分化，同时还能分泌细胞因子和外泌体等，促进生殖系统的血管损伤修复，从

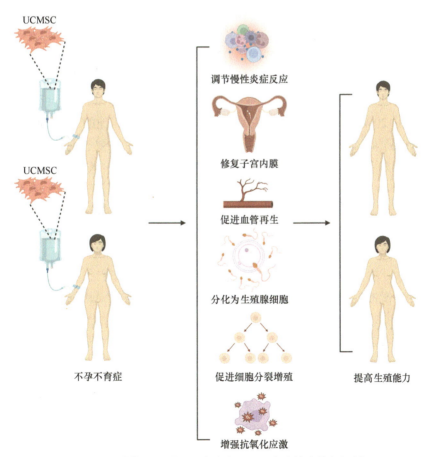

图 7-27　脐带间充质干细胞治疗不孕不育症的疗效与机制

而改善生殖系统的血液循环和代谢功能；⑥促进性腺细胞的抗氧化应激能力，减少性腺细胞的凋亡，激活性腺细胞的自噬能力；⑦调节不孕不育患者的神经、内分泌、代谢和免疫系统之间的网络平衡与稳定，促进患者的整体功能。UCMSC 治疗不孕不育症的疗效是上述多种机制协同作用的结果，但在临床上的疗效存在一定的个体差异，这主要与性腺组织的退变程度、患者的个体差异及采取的辅助治疗措施等有一定的关系，因此，在实施 UCMSC 治疗的同时，应积极采取辅助治疗措施，积极治疗并发症。

二、脐带间充质干细胞治疗男性性功能障碍

男性性功能障碍（male sexual dysfunction）是指成年男性出现的遗精、阳痿、早泄等临床表现的综合征。遗精是指不因性生活而精液遗泄的病症，其中有梦遗、无梦遗精，甚至清醒时精液流出（亦称滑精）。阳痿即阳事不举，是指同房时，男性生殖器举而不坚或痿软失用。早泄是指性交时男方不能持久，一触即泄。男性性功能衰退的发病原因是：①全身性疾病，糖尿病与心脏、肝、肺、肾等疾病都有可能导致男性性功能低下；②生殖系统疾病，包皮过长、包茎、生殖器官炎症、生殖器发育不全等疾病可导致男性性功能低下，甚至失去欲望；③内分泌系统疾病，男性生殖腺功能低下、甲状腺功能紊乱会影响男性性功能；④心理、精神因素，长期心情抑郁、家庭生活、环境因素、夫妻感情等因素都会影响男性的性功能；⑤药物因素，常见的抗高血压药、心脏病药等会造成男性功能下降、性欲减退、阳痿和射精异常。

UCMSC 治疗男性性功能衰退，已有成功的案例报道。有临床研究报告显示，UCMSC 可以使受损的勃起功能恢复至一定水平，使原本阳痿的男性得以自主进行性生活，在参与该项研究的 20 名患者中，有 8 名患者恢复了性功能。在其他的 UCMSC 治疗男性性功能衰退的观察研究中发现，大部分患者反馈性功能增加，主要表现是性欲增加，性爱时间延长，体力增强，在一定时间内的早勃次数增加。在多项 UCMSC 治疗糖尿病、老年衰弱综合征、心脑血管疾病及神经退变性疾病患者的长期随访中发现，大部分男性患者均表示性功能明显改善，性爱次数增加。UCMSC 治疗男性性功能下降的疗效还与接受治疗者的心理因素和疾病状态有一定关系，在实施 UCMSC 治疗的同时，还应重视相关疾病的同步治疗，特别是需要解除心理因素对性功能的影响。

UCMSC 治疗男性性功能衰退的作用机制（图 7-28）如下：①通过对全身各种组织器官的损伤、慢性炎症、退变性疾病等治疗，提高整体健康水平从而对男性性功能衰退发挥间接治疗作用；②通过分泌生长因子和外泌体等促进组织细胞更新换代，从而增强体能和提高性功能，通过体外无血清培养上清液的蛋白质组学分析发现，UCMSC 可分泌数百种涉及细胞生长、分化、合成、代谢相关的因子，其中至少有 30 种因子可通过促进损伤组织的原位细胞分裂增殖、血管再生、抑制炎症反应等促进组织损伤修复，这些因子可有效促进组织细胞生长；③促进生殖组织细胞再生，在用睾丸支持细胞（SC）模拟的睾丸微环境实验中发现，UCMSC 可向男性生殖细胞分化，但在体内尚未得到证实；④通过调节炎症与免疫功能，改善内分泌和代谢功能，维护体内神经、免疫和代谢的平衡与稳定，从而促进男性性功能。

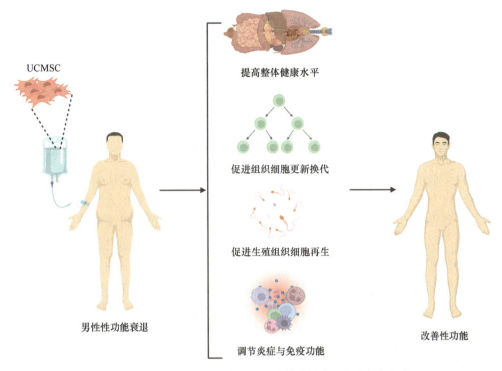

图 7-28　脐带间充质干细胞治疗男性性功能衰退的疗效与机制

◆ 第八节　脐带间充质干细胞在医学美容中的应用

一、脐带间充质干细胞的美容作用

美容（beauty）是让容貌变美丽的一种艺术，美容即美化人们的容貌，现代美容包括生活美容和医学美容两大部分。生活美容可分为护理美容和修饰美容两大类，是指专业人士使用专业的护肤化妆品和专业的美容仪器，运用专业的护肤方法和按摩手法，对人体肌肤进行全面的护理和保养。医学美容是指运用一系列侵入皮肤内的医学手段，对人体的容貌与身体各部位进行维护、修复、再塑和去除色斑等，其中，去除色斑是医学美容中非常重要的内容之一。色斑形成的一般过程是：生长激素和性激素分泌失调→内分泌紊乱→自由基与脂肪发生氧化反应→过氧化脂质→脂褐素→黄褐斑、雀斑、色素斑。生活不规律、长时间在外暴晒也会导致色斑的形成。UCMSC 已经在医学美容领域广泛应用，在许多疾病治疗研究中也发现，接受 UCMSC 治疗后出现容颜改善现象。

在 UCMSC 治疗老年退变性疾病、组织器官损伤、自身免疫性疾病等疾病的研究中发现，UCMSC 具有延缓衰老进程、改善容颜和减轻色斑的作用。在对一些炎症性疾病、代谢异常症的患者进行 UCMSC 治疗后的长期随访观察中发现，多数接受 UCMSC 治疗的患者除疾病缓解和睡眠、饮食、精神状态明显改善以外，在多次输入 UCMSC 后出现了整体年轻化倾向和容颜改善，包括体力增强、精力旺盛、皮肤光泽度增加、灰白头发变黑等现象。在 UCMSC 治疗小鼠和猕猴衰老的实验中也发现，经 UCMSC 治疗后，小鼠和猕猴毛色变得光亮，皮肤红润，活动能力增加。国内目前有许多家医学美容和抗衰老公司采用 UCMSC 疗法，但存在的问题是，这些机构都不具有实施 UCMSC 治疗的资质，可能给接受治疗者带来一定的风险。实际上，通过静脉输入 UCMSC 用于医学美容的疗效存在较大的个体差异，大部分接受治疗者疗效明显，也有部分接受治疗者未见显著变化，但可以肯定的是 UCMSC 疗法在医学美容方面是一种治本的方法，即便容颜未出现明显变化，其整体功能也会出现明显改善。

　　UCMSC 疗法改善容颜的原理（图 7-29）如下：①促进皮肤细胞更新换代，延缓或部分逆转皮肤衰老进程；②归巢于肌肤脂褐素堆积的部位并在该损伤皮肤组织的微环境诱导下分化为皮肤细胞，直接参与损伤组织修复，从而维持肌肤的光滑度；③分泌生长因子、外泌体等促进皮肤细胞分裂增殖，同时通过抑制皮肤的慢性炎症反应，减少皮肤细胞凋亡；④通过细胞因子等作用，促进皮肤中胶原蛋白、弹力蛋白等的产生，维护肌肤弹力；⑤通过促进皮肤毛细血管再生，改善血液循环，促进皮肤的新陈代谢功能，为皮肤细胞生长创建有利的微环境条件；⑥促进抗氧化应激因子表达，提高皮肤细胞的自噬能力，清除皮肤中累积的自由基，防止各种色斑的形成；⑦通过调节神经、内分泌、免疫和代谢之间的网络平衡，提高体内过氧化物酶的含量和其促进分解代谢的作用，从而延缓皮肤细胞的退变。此外，UCMSC 治疗可能还具有清除皮肤衰老细胞或逆转皮肤细胞衰老、激活内源性皮肤干细胞的作用。

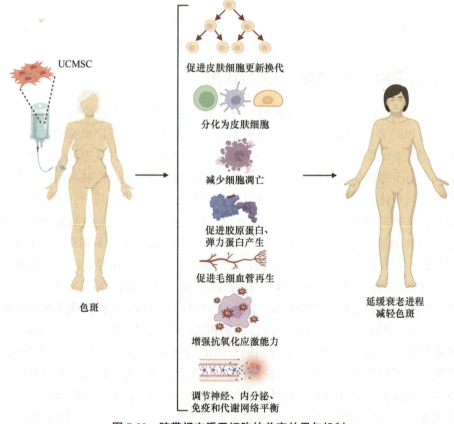

图 7-29　脐带间充质干细胞的美容效果与机制

总之，UCMSC 治疗的美容效应可通过直接参与、分泌细胞因子和外泌体等多种机制促进组织损伤修复、抗氧化应激、血管再生及调节炎症、免疫、代谢、内分泌平衡等以改善人体的整体功能，其中包括促进皮肤细胞的更新换代，进而产生一定的美容效果。值得注意的是，UCMSC 有一定的抗皮肤衰老和美容作用，但这一概念常被过度商业炒作，过度夸大 UCMSC 的作用，误导消费者花大量费用接受这种疗法。对于消费者来讲，应理性、科学合理地认识 UCMSC 的美容作用，UCMSC 的抗衰老和美容作用有一定的科学依据，但存在一定的个体差异性，不宜期望过高。

二、脐带间充质干细胞治疗皮肤皱纹

皱纹是人体皮肤上一凹一凸的条纹或是人的皮肤表面因收缩或揉弄形成的凹凸纹路，皱纹是皮肤受到外界环境及自身因素的影响，形成游离自由基，自由基破坏正常细胞膜和皮肤组织内的胶原蛋白及其他活性物质，导致皮肤真皮层胶原蛋白含量逐渐减少，网状支撑体变厚变硬、失去弹性，当真皮层的弹性与保水度降低，皮肤便会失去弹性并变薄老化，表皮即形成松垮的皱纹。皱纹出现的顺序是前额、眼睑、眼外角、耳前区、颊、颈部、下颌、口周等，人体一般从 25 岁左右开始出现浅小皱纹，30 岁左右皱纹加深增多并出现鱼尾纹等，40 岁左右则出现口、角皱纹，50 岁后眼袋加深并出现下睑、上下唇皱纹，60 岁后则全身皮肤弹力下降、颜面皱纹加深。日趋加重的皱纹是人体衰老和皮肤老化的象征，过度吸烟饮酒、使用刺激性化妆品、睡眠不足、紫外线照射等可促进皱纹的生成与加重。

采用静脉输入 UCMSC 的方法进行全身性治疗有一定延缓或逆转皮肤皱纹的作用，大部分接受多次 UCMSC 的患者，可在治疗后 3 个月发现皮肤光亮度和皱纹深度改善，说明 UCMSC 治疗起到了改善容颜和对抗皮肤皱纹发展的作用。对于眼角或其他皮肤皱纹，可采用 UCMSC 定位注射疗法，这种方法可使皮肤皱纹明显减退甚至消失，且比注射成纤维细胞、肉毒素等的疗效持续时间更长久，是一种去除皮肤皱纹的理想解决方案。

UCMSC 治疗皮肤皱纹的原理主要是通过其分泌的细胞生长因子、炎症调节因子、外泌体等促进皮肤细胞生长，延缓皮肤细胞衰老、死亡，通过调节免疫、抑制皮肤组织的慢性炎症而维护皮肤细胞更新换代与衰老死亡之间的平衡，从而改善皮肤的结构与功能（图 7-30）。在体外将 UCMSC 与皮肤成纤维细胞共培养，可抑制皮肤细胞衰老基因的表达，提高抗衰老相关基因的表达水平，使皮肤成纤维细胞的自噬能力提高，凋亡细胞减少，说明 UCMSC 可在基因水平调节皮肤细胞的活性，促进皮肤细胞生长。从现有研究报道看，采用静脉注射 UCMSC 治疗可在一定程度上延缓皮肤皱纹的形成，对于严重的皱纹则应采用局部注射的方法。采用 UCMSC 分泌的混合因子或外泌体进行皮肤护理或局部注射也有明显的抗皮肤皱纹的作用，目前，国内许多美容院使用 UCMSC 的分泌因子和培养上清液进行皮肤护理，特别是使用水光针联合 UCMSC 分泌因子进行皮肤除皱、去色斑取得了良好的效果，但在制备 UCMSC 分泌因子过程中应注意去除杂蛋白成分，最好在美容设施比较齐全和技术水平较好的机构实施该疗法，以避免引起皮肤过敏和感染等风险。

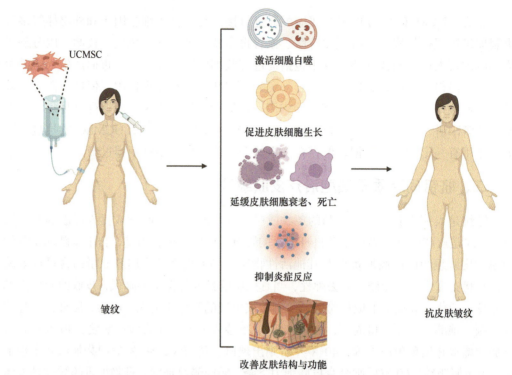

UCMSC

激活细胞自噬

促进皮肤细胞生长

延缓皮肤细胞衰老、死亡

抑制炎症反应

皱纹

改善皮肤结构与功能

抗皮肤皱纹

图 7-30 脐带间充质干细胞治疗皮肤皱纹的疗效与机制

三、脐带间充质干细胞治疗脱发

脱发是指头发脱落现象，正常情况下，头发本身存在脱落、更新机制，脱落头发与新生头发处于相对平衡的动态变化过程中，可以维持头发数量和密度的相对恒定。这里所指的脱发属于病理性脱发，指头发出现异常、过度脱落，导致脱落头发多于新生头发，出现头发稀疏、秃顶等现象，多发于男性。引起脱发的原因很多，常见的有内分泌失调、大量使用激素、代谢紊乱、脂溢性皮炎、心理压力过大或精神创伤，也存在一定的遗传易感性，有家族遗传倾向，此外，放射线照射、化疗、营养不良、化学刺激、感染及衰老等因素也常诱发头发脱落。头发的生长受多种细胞因子、激素调节及细胞间相互作用的影响，其中毛囊干细胞、表皮细胞与真皮细胞间的互作关系对头发的再生起着决定性的作用。毛囊的真皮细胞（主要是毛乳头细胞）具有两个明显的特征，一是诱导毛囊形成、支持毛囊生长，二是调节毛发的生长。

UCMSC 治疗病理性脱发的疗效主要表现为部分患者治疗后毛发新生增多、脱落减少，头发密度和光亮度增加，头皮瘙痒症状减轻或消失，皮脂分泌减少，但疗效表现有一定的差异性，有部分患者还表现为白发变黑，总体疗效与患者的工作性质、生活习性、心理因素和健康状态有一定关系，去除或减少脱发的诱发因素对 UCMSC 治疗有较大帮助，一些辅助治疗，如心理治疗、营养支持、中药治疗等有利于 UCMSC 的疗效发挥。UCMSC 的疗效还取决于毛囊的结构与功能，对于毛囊完全萎缩和丧失毛囊结构与功能的光亮型秃顶性脱发，UCMSC 可能难以发挥治疗作用。

UCMSC 治疗脱发的原理主要是通过分泌细胞因子和外泌体促进皮肤毛囊细胞的生

长与增强毛囊细胞的自我修复能力、抑制毛囊细胞凋亡等，还可激活内源性毛囊干细胞，从而促进毛发再生、减少毛发脱落。UCMSC 在一定条件下可诱导分化为毛囊细胞，具有诱导毛囊形成的能力，但通过静脉输入的 UCMSC 进入毛囊组织微环境的数量较少，难以满足大面积毛发再生的需求。UCMSC 治疗脱发的另一机制包括修复全身性组织损伤、抑制炎症、促进代谢、调节内分泌和改善血液循环等对毛囊生长和头发再生发挥间接作用（图 7-31）。相关研究表明，UCMSC 治疗还可促进毛囊细胞的 Wnt 信号分子表达，进而促使毛囊从停滞期向生长期发展。另外，基于 UCMSC 具有向毛囊细胞分化的潜能，未来可以在体外以 UCMSC 为基础构建出毛囊组织，用于移植治疗毛囊缺失性秃顶，但还需要攻克毛囊构建、移植后长期存活等关键技术问题。

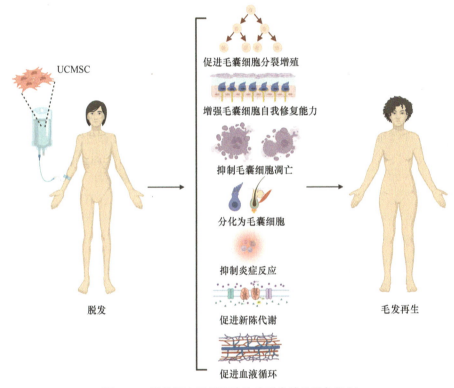

UCMSC

促进毛囊细胞分裂增殖

增强毛囊细胞自我修复能力

抑制毛囊细胞凋亡

分化为毛囊细胞

抑制炎症反应

促进新陈代谢

促进血液循环

脱发

毛发再生

图 7-31 脐带间充质干细胞治疗脱发的作用与机制

◆ 第九节 脐带间充质干细胞治疗其他疾病

一、脐带间充质干细胞治疗老年期痴呆

老年期痴呆又称阿尔茨海默病（Alzheimer's disease，AD），是一种与年龄相关的中枢神经系统退行性变，临床主要表现为认知能力下降、记忆力减退、失语、视力损害、人格异常和行为功能异常等，其他症状可能还有焦虑、忧郁、便秘、情感淡漠等。该病严重危害老年人的身心健康，严重影响老年人的生活质量，甚至影响患者家庭的正常生活，目前缺乏有效的理想治疗措施，UCMSC 可能成为老年期痴呆相对有效的治疗方法。

UCMSC治疗神经退行性变性疾病的有效性和安全性已经在临床试验中得到验证，关于UCMSC治疗帕金森病、老年期痴呆、多发性硬化症、肌萎缩侧索硬化（渐冻症）、小脑共济失调等神经退行性变性疾病的临床研究结果均显示，其具有一定的疗效和较高的安全性，这里仅以老年期痴呆为例阐述UCMSC治疗神经性退行性疾病的疗效与机制。UCMSC治疗老年期痴呆有一定效果，但疗效相对有限，在缺乏有效治疗药物的情况下，UCMSC治疗可能是一种必要的选择，至少可以延缓疾病进程，改善临床症状，提高患者的认知功能和生活质量。UCMSC对老年期痴呆难以产生理想疗效的原因可能与老年期痴呆患者的脑组织病变特点和UCMSC及其分泌因子进入病变组织较少有关。国内外已开展了多项UCMSC治疗老年期痴呆的临床研究，结果均显示，UCMSC可以显著改善患者的学习和记忆能力，在一定程度上改善临床症状，同时延缓疾病的进程，而且具有较高的安全性，表明UCMSC在老年期痴呆的治疗中具有潜在价值。UCMSC治疗老年期痴呆的作用机制尚不十分清楚，可能与以下机制（图7-32）有关：①在动物模型治疗实验中发现，UCMSC可调控脑内沉默信息调节因子1（SIRT1）信号通路以共同促进老年期痴呆模型学习与记忆能力的改善；②可促进老年期痴呆患者脑组织神经营养因子BDNF、NGF、NT-3 mRNA的表达，并能促进内源性神经细胞再生，减少神经细胞凋亡；③可提高患者的血清超氧化物歧化酶活性，降低丙二醛含量，提高机体抗氧化能力，降低氧化应激对神经细胞的损害；④通过促进海马SIRT1、增殖细胞核抗原（PCNA）的表达，增强海马神经元突触的可塑性，促进学习和记忆

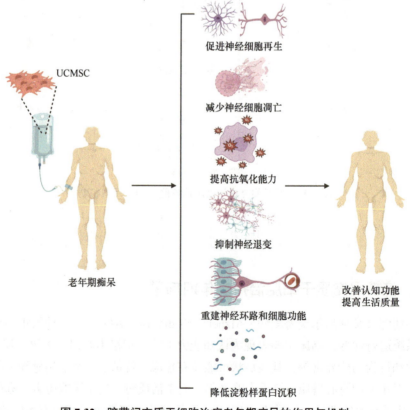

图7-32　脐带间充质干细胞治疗老年期痴呆的作用与机制

功能，抑制神经退化；⑤可修复和替代受损的神经细胞，重建神经环路和神经细胞功能，从而提高老年期痴呆患者的认知功能。还有研究发现，UCMSC 治疗可显著降低老年期痴呆患者的脑内淀粉样蛋白沉积，影像学观察发现其可以改善脑组织结构。到目前为止，UCMSC 对老年期痴呆的治疗仍不是一种彻底解决方案，还需要进一步提高 UCMSC 的生物活性，改进 UCMSC 治疗的技术方法。

二、脐带间充质干细胞治疗缺血性疾病

缺血性疾病是指血管在各种病理条件下发生收缩或闭塞，导致血液供应突然中断，发生暂时或永久性的组织缺血缺氧和营养缺乏、细胞死亡与组织损伤。缺血性疾病的严重程度主要取决于缺血部位及持续时间。缺血性疾病是最致命和易致残的疾病之一，临床上最常见最严重的主要是心肌缺血梗死和脑卒中。

UCMSC 是治疗缺血性疾病最有前途的细胞来源之一，治疗方法主要包括静脉输入、动脉血管介入和定位注射三种，也可采用腹腔注射、腔隙注射和鼻腔给药，具体实施方案应根据缺血部位和严重程度合理选择。有研究把 UCMSC 移植到慢性缺血性心力衰竭大鼠模型的心脏梗死部位，移植 4 周后，超声心动图及组织学检查显示在细胞治疗组中，梗死心肌边缘区域的新生血管和细胞数量较模型组显著增加，表明 UCMSC 细胞可维持慢性缺血性心力衰竭小鼠的心脏功能并改善心室重构。通过冠状动脉内两次输注 UCMSC 治疗慢性心肌缺血模型猪的研究发现，UCMSC 可显著改善慢性心肌缺血模型猪的左心室功能、心肌灌注及心室重构，结果证实了这种疗法的安全性及有效性。在 BMMSC 治疗猕猴大脑缺血模型的研究中发现，通过静脉输入或定位注射于缺血脑组织的 MSC 均能改善接受治疗的猕猴的临床症状和运动功能，促进脑神经修复，定位注射法的促神经修复作用优于静脉注射法。在 UCMSC 治疗猕猴衰老的研究中发现，UCMSC 可提高冠状动脉供血量、心输出量和脑供血量，显著提高心脏、脑细胞的代谢活性，同时还能增加多个重要器官的毛细血管密度，表明 UCMSC 具有促进血管生长和改善血液循环的作用。临床试验研究发现，UCMSC 可以有效治疗缺血性脑卒中，在缺血性脑卒中急性期、亚急性期和慢性期进行治疗，均可通过多靶点和多时间点影响缺血性脑卒中的病理过程，包括减轻炎症反应、调节免疫功能、抑制细胞凋亡，以及促进神经、血管、白质和突触重塑等。

UCMSC 也可用于新生儿脑损伤（NBI）治疗，NBI 通常由发育关键期的缺氧/缺血、炎症或感染引起，可导致长期的神经发育异常，包括运动障碍、智力和发育迟缓、学习障碍与精神障碍等。静脉输入的 UCMSC 可以刺激内源性修复过程，改善新生儿脑损伤后的行为和认知功能，促进脑细胞再生，抑制星形胶质细胞激活，减少炎症细胞因子表达，修复丢失的神经元（图 7-33），但该疗法只能改善临床症状，难以完全恢复行为和认知功能。UCMSC 也可经鼻腔给药治疗 BNI，根据《柳叶刀》发布的一项首次人体研究发现，UCMSC 鼻内给药治疗 BNI 具有较好疗效，随访 3 月未观察到严重的不良事件。慢性危重肢体缺血（CLI）是外周动脉疾病的临床终末期表现，许多 CLI 患者没有条件接受传统的血管重建治疗，因此，迫切需要探索一种替代策略来治疗缺血肢体。UCMSC

治疗树鼩后肢缺血模型的研究发现，UCMSC 可促进血管新生并建立侧支循环，从而改善缺血组织的血供。有多个研究小组发现，采用 UCMSC 疗法具有促进血管生成的作用，可增强静脉内皮细胞的增殖、迁移和管状形成，从而改善缺血肢体的血液循环和血液灌注量。总之，UCMSC 对于缺血性疾病治疗具有一定的效果，在缺血后的早期、中期、晚期使用均有一定作用，但在早期、中期使用的效果更为明显。关于 UCMSC 治疗缺血性疾病的临床研究已经进入临床Ⅲ期，多项临床研究结果均显示，该疗法可以明显改善临床症状，促进血管再生，提高脑血管缺血患者的认知和行为功能，是未来缺血性疾病治疗的选择方法之一。

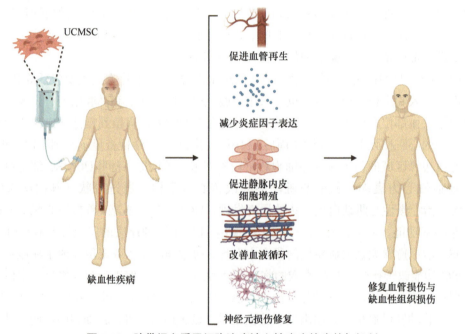

图 7-33　脐带间充质干细胞治疗缺血性疾病的疗效与机制

三、脐带间充质干细胞治疗中毒性疾病

中毒性疾病主要是指具有毒性的物质，如化学药物、有毒植物和气体等，在一定条件下以各种形式和剂量作用于人体，在体内与体液、组织相互作用后，产生一系列危及生命的病理生理改变和相应症状，导致机体组织代谢和器官功能障碍，严重时可导致患者死亡或终身残疾的一类疾病，分为急性中毒与慢性中毒。急性中毒指机体摄入毒物后快速或数小时至数天内即出现中毒表现，慢性中毒是指毒物长期反复进入机体，不引起急性中毒的临床表现，而是缓慢出现中毒症状、体征。临床上一般以急性中毒多见，包括毒性物质对局部或全身的刺激腐蚀作用、组织细胞缺氧、干扰细胞膜或细胞器的生理功能等，严重的急性中毒可出现致死性心力衰竭和休克，可并发严重心律失常、肺水肿、呼吸肌麻痹以及呼吸衰竭。肾损害后可出现血尿、蛋白尿、急性肾功能衰竭、高血压、氮质血症等。神经系统损害则出现抽搐、瘫痪、昏迷、中枢性呼吸衰竭，还可引起贫血、溶血，诱发广泛性血管内凝血、出血。在度过中毒急性期后部分患者可遗留后遗症，如腐蚀性毒物中毒引起

的消化道变形和狭窄，影响正常饮食，神经中毒损害或严重缺氧后发生运动功能障碍等。

临床上治疗中毒性疾病以对症和支持治疗为主，重点为保护脏器，使其恢复功能。一般应清除体内尚未被吸收的毒物，如催吐、洗胃、导泻等，或者促进已吸收毒物的排出，如利尿、血液透析、灌注等。对于一些化学毒物中毒，可使用解毒剂，如有机磷农药中毒可使用阿托品、氯磷定或解磷定，阿片类麻醉药中毒可使用纳洛酮。

UCMSC 不属于解毒剂，但基于其自我更新、多向分化和分泌功能，将其用于中毒性疾病的治疗，可有效减轻毒性物质对组织细胞的损害，抑制中毒性炎症反应及组织细胞凋亡，提高机体的抗应激能力，促进受损组织修复（图 7-34）。越来越多的动物模型研究表明，在机体中毒的条件下，外源性输入的 UCMSC 可向中毒组织器官迁移，减少受损组织细胞凋亡，促进受损组织细胞增殖，同时还通过旁分泌各种细胞因子发挥抗炎和免疫调节作用，进而显著减轻中毒性组织损伤。有研究表明，肝中毒性损伤组织可分泌 IL-1β、IL-6、IL-8、单核细胞趋化蛋白-1（MCP-1）、生长调节蛋白（GRO）、肿瘤坏死因子（TNF）-α、转化生长因子（TGF）-β1 等，这些因子可有效趋化 UCMSC 迁移到肝损伤部位并发挥促进损伤修复的作用。UCMSC 治疗化学性神经损伤猕猴模型的研究结果表明，UCMSC 可以促进神经损伤修复，改善接受治疗的猕猴的认知功能和运动功能障碍。UCMSC 治疗中毒性气体导致的广泛性皮肤损伤，可以减轻皮肤炎症反应，促进皮损愈合，减少皮肤成纤维细胞增生或瘢痕形成。静脉输入和呼吸道给予 UCMSC 可显著减轻刺激性气体吸入导致的肺损伤，抑制肺组织纤维化。总之，UCMSC 对急性中毒性损伤的治疗作用明确，其机制重在抑制中毒性炎症反应和修复组织损伤，同时还有诸多的慢性组织损伤治疗实验证明，UCMSC 可以促进慢性损伤组织修复。

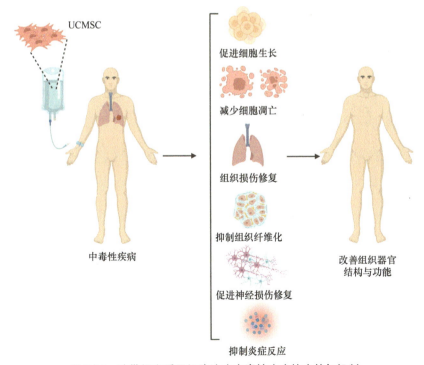

图 7-34　脐带间充质干细胞治疗中毒性疾病的疗效与机制

四、脐带间充质干细胞缓解慢性疼痛

慢性疼痛是指持续一个月以上（以前为三个月或半年）的疼痛，也有人把慢性疼痛比喻为一种不死的癌症，中国至少有一亿慢性疼痛患者。慢性疼痛是一个症状，广泛存在于每一个人身体中。慢性疼痛的主要病因是远伤，医学上虽有各种不同的病名，但发生在身体各个部位的疼痛，实际是同一种疾病，它的病因都是久远发生过的软组织损伤，具有明显可见的固定病灶。软组织损伤后小血管和毛细血管的血液外溢后滞留在周围的组织之间，通过长时间的代谢，其他物质如水被吸收，而剩下的红细胞则长期滞留，其结果不是直接损坏其他组织，而是刺激人体皮肤上和其他组织上的感受器而导致疼痛。软组织损伤造成小血管和毛细血管损伤之后，通常在血管内滞留瘀血，影响周边组织的新陈代谢，代谢物质对疼痛感受器的刺激是慢性疼痛发生的重要机制。慢性疼痛的发生预示人体体质下降或其他部位可能出现健康危机。由于它的发作给患者带来了痛苦，会使患者出现睡眠紊乱、食欲不振、精神崩溃，甚至人格扭曲等后果，致使不少患者因无法忍受长期的疼痛折磨而选择自杀，慢性疼痛在老年人群中高发，对老年人的生活质量和生命健康产生了严重影响。

UCMSC 治疗对缓解慢性疼痛有一定帮助，其机制是抑制慢性炎症反应，减少炎症因子对疼痛感受器的刺激，促进慢性损伤组织的血管再生和代谢功能，消除异常代谢物质对疼痛感受器的刺激作用（图 7-35）。在给一些慢性疾病并伴发疼痛的患者实施 UCMSC 治疗之后，结果发现 UCMSC 细胞除抑制炎症反应和促进损伤修复之外，还能明显缓解疼痛。

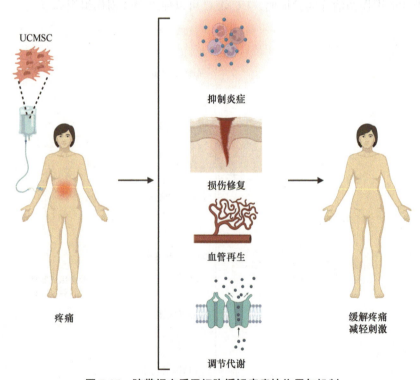

图 7-35　脐带间充质干细胞缓解疼痛的作用与机制

在对自然发生急性类风湿性关节炎的猕猴进行人 UCMSC 治疗的实验中发现，人 UCMSC 可以消除急性炎症，在对系统性炎症的治疗研究中也获得了类似的研究结果，同时还证实可以减少炎症因子释放和炎性细胞浸润，提示 UCMSC 可能主要通过其分泌因子发挥治疗炎症性疾病的作用。以上结果说明了两方面的问题，一是 UCMSC 对急慢性疼痛均有治疗作用，二是其作用机制可能是通过分泌多种抗炎因子、生长因子、外泌体等抑制炎症，减轻其对末梢神经的刺激作用，以缓解疼痛，还可能通过促进组织细胞生长、改善血液循环和调节代谢功能起到缓解疼痛的作用，其长期疗效还与减轻病变损伤组织周围的炎症反应，使局部微环境更有利于组织再生以促进病损组织修复有关。当然，UCMSC 还可能会分泌一些镇痛因子以减轻患者的疼痛症状，也可能是其调节免疫与炎症、神经、内分泌平衡等综合作用的结果。

五、脐带间充质干细胞治疗恶性肿瘤的研究

UCMSC 移植于人体内后，本身不会发生基因突变和转变为恶性肿瘤细胞，因此不会因为 UCMSC 治疗而诱发肿瘤。将 UCMSC 移植于免疫缺陷动物皮下 3 个月后，大部分 UCMSC 死亡，可见少量残留结缔组织，不会形成异常生长结节，更不会形成肿瘤组织。将 UCMSC 通过静脉注入荷瘤免疫缺陷动物体内，长期观察发现，UCMSC 不会明显促进肿瘤细胞生长。上述结果表明，UCMSC 无致瘤性和促瘤性，临床应用具有较高的安全性。关于 UCMSC 能否用于恶性肿瘤的治疗，目前尚存在争议，有许多研究报道认为，UCMSC 治疗具有抑制恶性肿瘤生长、转移的作用，也有一些研究报道认为 UCMSC 对恶性肿瘤的生长和转移有促进作用，这些不同的研究结果可能与肿瘤的类型、发展进程及个体因素有关。从理论上讲，UCMSC 及其分泌因子对正常、衰老细胞有促进生长和更新换代的作用，以此类推，它对恶性肿瘤细胞的生长也可能有相似的作用，因此，在没有明确 UCMSC 对特定恶性肿瘤促瘤和抑瘤的情况下，UCMSC 用于恶性肿瘤治疗应十分小心谨慎，对明确诊断为恶性肿瘤的患者和在恶性肿瘤治愈后 5 年内一般不建议实施 UCMSC 治疗。有研究表明，由恶性肿瘤组织内的细胞坏死导致的炎症反应可吸引 UCMSC 迁徙进入恶性肿瘤组织内，在微环境的作用下 UCMSC 可能会转化为血管周细胞而促进血管的生成或通过分泌血管生长因子促进血管祖细胞的分化，分化形成活化的成纤维细胞，为恶性肿瘤的发展提供结构和功能支持，形成的间质网络可改善肿瘤微环境，从而有利于恶性肿瘤生长，这是一种不利因素。UCMSC 对免疫细胞的功能具有双向调节作用，在通常条件下，恶性肿瘤患者的免疫细胞功能下降，致使其对恶性肿瘤细胞的监视和杀伤作用严重不足，UCMSC 可通过促进免疫细胞功能而发挥抗肿瘤作用，因此，对于一些免疫功能极为低下的恶性肿瘤患者，UCMSC 治疗可能有助于提高免疫功能和抵抗恶性肿瘤发展的作用，但应跟踪监测免疫功能的变化情况。对一些恶变程度较高和处于侵袭转移期的恶性肿瘤，UCMSC 可能会通过促进肿瘤细胞的分裂增殖而促进其发生发展。鉴于 UCMSC 与恶性肿瘤之间的关系尚不明确，需要进一步研究 UCMSC 对恶性肿瘤微环境的调控作用与机制，阐明 UCMSC 与恶性肿瘤细胞之间的信息交流，明确 UCMSC 对各种恶性肿瘤患者的免疫调节作用，才能有针对性地使用 UCMSC 治疗

恶性肿瘤。

UCMSC 治疗恶性肿瘤的另一重要用途是它可以作为抗肿瘤药物的载体发挥精准治疗作用。在肿瘤生长阶段，肿瘤组织一直伴随着一定程度的炎症反应，而这种反应具有吸引 UCMSC 向恶性肿瘤组织归巢的特性，因此，恶性肿瘤组织也是 UCMSC 归巢的靶组织之一。利用 UCMSC 的这一特性，可以将某些抗肿瘤药物与 UCMSC 结合，或将某些抗肿瘤基因导入 UCMSC，然后用于恶性肿瘤的治疗，这是未来 UCMSC 治疗恶性肿瘤的重要技术发展方向（图 7-36）。

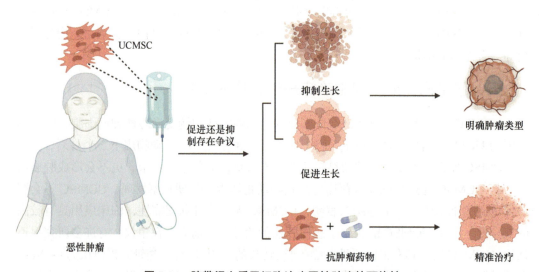

图 7-36　脐带间充质干细胞治疗恶性肿瘤的可能性

六、脐带间充质干细胞与生物材料复合修复组织器官损伤

UCMSC 是体外构建人体组织器官的理想种子细胞，基于其高增殖能力、多向分化潜能、旁分泌活性和低免疫原性的特性，可以将 UCMSC 与生物材料复合，用于修复组织缺损。由腓骨缺损的动物模型治疗实验发现，将 UCMSC 在体外与羟基磷灰石、透明质酸等支架材料共培养后植入腓骨缺损部位半年后，通过影像学和组织学观察证实，骨损伤得到修复，形成了类似正常骨组织的新结构，且具有良好的骨组织结构与力学特征，表明 UCMSC 在人类组织工程中具有良好的应用前景。体外输入的 UCMSC 可与胶原蛋白、糖胺聚糖（GAG）、蛋白聚糖和其他各种蛋白质等细胞外基质（ECM）成分相互作用而发挥生物效应，在体外将 UCMSC 与这些材料复合移植于体内之后，可以再造类似天然组织微环境的组织结构并支持周围细胞再生。UCMSC 与水凝胶生物材料复合，可以保持 UCMSC 的生物活性，将其植入骨关节损伤部位后，可以显著减轻骨关节炎导致的退变性损伤，促进软骨再生。将 UCMSC 与水凝胶复合以用于修复骨骼肌和脊髓损伤发现，UCMSC 可以在损伤组织存活一定时间，并可通过促进抗炎因子产生的 M2 巨噬细胞的极化而抑制局部炎症反应，减少骨骼肌损伤和促进骨骼肌再生并改善运动功能。将使用微载体大规模扩增培养的 UCMSC 直接连同载体一起注射到关节腔，可提高UCMSC 在体内的存活时间和抑制关节炎症、促进关节损伤修复。将聚乳酸乙醇酸

（PLGA）支架材料与UCMSC复合后植入脑损伤组织，可支持UCMSC和神经元在PLGA支架材料上生长与迁移而不干扰 UCMSC 的增殖和神经元分化，因此，UCMSC-PLGA复合物可用于脑损伤的治疗。UCMSC 与各种生物材料复合后，从 UCMSC 的形态、增殖、迁移、蛋白质表达等多方面证实其具有个性化和高效的组织损伤修复作用。此外，UCMSC 与生物材料复合后，可利用 3D 生物打印技术打印出临床移植治疗所需的各种组织，目前，基于 UCMSC 的 3D 打印骨组织、角膜、血管等已经在动物模型治疗实验中取得成功，3D 打印的人工喉组织已在临床上应用，表明 UCMSC 是人类组织器官构建、3D 生物组织打印的理想种子细胞（图 7-37）。

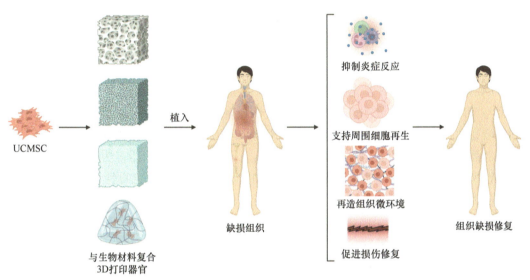

图 7-37　脐带间充质干细胞与生物材料复合修复组织器官损伤的疗效与机制

第八章

脐带间充质干细胞治疗的安全性及风险防范

◆ 第一节　脐带间充质干细胞治疗的安全性与风险

一、脐带间充质干细胞治疗的安全性

UCMSC 可以用于许多类型的疾病治疗，并显示出良好的应用前景，但在进入临床研究与应用之前，应首先明确其应用的安全性和有效性，对标准化制备获得的 UCMSC 制品进行急性毒性和慢性毒性评价，确保用于临床治疗后不会给患者带来安全风险。急性毒性评价结果应不引起急性溶血和过敏反应，不导致急性组织器官功能损害，不具有致瘤性和促瘤性，不引起明显的血液生化和细胞学指标改变。慢性毒性评价通常需选取适宜的大动物模型并设定不同处理剂量组，连续 3~6 个月动态观察实验动物临床表现、血液生化和细胞学指标变化规律，在观察终点采集实验动物重要组织和器官样本，进行组织学观察，综合判定慢性毒性，结果应无明显组织结构和功能改变，同时还应明确安全剂量范围。有研究中心对临床级"人 UCMSC 注射液"进行了临床前安全性评价，结果发现，该制剂无急性过敏、溶血和异常免疫反应，体内、体外实验均证实没有致瘤性和促瘤性。每周 1 次、连续 8 次给健康猕猴静脉输入 1×10^6~1×10^7 个细胞/kg 的 UCMSC，动态观察 4 个月，不引起重要组织器官的结构与功能损害，动态检测血液生化指标未发现异常反应，不产生明显可见的免疫排斥反应。UCMSC 治疗系统性红斑狼疮、糖尿病、肝纤维化等数十种疾病动物模型的临床研究结果也表明，UCMSC 治疗不会引起明显可见的异常反应。以上结果表明，UCMSC 用于疾病治疗具有较高的安全性，没有明显可见的毒副作用，但应高度重视 UCMSC 的质量，在 UCMSC 制备、储存、运输和使用前应密切监控 UCMSC 的均一性和生物活性，排除病原微生物及其他一切可能干扰 UCMSC 的因素。

在治疗过程中，应注意以下安全问题（图 8-1）：①体质严重衰弱、急性肠炎等患者应慎用，有个别患者会出现输液反应，但这不是 UCMSC 细胞本身引起的，此类患者即便输入生理盐水也可能出现此类现象；②一次性输入 UCMSC 的密度不宜过高，数量不宜过大，治疗前应充分振荡混匀 UCMSC 细胞，防止细胞聚集而阻塞微血管；③关于 UCMSC 对恶性肿瘤的治疗作用和机制尚有一定争论，不建议对正在发展中的恶性肿瘤患者实施 UCMSC 治疗；④妊娠期的妇女、严重器官衰竭和重度感染的患者应慎用 UCMSC 疗法。

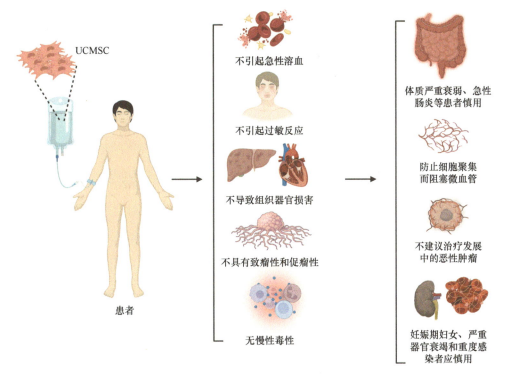

图 8-1　脐带间充质干细胞治疗疾病的安全性

二、脐带间充质干细胞治疗的可能风险

UCMSC 治疗疾病的应用范围十分广泛，可能在各种损伤、炎症性疾病、退变性疾病的治疗及抗衰老、亚健康保健等方面发挥重要作用，对炎症性、退变性和缺血性疾病的治疗效果尤为显著，但在具体实施治疗过程中应注意防范以下风险（图 8-2）。

1）传播未知病原的风险：目前关于 UCMSC 制品的质量控制主要是在原材料（脐带）采集、中间产品（脐带间充质干细胞）、终产品（脐带间充质干细胞临床制剂）三个关键环节进行质量检测，其中排除携带病原微生物是质量检测中最重要的方面。主要排除乙型肝炎病毒（HBV）、丙型肝炎病毒（HCV）、人类免疫缺陷病毒（HIV）、巨细胞病毒（CMV）、EB 病毒（EBV）等常见的重要病原，同时在 UCMSC 培养过程中排除细菌、支原体、衣原体污染的可能,这些检测指标已经符合国家对异体输血中应排除的病原微生物检测种类和标准，但常见的病原微生物有成千上万种，甚至还有未知病原微生物，鉴于技术手段的限制，不可能完全排除所有病原微生物，存在一定传播未检测病原和未知病原的风险。

2）促进肿瘤生长的风险：尽管国内外的研究结果均证实，UCMSC 本身不具有致瘤性，也就是说 UCMSC 在体内不会变成肿瘤细胞和引发恶性肿瘤，但关于 UCMSC 对恶性肿瘤发生发展和转移的影响存在较大的争议，促进和抑制肿瘤生长的结果均有报道而且均有充分的实验依据，这种截然相反的研究结果可能与肿瘤的类型、恶性程度和进展阶段有关。从理论上讲，UCMSC 可通过分泌细胞生长因子和外泌体，发挥促进组织细胞生长、血管生成等作用，因此有促进肿瘤生长的可能性。有许多研究认为，UCMSC 可以抑制恶性肿瘤生长和转移，UCMSC 的分泌因子中可能含有抗肿瘤的成分，但还需

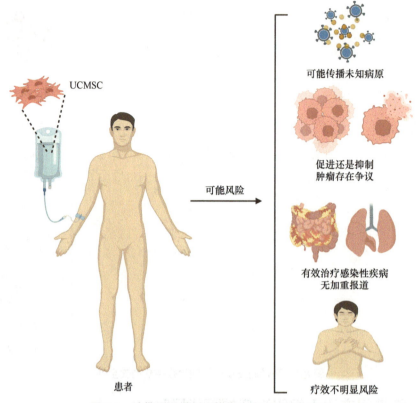

UCMSC

可能传播未知病原

促进还是抑制
肿瘤存在争议

有效治疗感染性疾病
无加重报道

可能风险

患者

疗效不明显风险

图 8-2 脐带间充质干细胞治疗疾病的可能风险

要深入研究。基于以上原因，对于处于肿瘤发生发展中的患者，不建议采用 UCMSC 疗法，待 UCMSC 对恶性肿瘤生长、转移的作用及机制研究清楚之后，再根据具体情况实施。对于已经确认治愈的肿瘤患者，也建议在 5 年内不要接受 UCMSC 治疗，以免出现促进肿瘤生长的风险。

3）加重严重感染性疾病的风险：国内外均有报道发现，UCMSC 治疗耐药性细菌感染、严重的脓毒血症、艾滋病、创伤感染性系统性炎症等均获得了一定疗效，甚至起到了挽救生命的作用，但总体报道的病例数量较少，需要进一步从疗效、机制和安全性方面进行验证，特别是对严重感染同时并发多器官功能衰竭的患者应慎用。关于 UCMSC 治疗感染性疾病的机制研究发现，它主要通过抑制炎症反应、调节免疫和阻止组织器官纤维化等发挥治疗作用，且均产生了良好疗效，尚未见到 UCMSC 治疗加重感染性疾病的报道，但其是否可以在临床上作为一种新技术推广应用，还需要进行更多的临床试验研究。

4）疗效不显著的风险：在 UCMSC 治疗糖尿病、缺血性疾病、神经退变性疾病患者的疗效观察中发现，不同患者之间的疗效存在较大的个体差异，部分患者未见有良好疗效。疗效不明显的原因可能与患者的个体差异、疾病类型和进展程度、治疗时机、治疗剂量与治疗方法等多种因素有关，例如，对糖尿病、高尿酸血症、亚健康状态、衰老、神经退变性疾病（帕金森病、老年期痴呆）等治疗后，从个体主观感受、临床表现、实验室检测器官功能指标等方面分析，对大多数患者疗效显著，但对一些患者疗效不明显或无效，有些患者的疗效持续时间较长，也有一些患者的疗效持续时间短，还有一些疗效显著的患者疗效持续时间不稳定，可能持续一段时间后又复发。因此，患者应注意接受 UCMSC 治疗后可能会出现疗效不足和与预期疗效相差甚远的情况。

三、脐带间充质干细胞联合药物治疗

UCMSC 与大多数传统治疗药物联合用于疾病治疗一般不会引起异常反应，甚至可能发挥协同治疗作用，但不建议与化疗药物、免疫调节剂及某些抗生素联合使用，因为这些药物可能对 UCMSC 的疗效产生拮抗作用。不宜与 UCMSC 联合使用的药物包括：①烷化剂环磷酰胺（CTX）、异环磷酰胺（IFO）、顺铂（DDP）、卡铂（CBP）、氮芥（HN2）、白消安等；②抗叶酸代谢物甲氨蝶呤（MTX）；③抗嘌呤代谢物 6-巯基嘌呤（6-MP）、氟达拉滨（Flu）；④抗嘧啶代谢物阿糖胞苷（ara-C）；⑤生物碱类长春新碱（VCR）、高三尖杉酯碱（HHT）、长春地辛（VDS）、去甲长春碱（NVB）、足叶乙苷（VP-16）、紫杉醇（taxol）等；⑥抗生素类青霉素、柔红霉素（DNR）、去甲氧柔红毒素（IDR）、吡柔比星（E-ADM）、平阳霉素（PYM）等；⑦酶类左旋门冬酰胺酶（L-ASP）；⑧免疫抑制载体激素类泼尼松、地塞米松，UCMSC 用于防过敏反应时应减少用量和次数；⑨抗嘧啶、嘌呤代谢物羟基脲（HU）；⑩肿瘤细胞诱导分化剂全反式维 A 酸（ATRA）。不能与上述药物联合使用的原因是以上药物均为细胞毒性药物，大部分是通过干扰或阻断细胞的增殖过程而发挥作用的，与以上药物联合使用会影响 UCMSC 的生物学活性，降低疗效。此外，UCMSC 也不宜与 NK 细胞、T 淋巴细胞、DC 细胞等免疫细胞同时使用，因为同时使用后 UCMSC 会显著抑制这些细胞的活性，激活的 NK 细胞也可能杀伤 UCMSC，免疫细胞和 UCMSC 及其分泌的细胞因子之间存在着相互调控关系，例如，UCMSC 对免疫系统的双向调节作用就是依赖于所处环境中的 γ 干扰素浓度，在高浓度时抑制免疫细胞活性，而在低浓度时则促进免疫细胞活性。UCMSC 也不宜与胸腺肽、γ 干扰素、白细胞介素-2、TNF-α 等免疫调节因子联合使用，因为联合使用可能使二者的作用相互抵消。在人体内 UCMSC 与免疫系统的相互调控机制尚不完全清楚，UCMSC 与免疫细胞同时应用的可行性尚需要进一步研究（图 8-3）。

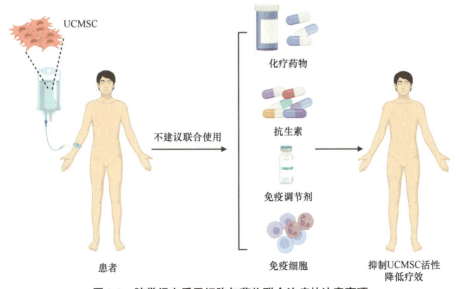

图 8-3 脐带间充质干细胞与药物联合治疗的注意事项

◆ 第二节　脐带间充质干细胞治疗中的风险防范

一、脐带间充质干细胞治疗中的过敏反应防范

UCMSC 治疗一般不会引起过敏反应，因为 UCMSC 是尚未完全分化的不成熟细胞，不表达诱发免疫排斥和过敏反应的抗原分子，同种异体甚至是异种 UCMSC 移植也不会发生明显可见的过敏反应。临床上还利用 UCMSC 来治疗各种炎症性疾病、移植免疫排斥反应、过敏性紫癜、哮喘、过敏性鼻炎等，并显示出良好疗效，说明 UCMSC 本身具有抗过敏作用，理论上是不会引起过敏反应的。在临床 UCMSC 治疗中，个别患者接受 UCMSC 治疗后可能出现轻度皮疹、低热，在常规服用地塞米松或其他抗过敏药物之后症状消失，也可以自然消退，这可能与细胞质量有关，如异源蛋白残留、坏死细胞清除不干净等。有研究发现，在给一例患有长期过敏性皮疹的中年妇女输入 2 次 UCMSC 治疗后，抗过敏治疗效果不显著，皮疹反而增多，但这只是一个特例，是否与 UCMSC 治疗直接相关尚不清楚，也可能与服用其他药物或饮食习惯，还可能与致敏物质持续刺激有关，尽管这只是极个别现象，但毕竟是在 UCMSC 治疗后出现的现象，值得关注和深入分析研究。

预防 UCMSC 治疗并发过敏反应的方法（图 8-4）是：①有严重蛋白过敏史的患者应慎用；②治疗过程中或治疗前给予患者常规剂量的地塞米松或其他抗过敏药物一次；③出现急性过敏反应立即停止实施 UCMSC 治疗，若治疗后出现过敏性皮疹应及时给予

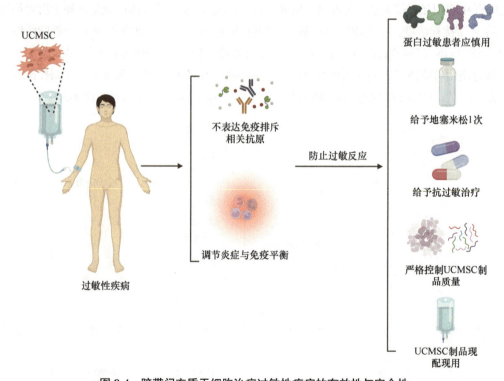

图 8-4　脐带间充质干细胞治疗过敏性疾病的有效性与安全性

抗过敏治疗；④严格控制 UCMSC 制品的质量并进行临床治疗前放行检验，避免有坏死细胞、培养物残留；⑤用于治疗的 UCMSC 制品最好现配现用，最大限度地减少非细胞成分添加。

二、脐带间充质干细胞治疗中的输液反应防范

标准化的 UCMSC 治疗本身一般不会引起发热、发冷，但个别患者可能会出现输液反应。输液反应是静脉输液时由致热原、药物、杂质、药液温度过低、药液浓度过高及输液速度过快等因素引起的，主要表现为发冷、寒战、面部和四肢发绀，继而发热，体温可达 38～40℃，可伴有恶心、呕吐、头痛、头晕、烦躁不安等，严重者可出现休克和呼吸衰竭。在对近 3000 例 UCMSC 和骨髓间充质干细胞治疗的观察中发现，有 1%～2% 的接受治疗者在静脉输注过程中或治疗后 2h 内会出现轻度寒战、全身发冷现象，随之出现 38～39℃发热，但大部分有输液反应的患者在停止输入 UCMSC 后 2～3 天内可自然恢复正常体温，如果持续发热应按常规进行降温治疗，一般会在降温治疗后 24h 内恢复正常。

防治输液反应的方法（图 8-5）：①严格控制 UCMSC 质量，避免致热原、杂质残留，特别是对冻存后复苏的 UCMSC 制品应进行使用前质量检查；②治疗前或治疗中给予常量地塞米松等甾体类激素 1 次，可有效降低输液反应的发生；③提前预热 UCMSC 悬液至

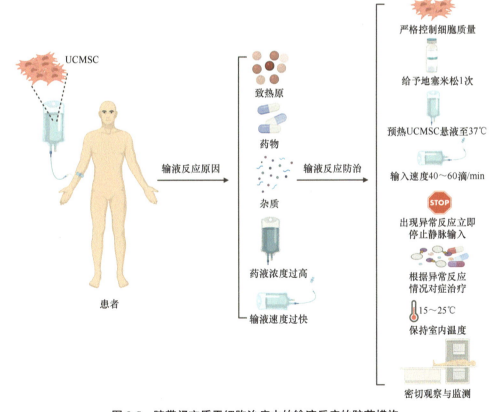

图 8-5　脐带间充质干细胞治疗中的输液反应的防范措施

37℃，避免液体温度过低；④输入速度不宜过快，一般控制在 40～60 滴/min；⑤出现异常反应立即停止静脉输入；⑥根据异常反应情况给予舒张血管、平喘和强心药物，持续发热者应给予适当降温药物进行对症治疗；⑦注意环境保暖，尤其在冬季气温较低时，应保持室内温度在 15～25℃；⑧输入 UCMSC 后应密切观察 30min，在治疗 24h 内应密切监测呼吸、血压、心率等生理指标，出现异常反应应及时处理。

输入 UCMSC 的速度不宜过快：任何静脉输入疗法均不宜输入速度过快，UCMSC 输注也是如此，因为输入过快容易增加心脏负荷，引起心衰或肺水肿等不良反应。但也不是越慢越好，成年人一般在 40～60 滴/min 较为合适。老年人、有心肺疾病及相应功能障碍的患者，应放慢输液速度至 30～40 滴/min，儿童的输液速度应控制在 30～40 滴/min。输液过快会引起面红、发热、恶心、呕吐、心悸、胸闷等。

第九章

脐带间充质干细胞研究
与应用技术发展

UCMSC 是目前研究报道较多、最具有临床应用前景的成体干细胞之一。自 1999 年发现骨髓干细胞植入脑组织可转化为神经细胞，神经干细胞植入骨髓可以转化为骨髓组织细胞以来，UCMSC 的基础与临床研究发展十分迅速，国内外均已建立了标准化 UCMSC 制备、鉴定及质量控制技术，有数百项 UCMSC 新药获准进入临床研究，以应用为目标的 UCMSC 库已在世界各地建成，临床研究涉及神经退行性变性疾病、心脑血管缺血、多种组织损伤、骨关节损伤、感染性肺炎等上百种疾病。关于 UCMSC 的增殖分化能力、免疫调节功能、分泌功能及基因转录特征等基础理论研究已经取得了较大进展，已经解析清楚了 UCMSC 与其他来源的成体干细胞的生物学差异，通过多种疾病动物模型治疗实验和临床研究，明确了 UCMSC 对数百种疾病治疗的作用，阐明了 UCMSC 在多种疾病治疗中的主要机制。UCMSC 作为一种新型治疗药物正在从基础走向临床，标准化、规模化、自动化、智慧化制备技术已经初步建立，国内已有超过 6000 家细胞生物技术公司开展了以 UCMSC 新药研发、细胞库建设、临床试验研究为主要内容的产品与技术研发及应用，UCMSC 产业链中的主要技术正在不断完善，产业链已初具规模，国内多个发达地区已经发布先行先试扶持政策，积极推进 UCMSC 产业的发展。随着 UCMSC 研究技术的不断发展，临床应用管理规范的不断完善，社会对 UCMSC 治疗技术的认可度将越来越高，新型 UCMSC 新药将越来越多，UCMSC 的临床研究将呈井喷式发展，UCMSC 治疗将向制剂标准化、技术规范化和临床应用靶向、精准、高效方向发展，UCMSC 标准化、自动化、智慧化大规模制备技术的应用将极大地推进 UCMSC 产业的发展，将使 UCMSC 治疗技术成为普惠大众的疾病治疗和健康保健新模式，成为应对人口老龄化和维护人类健康的通用新技术。

◆ 第一节　脐带间充质干细胞的临床前研究技术发展

UCMSC 的临床前研究包括 UCMSC 的制备与质量控制、细胞库建设、UCMSC 制品研发、安全性评价、疗效评价、体内代谢与残留及质量放行检验等。

一、脐带间充质干细胞的制备与质量控制技术进展

自 2017 年以来，UCMSC 制备与质量控制技术得到了快速发展，总体呈 UCMSC 产

品标准化、质量控制技术规范化和 UCMSC 制备工厂化、自动化、智慧化、标准化的发展趋势。从事 UCMSC 新药研发的机构在研发以临床应用为目标的 UCMSC 产品过程中，首先应根据细胞制品研发的要求和路径建立 UCMSC 规模化生产的设施设备条件，建立标准化制备技术体系和技术操作规程，建立健全 UCMSC 生产管理制度，在标准化制备技术体系的指导下，完成多批次中试生产并获得 UCMSC 产品。在此基础上，进一步建立 UCMSC 的质量控制技术体系，实施全流程的质量控制，重点监测 UCMSC 的中间产品和终产品的质量，建立完善的质量检测指标、检测方法和评价标准，其质量标准应符合国家药监局关于干细胞制品的质量标准要求。UCMSC 的制备与质量控制技术已经相对成熟，国内建立了比较规范的技术体系，根据技术规范制备出来的 UCMSC 产品初步实现了标准化，多家干细胞生物技术公司按照细胞新药研发的要求开展了 UCMSC 新药研究，经第三方质量复核检验有 70% 以上的 UCMSC 产品符合质量标准，有数十项 UCMSC 新药已被批准进入临床研究。

在 UCMSC 制备方面，目前以人工操作为主，其特点是效率低、成本高、影响细胞质量的因素多，存在均一性不足、活性不高等问题。随着 UCMSC 制备及储存设备与技术的发展，全封闭、大规模、自动化、智慧化、标准化、工厂化制造 UCMSC 新药的设备与技术已开始投入使用，利用这种先进技术制造出来的标准化 UCMSC 新药已获得国家新药评审机构的认可，即将按照优先审评审批程序获批上市，这种现代新技术是未来 UCMSC 工业化制造的主流方向。在 UCMSC 质量监测方面，监测技术体系正在不断完善，存在的主要问题是第三方复核检验机构数量相对较少，难以满足 UCMSC 新药发展的需求。另外，临床前放行检验缺乏快速检验新技术。UCMSC 产品的质量控制是保证临床疗效与安全的关键环节，也是实现临床转化应用和产业化的基础，同时还是政府对 UCMSC 产业实施管理的抓手，建立区域性 UCMSC 质量监测与管理机构势在必行。未来的发展方向是建立 UCMSC 新药研发与应用过程质量监控机制并实施动态质量跟踪，不断完善质量监测指标体系，改进质量评价技术方法，建成国家与地方联合的区域性细胞质量评价机构以满足细胞产品质量监测与管理的需求。另外，一些高通量、高分辨、智慧化细胞质量分析技术将逐渐应用于细胞质量评价，使 UCMSC 的质量监测更方便、精准、高效，同时也使 UCMSC 的研发与应用监管更加方便（图 9-1）。

二、脐带间充质干细胞库建设的发展趋势

UCMSC 库实际上是集 UCMSC 制备、质量控制和储存为一体的 UCMSC 产业机构，目标是为 UCMSC 研究及临床转化应用提供标准化的 UCMSC 制品。随着 UCMSC 技术的快速发展，UCMSC 库在国内不断涌现，已有数千家干细胞产业公司建立了 UCMSC 库，开展了以收储 UCMSC 为主的业务，以收取 UCMSC 储存者的业务费来维持公司的运转和利益。UCMSC 库一般应建立三级库，包括 UCMSC 材料库、中间产品库和临床制剂库，但在早期大部分 UCMSC 库未按三级库标准建设。UCMSC 库可以划分为私人库和公益库，国内现有的 UCMSC 库基本为私人库，从长远来讲，政府应统筹规划，多

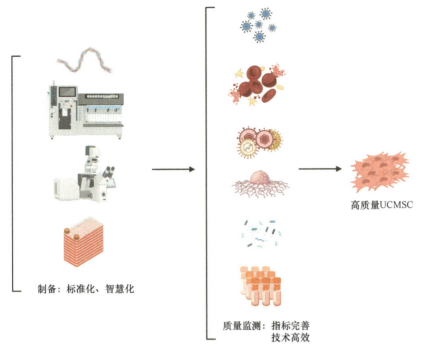

制备：标准化、智慧化

质量监测：指标完善
技术高效

高质量UCMSC

图 9-1　脐带间充质干细胞的制备与质量控制

渠道筹集资金，扶持建设公益性 UCMSC 库，以满足 UCMSC 治疗技术的大众需求和避免 UCMSC 市场恶性竞争。此外，许多 UCMSC 库没有走 UCMSC 新药的路子，而是将未经第三方复核检验和临床试验许可的 UCMSC 产品直接用于疾病治疗与亚健康保健，导致国内 UCMSC 市场混乱、鱼目混珠，难以保证治疗的有效性和安全性。目前，国家已经建立了标准化干细胞示范库，同时还发布了多种干细胞的通用标准，为 UCMSC 库的建设和发展起到了引领与示范作用。国内有多个地区发布了细胞制备实验室及干细胞库建设标准，为 UCMSC 库的建设提供了参考。UCMSC 库未来将向标准化、自动化和智慧化方向发展，集自动存取、智能监控、机器人搬运、物联网调度等现代技术为一体的新型干细胞库已开始投入应用，这些新技术及设备将在国内广泛推广应用，使 UCMSC 库的运行管理更加规范、科学、高效。此外，UCMSC 库中的个性化、家庭化甚至是家族化的私人 UCMSC 分库将成为未来 UCMSC 库建设的重要方向，一些基因编辑、靶向修饰的新型 UCMSC 产品也将加入 UCMSC 库。UCMSC 库正在向多元化方向发展，UCMSC 公益库、私营库、共享库、订制库可能在一些综合干细胞库中不断发展，预计政府主导或公益基金投入建设区域性 UCMSC 库也可能成为 UCMSC 库建设的重要方向。随着国家对 UCMSC 库的管理制度和监管措施的不断完善，以 UCMSC 库为核心的产业必将走向标准化和可持续健康发展的道路（图 9-2）。

三、脐带间充质干细胞的有效性评价

UCMSC 的有效性是实施临床转化的前提，在向临床转化应用前，首先应通过人类疾病动物模型治疗实验，明确其对特定疾病的疗效，即是否具有明显改善特定疾病状态及组织器官结构与功能，甚至是治愈疾病的作用。根据动物模型实验的结果，建立临床

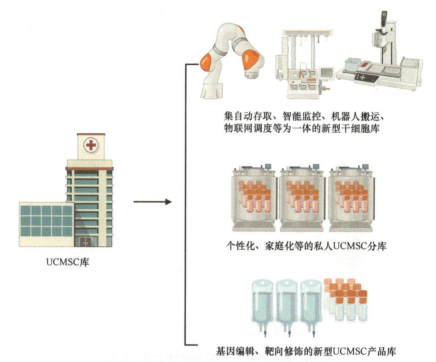

集自动存取、智能监控、机器人搬运、物联网调度等为一体的新型干细胞库

个性化、家庭化等的私人UCMSC分库

基因编辑、靶向修饰的新型UCMSC产品库

UCMSC库

图 9-2　脐带间充质干细胞库建设

治疗技术方案与临床疗效评价指标、方法和评价标准，同时还要利用动物模型治疗实验，阐明其治疗原理，解析清楚其治疗作用的途径、靶点及细胞与分子基础。UCMSC 的有效性评价技术发展趋势（图 9-3）：①随着 UCMSC 研究技术的发展，以灵长类动物疾病模型为对象的 UCMSC 有效性评价将成为重要发展方向；②随着 UCMSC 无害化标记和活体成像技术的发展，基于 PET/CT-MRI 一体化的多模态成像与分析技术用于 UCMSC 体内示踪将更加精准可靠；③多组学、空间组学联合组织全景技术将能在多维空间水平展示 UCMSC 对组织微环境的干预作用及机制；④随着类器官研究技术的发展，基于人工构建的疾病类器官模型有可能成为 UCMSC 有效性评价的替代模型；⑤基于原位细胞高通量蛋白分子展示技术，可以充分展示 UCMSC 在体内外与其他细胞的互作效应；⑥超分辨原子力显微镜、量子显微镜、超分辨扫描及高通量染色分析系统等现代新技术设备用于 UCMSC 的有效性分析，将使 UCMSC 在体内的作用靶点、生物效应更加明确、精准；⑦疾病特异性新型标志物的发现及人工智能应用将使 UCMSC 的有效性评价更系统、精准。总之，传统的组织结构、功能评价技术与现代新技术相结合将能够详细解析 UCMSC 的有效性及其治疗作用的细胞与分子机制。

四、脐带间充质干细胞的药代动力学研究发展趋势

根据细胞新药研发的要求，在临床前还应进行药代动力学实验，明确 UCMSC 在体内的分布特征和残留情况。UCMSC 新药与传统药物的药代动力学特点明显不同，难以从血液样本和尿液中观测到残留与代谢情况，不能采用传统方法来评价 UCMSC 的药代动力学。UCMSC 的药代动力学分析，一般应对 UCMSC 采用化学或转基因标记等方法

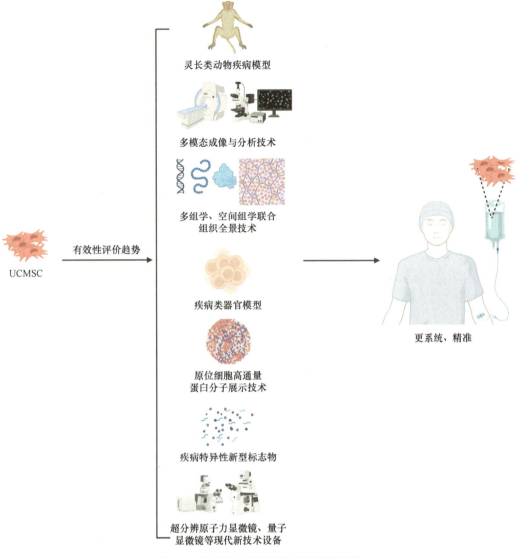

图 9-3　脐带间充质干细胞的有效性评价

进行体外标记，通过免疫组织化学和活体成像等技术观察 UCMSC 在特定疾病动物模型体内的分布与存活情况，也可采用性染色体错配的方法，将 Y 染色体阳性的 UCMSC 输入雌性动物模型体内，通过原位杂交的方法来追踪 UCMSC 在体内的分布与存活情况。从目前的研究报告分析，同种异体的 UCMSC 经静脉输入体内后，在体内存活和分布的时间有限，一般在两周后，很难在重要组织器官中检测到 UCMSC 的分布与存活。大量实验表明，UCMSC 输入体内后主要通过分泌多种细胞因子和外泌体而发挥治疗作用，随着相应检测技术的发展，动态监测血液细胞因子及外泌体的变化可能成为 UCMSC 药代动力学分析的重要方向。此外，利用超顺磁性氧化铁粒子标记 UCMSC 也可以通过 MRI 示踪 UCMSC 在体内的分布与存活情况，但也只能进行短期示踪（图 9-4 ）。

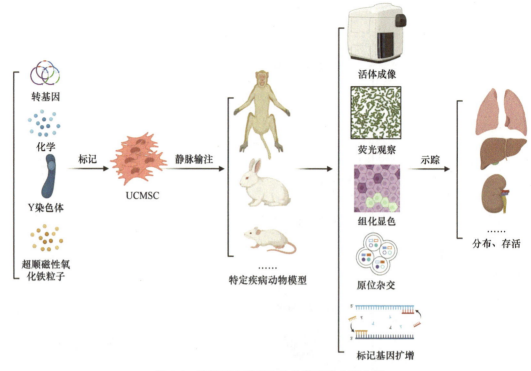

图 9-4　脐带间充质干细胞的药代动力学分析

◆ 第二节　脐带间充质干细胞的临床研究与产业化

一、脐带间充质干细胞的临床研究发展趋势

UCMSC 是目前最具有成药优势的成体干细胞之一，也是目前研究报道最多和最具有临床应用优势的成体干细胞之一，国内外均已广泛开展了治疗组织损伤、神经退变、骨关节损伤、代谢性疾病、炎症性疾病、血管缺血性疾病和老年衰弱综合征等疾病的临床研究并取得了可喜的进展。目前，全球已有 1400 多个涉及间充质干细胞的临床治疗方案获准进入临床研究，其中涉及 UCMSC 的有 700 多个，部分 UCMSC 产品的临床研究已经进入临床Ⅲ期，表明 UCMSC 治疗技术即将进入临床推广应用阶段。截至 2023 年底，国际上已有多种 UCMSC 产品获准上市，国内已有 45 款间充质干细胞产品获得临床试验许可，国内已有数十家机构完成了 UCMSC 的临床前研究工作并启动了临床研究。截至 2024 年，国内有 142 家干细胞临床研究机构通过备案，有 120 多个临床研究项目正在实施中，其中 UCMSC 的临床研究项目超过 40 项，UCMSC 的临床治疗技术研究已经成为干细胞临床转化研究的主流。多项关于 UCMSC 治疗阿尔茨海默病、帕金森病、缺血性脑损伤、老年性神经退变的临床研究结果均显示，UCMSC 治疗具有较高的安全性，未发生与 UCMSC 治疗直接相关的不良反应，UCMSC 疗法能够改善患者的认知、运动和感知能力，显著提高患者的生活质量。UCMSC 治疗新型冠状病毒感染、系统性红斑狼疮、血小板减少性紫癜等炎症性疾病的临床研究证实，

UCMSC 具有显著抑制炎症反应、减少炎症性继发损伤、降低炎症诱发的组织器官纤维化等作用。在 UCMSC 治疗心肌纤维化、脑血管缺血等疾病的临床研究中发现，UCMSC 治疗可显著提高心输出量，提高冠状动脉和脑血管的供血量，促进心肌细胞再生，改善临床症状。国内外有多项关于 UCMSC 治疗老年衰弱综合征的临床研究结果显示，UCMSC 可显著提高老年衰弱综合征患者的步行速度、手握力和肺呼气量，并能提高机体的免疫功能。关于 UCMSC 治疗猕猴组织器官衰老的研究结果显示，UCMSC 可显著改善衰老组织器官的结构与功能，降低组织器官中的衰老标志分子表达量，诱导基因甲基化修饰模式、转录组、蛋白质组和代谢组分子谱向年轻化方向逆转，表明 UCMSC 可通过诱导多组学分子重编程逆转组织器官衰老。关于 UCMSC 治疗老年衰弱综合征的临床研究目前已进入临床Ⅲ期，表明 UCMSC 在组织器官衰老和衰老相关疾病治疗中具有良好的应用前景。UCMSC 治疗代谢综合征及其并发症和肺纤维化、慢性肾病、骨关节炎、多发性硬化症等疾病的临床研究结果也显示，UCMSC 治疗可显著改善临床症状和组织结构与功能。此外，MSC 还能通过肺-迷走神经-大脑轴及多个信号通路调节神经系统功能，全球已有 4 项使用 MSC 及其衍生的外泌体治疗抑郁症的临床研究正在实施中，初步证实该疗法能显著改善忧郁、焦虑症状。总之，UCMSC 的临床研究正在全球广泛开展，证实了 UCMSC 对多种涉及神经退变、组织损伤、炎症、代谢异常和衰老等疾病的治疗是一种安全、有效的新方法。随着多中心、大规模的 UCMSC 临床研究不断深入，UCMSC 即将在许多难治性疾病治疗中广泛应用，并产生巨大的社会和经济效益（图 9-5）。

二、脐带间充质干细胞的产业发展趋势

UCMSC 产业链可分为上游、中游、下游三个部分，其中，上游主要是指以 UCMSC 制备与储存为主的细胞库建设及应用，中游主要是指 UCMSC 新药研发、临床前疗效与安全性评价、治疗相关机制研究等，下游主要是指 UCMSC 制品产业发展和临床转化应用。UCMSC 产业还包括技术服务、相关试剂与设备、器材研发及推广应用。干细胞产业已被国家列为战略性新兴产业和新产业目录，同时还被列入国家新职业（工种）范围，表明干细胞产业已经受到国家的高度关注。UCMSC 的上游产业已经形成相对完善的技术体系和规模，国内已有 6000 多家干细胞产业公司，这些公司的业务范围主要包括干细胞的制备与储存、细胞新药研发、技术服务、新试剂和新设备推广应用等，预计全球干细胞产业在未来 10 年将达到万亿级规模。中游产业发展十分迅速，许多发达国家已将干细胞相关技术和产品研发及临床前研究列入优先发展领域，我国科学技术部（科技部）牵头成立了国家干细胞研究指导协调委员会，科技计划设立了干细胞相关技术研究重大专项，各医药高等院校、大型医疗机构和生命科学研究机构均设立了干细胞相关研究分支机构，专门从事干细胞发育生物学、干细胞与再生医学、干细胞应用基础理论与技术研究，我国干细胞研究的总体规模和技术水平已处于国际领先地位，表明我国干细胞技术研究已经取得了较大的进展。我国多个地区发布了依托自贸区、先行先试区的干细胞临床研究与应用先行先试政策，支持优先发展干细胞应用技术研究，极大地促进了

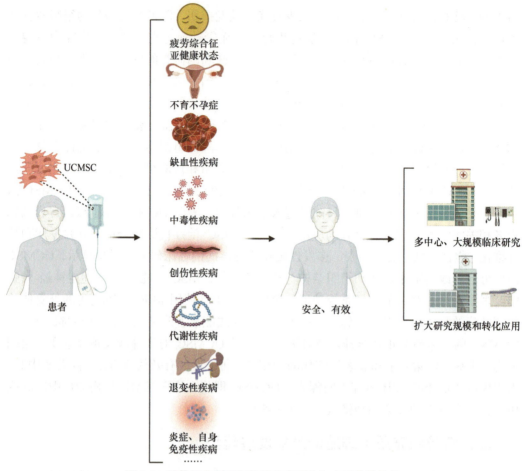

疲劳综合征
亚健康状态

不育不孕症

缺血性疾病

中毒性疾病

创伤性疾病

代谢性疾病

退变性疾病

炎症、自身
免疫性疾病
……

患者

安全、有效

多中心、大规模临床研究

扩大研究规模和转化应用

图 9-5　脐带间充质干细胞的临床研究与应用发展趋势

以 UCMSC 为代表的干细胞产品与技术转化应用进程。UCMSC 衍生制品，如基于 UCMSC 外泌体、分泌因子的难治性创面修复制剂，外泌体喷雾剂及护肤产品已经在国内广泛应用，UCMSC 外泌体的国家质量标准即将出台，随着 UCMSC 衍生制品研发技术的不断发展，以 UCMSC 外泌体为代表的衍生制品也将形成巨大的新兴产业。美国著名生物学家 George Daley 预言"20 世纪是药物治疗的时代，21 世纪将是细胞治疗的时代"，说明细胞治疗技术即将成为临床医学新模式，细胞新药及其配套产业即将成为最具有发展活力的新产业。基于 UCMSC 的基因修饰、工程化外泌体、人体组织工程等高效、靶向、精准的新技术产品将成为未来 UCMSC 产业发展的重要方向，在疾病治疗方面发挥更有效的作用，同时也将推动 UCMSC 发展成具有广阔市场前景的新兴产业。总之，UCMSC 的上游产业正在快速发展，以新技术、新产品和新理论为主要内容的中游产业正在不断取得突破性进展，上游产业和中游产业的发展将推进以 UCMSC 新药和临床应用为重点的下游产业的发展进程（图 9-6）。

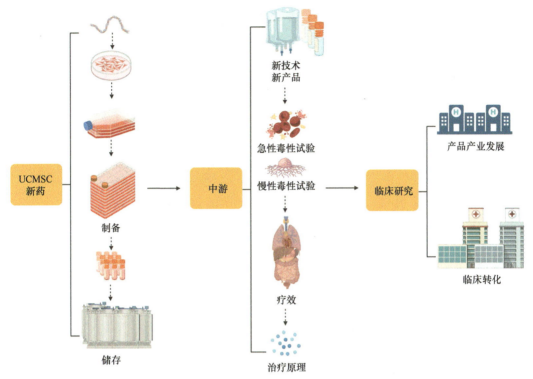

图 9-6　脐带间充质干细胞的产业发展趋势